JN232261

THE ENDS
OF THE WORLD

第6の大絶滅は起こるのか

生物大絶滅の科学と人類の未来

ピーター・ブラネン［著］
Peter Brannen

西田美緒子［訳］

築地書館

死を上まわる何かが起きた……私たちは今、書面で残せる最後の最後の状態を目にしていて、二度と光が差しこむことのない真っ暗闇が垣間見える。私たちは絶滅の現実にふれている。

——ヘンリー・ビートル・ハフ

数千メートルの厚さにまで堆積した泥、砂、小石の地層を見るたびに、それを引き起こした現在の川や現在の浜辺が、岩を粉々に砕いてこれほど大量のものを生み出せるはずがないと、大声で叫びたい気がした。けれども一方では、こうした激流が立てるガラガラという音を耳にし、あらゆる種類の動物たちが地球上から姿を消してきたこと、そしてそのあいだずっと、昼も夜も、そうした岩がガラガラと音を立てながら流れ下ってきたことを思い浮かべるとき、どのような山地が、どのような大陸が、いったいこれほどの消耗に耐えられるものかと、ひそかに考えもした。

——チャールズ・ダーウィン

目次

第3章 デボン紀後期の大絶滅【三億七四〇〇万年前、三億五九〇〇万年前】……83

第4章 ペルム紀末の大絶滅【二億五二〇〇万年前】……126

第5章 三畳紀末の大絶滅【二億一〇〇万年前】……169

第8章 近い将来……298

第9章 最後の絶滅【今から八億年後】……330

序章

今まさに、新しい地質時代の夜明けがやってきた。北アメリカ大陸の端にある河口の岸辺には、あふれんばかりのヒト（ホモ・サピエンス）が群れをなして集う。氷河はすっかり後退し、海面は最後の氷期から一二〇メートル以上も上昇した。湿地には鋼（はがね）とガラスで作られたマンハッタンの真新しい高層ビルが所狭しと並び、まぶしい光を放つ。

ハドソン川の対岸でこの自信に満ちあふれた街を見おろすようにそびえているのは、パリセイズの断崖絶壁だ。延々と続く巨大な玄武岩の柱は大都会の光景にもまったく動じることなく、二億年ものあいだずっと、冷たい沈黙を守ってきた。雑草がはびこり、あちこちに落書きも見えるこの崖は、大昔に起きた大惨事の記念碑のような存在と言える。かつて溶岩流となって地表に噴き出したマグマでできたもので、溶岩はカナダのノバスコシアからブラジルまでを覆いつくすほどの量に達した。このときの大規模な噴火によって三畳紀の終わりには大気中の二酸化炭素量が劇的に増え、地球は焼けるような暑さに包まれるとともに、海は何千年にもわたって強い酸性を帯びた。断続的な噴火で空高く立ちのぼった噴煙によって、超温室状態がとぎれとぎれに冷やされることもあった。この圧倒的な火山活動は一〇〇万平方キロメートルの範囲におよび、地質学的な時間で見ればほんの一瞬のうちに、地球上の動物の四分の三以上を死滅させた。

ハドソン川の岸からパリセイズの麓に続くでこぼこ道で、先に立って足早に坂をのぼって行くコロンビア大学の古生物学者ポール・オルセンのあとを、私は懸命に追っていた。眼前に広がるのは二億五〇〇〇万年前の湖底の名残で、今ではすっかり固くなったマグマの巨大な壁の下に埋もれてはいるが、魚類や爬虫類の化石の宝庫だ。背後ではニューヨークの街並みが空にくっきりした輪郭を描き、かすかな騒音を響かせている。

私はオルセンに声をかけ、川向こうの街もやがて、この岩の下に穏やかに眠る三畳紀のジオラマのように保存され、未来の地質学者によって発見されるときが来るのだろうかと尋ねてみた。彼は振り返り、風景を吟味するかのように、しばし考えていた。

「ひとつの層にはなるかもしれないね」。オルセンはさほど興味もなさそうに言うと、こう続ける。「でも堆積盆地じゃないから、少しずつ腐食して、最終的には何もなくなるだろう。海に流れ出したものでもあれば、埋まって残り、あとから見つかるかもしれない。もしかするとビンの蓋とか。とても強い同位体シグナルは残るだろうな。でも、地下鉄網やなんかは化石にはならない。またたくまに腐食して消えてしまうよ」

地質学者はいつもこんなふうに、一風変わった時間の感覚を通して世界を見ている。地質学者にとって、数百万年はまとまって過ぎ、海は大陸を分かち、それから消滅し、大きな山脈は一瞬にして浸食され、砂になる。地質時代の圧倒的な奥深さを理解したければ、どうしてもそのようなものの見方を養う必要がある。地質時代は私たちのうしろに何億年にもわたって延び、私たちの前にも無限に延びている。もしオルセンの態度がなんとも冷めた感じに見えるとすれば、それは生涯にわたって地球の歴史に没頭してきたしるしにちがいない。なにしろ彼が取り組んできた地球の歴史は理解をはるかに超えているばかりか、そこには稀有な、言葉では言いつくせないほど悲惨な瞬間が、何度かちりばめられているのだ。

地球の誕生以来、全域にわたる突然の大量死によって動物の命がほとんど失われてしまったことが、これまでに五回ある。いわゆる「五大絶滅」で、一般的な定義によれば、大量絶滅とは地球上の半数を超える種(しゅ)が、およそ一〇〇万年のあいだに絶滅した出来事だ。ただし今では、これらの大量絶滅の多くがそれより短い期間に起きたことがわかっている。詳細な地質年代学が発達したおかげで、地球史上最も激しい集団死のなかには長くて数千年のあいだに起きたものがあり、もっとずっと短い可能性もあることが判明した。そんな様子をうまく説明しようとするなら、ハルマゲドンという言葉が最適だろう。

この陰鬱な出来事のなかで最も有名なものは白亜紀末の大絶滅だ。今から六六〇〇万年前に、（鳥を除く）恐竜がすっかり姿を消したことで知られる。しかし白亜紀末の絶滅は、生命の歴史のなかでは現在から最短の時間をさかのぼった時点という意味で、最近の大量絶滅にすぎない。マンハッタンにほど近い断崖に露出した岩で、私がその痕跡を垣間見た想像を絶するほどの激しい火山活動は、恐竜が死滅する一億三五〇〇万年も前に起きている――このときの火山活動が、ワニの遠い親戚や地球全域に広がるサンゴ礁が作りあげていた今とは別の世界を、あとかたもなく破壊してしまった。

この大災害と、それより前に起きた三回の主要な大量絶滅は、ティラノサウルス・レックスの滅亡という華々しい出来事にくらべて影が薄く、一般の人々の想像の世界にはほとんど登場しない。だがそれも無理からぬことだ。なにしろ恐竜は、化石記録のなかで最もカリスマ的な存在、いわば地球史のセレブリティなのだから。それ以前の、はるかに無視されっぱなしの時代を研究している古生物学者などは、身づくろいが得意なバカでかい怪物だと一蹴したりもする。そんな状況のもとでは、大衆紙が古生物学に割いてくれる紙面の大半を恐竜が独り占めしてしまう。しかも恐竜の最後は華々しく、その存在に区切りをつけたのは、メキシコで起きた直径一〇キロメートルほどもある小惑星の衝突だった。

だが、もし恐竜をやっつけたのが隕石だったのなら、どうやらそれは滅多にない災難らしい。畑違いの天文学者のなかには、ほかの四回の大量絶滅も定期的な小惑星の衝突で起きたと主張する者がいるが、この仮説には化石記録の裏づけがほとんどない。地質学者たちは三〇年も前から、それらの大量絶滅が起きた時期と重なる小惑星の壊滅的衝突の証拠を求めて化石記録を徹底的に調べているものの、無駄骨に終わった。一方、地球規模の大惨事を引き起こす最も確実な、しかも頻発する要因は、気候と海洋の劇的な変化であることがわかってきており、それらを生じさせるのは地質自体の力だ。

過去三億年間で最も重要な三回の大量絶滅は、いずれも大陸全域を覆うほど大規模な溶岩の流出によって起きている。つまり、想像を絶する大噴火が原因だった。地球上の生命は回復力に富んでいるとはいえ、その力は無限ではない。大陸を隅から隅までひっくり返してしまう激しい火山活動は、まさにこの世の終わりに匹敵するほどの気候と海洋の混乱状態をも引き起こす。こうしたまれに見る大噴火で地殻変動が続くと、発生した火山ガスによって大気中に二酸化炭素が過剰供給されるからだ。史上最悪の大量絶滅が起きた時期には、地球全体が地獄さながらの朽ち果てた墓場と化し、水温が上昇して酸性になった海は酸素欠乏状態に陥った。

しかし、もうひとつの大量絶滅の場合は、原因は火山でも小惑星でもないようだ。一部の地質学者は、プレートテクトニクスの、そしておそらく生態そのものの、さまざまな要素が重なりあって二酸化炭素を吸い上げ、海を汚染したという説を唱えている。大陸規模の火山活動が二酸化炭素を急増させたのに対し、もっと前の、さらに大きな謎に包まれた絶滅では、二酸化炭素が急速に減って、地球を凍てつい
た穴蔵に閉じこめた可能性がある。

この惑星の軌道を最も頻繁に狂わせてきたのは、別の天体の華々しい衝突ではなく、地球のシステムに対する地球の内部から生じた衝撃だった。地球の災難の大半は、どうやら地球自身が生み出しているものらしい。

幸運にも、これほどの「超」大惨事は滅多に起きるものではない。複雑な生命体が誕生してから五億年以上のあいだに、五回のみ（おおよそ四億四五〇〇万年前、三億七四〇〇万年前、二億五二〇〇万年前、二億一〇〇万年前、六六〇〇万年前に起きている）という事実には元気づけられる。だが、私たちが暮らすこの世界に、ぞっとするような歴史のこだまが響いている――ここ一〇〇〇万年のあいだ、いや一億年ものあいだ見られなかった変化を、私たちは身をもって経験しているのだ。「二酸化炭素の濃度が高い時代――なかでも二酸化炭素のレベルが急激に上昇した時代――は、あきらかに大量絶滅と一致する」と、ワシントン大学の古生物学者でペルム紀末の大絶滅の専門家でもあるピーター・ウォードは書いている。「ここに絶滅の推進力がある」

文明化がはっきり示しているように、岩に閉じこめられた大量の炭素を急速に大気中に送り出すのは巨大火山だけではない。人類は今、古代生物によって何億年もかけて地中深くに埋められた炭素をせっせと掘り起こし、地表にあるエンジンや発電所でいっせいに燃やしている――現代文明の巨大で広く普及した新陳代謝だ。もしも私たちがこの任務を完了し、すべて焼きつくすときがくれば、まるで人工の巨大火山のように大気中に炭素を過剰供給することになり、過去と同じく、とても暑くなるだろう。現

在経験している最も高温の熱波がやがて平均となり、未来の熱波は世界の大部分を未知の領域へと押しやって、人体の生理機能の絶対的上限を超えるという新たな脅威を帯びる。

もしもこれが現実となるなら、この惑星は――私たちにとってはまったく未知の世界ではあるが――化石記録に何度もあらわれた状態に逆戻りするだろう。だが、気温の高い時代が、必ずしも悪いものとは限らない。恐竜が闊歩した白亜紀には大気中の二酸化炭素濃度がとても高く、必然的に今よりもずっと暖かかった。しかし、気候変動や海の化学的性質の変化が急激に起きれば、その結果は生物に甚大な被害をもたらす。これまでに何度かあった最悪の地質時代には、まるで発作のようなこうした気候の激変によって、大陸内部の気温は致命的なまでに上昇し、海は酸性化して酸素不足に陥り、地球全体に集団死の嵐が吹き荒れて、この惑星は見る影もなく荒廃したのだった。


これは地質学によって近年あきらかになった驚くべき新事実であり、現代社会にとって最も憂慮すべき行く末を示している。地球史に記された五回の最悪なエピソードはすべて、この惑星の炭素循環の極端な変化に関連するものだった。基本元素である炭素は生態と地質の貯蔵庫のあいだを、ゆっくりと時間をかけて行ったり来たりしている。火山ガスから大気中に散った二酸化炭素は、やがて海中の炭素系の生物に取りこまれる。それらの生物は、死ぬと海底で炭酸塩の石灰岩になる。そうしてできた石灰岩が少しずつ地球の内部に押しこまれ、熱で溶かされて、貯蔵されていた二酸化炭素はまた火山によって大気中にまき散らされる。その繰り返しだ。だから炭素「循環」と呼ばれている。

ところが、大気や海洋に突然、異常なほど大量の二酸化炭素が送りこまれるような事態が起きると、この生命の化学作用をショートさせる力が生じる。近ごろ研究者のあいだで過去の大量絶滅というテーマがこれほど人気を博している理由のひとつが、ここにある。私が本書の執筆にあたって話をした科学者たちのほとんどは、この惑星が何度も瀕死の状態に陥った歴史に関心を抱いていた。それは単に学問的な疑問に答えるためだけでなく、過去の経験を調べることによって、私たちがまさに現在与え続けている種類の衝撃に地球がどんなふうに反応するかを学ぶためでもある。

研究者たちのあいだで続けられているこうした話し合いと、社会全般で広く取り上げられている話題とのあいだには、驚くほど大きな食い違いがある。気候変動を駆り立てる二酸化炭素の役割に関する最近の論議は、そのつながりが理論の上だけ、あるいはコンピューターモデルだけに存在すると思わせるようなものがほとんどだ。ところが、私たちが今進めている実験――大気中に膨大な量の二酸化炭素を一気に投入するという実験――は、じつは地質学的過去にもう何度も行なわれており、めでたしめでたしで終えることはあり得ない。気候モデルに見られる満場一致の恐るべき予測に加え、この惑星の地質学的過去には二酸化炭素によって引き起こされた気候変動の事例史まであるのだから、参考にするのが賢明というものだろう。

過去に起きた事変は、私たちが直面している現代の危機にとって教訓となるばかりか、診断の役にも立つ。患者が胸の痛みを医師に訴える前に、心臓発作の病歴を伝えるのと同じだ。

だが、類似性を拡大解釈しすぎるというリスクもある。地球は誕生以来、実際にはいくつもの異なる惑星だったと言える時期を経てきた。一部の顕著で心配な点に目を向けるなら、この惑星の現在と将来の予想は歴史上の最も恐ろしい出来事のいくつかをそのまま繰り返しているわけだが、そのほかの多くの点では、現代の生物が直面している危機は一回限りのものであり、生命の歴史上で類のない混乱であるとも言える。そしてありがたいことに、私たちにはまだ時間がある。人間が破壊的な種であることはすでに判明してしまったが、私たちがこれまでに引き起こしてきたことは、以前の地球規模の大変動で見られた滅茶苦茶な破壊と大虐殺のレベルにくらべれば、足元にもおよばない。過去の大量絶滅は、どこからどう見ても最悪のシナリオだ。人類の墓碑銘には、まだ、地球の歴史上で六回目の大絶滅を引き起こしたという悲惨な告発を加える必要はない。ときによいニュースが少ない世界にあって、これは朗報だ。

たいていの子どもたちと同様、私も早くから大量絶滅に興味をかきたてられた。親が子ども向けの本を扱う図書館の司書だったから、私が育った家には本のぎっしり詰まった段ボール箱があふれるほど並ぶことがよくあった。少し前のブックフェアであまった本の山だ。おそらく母親は失望しただろうが、私は『ダンとアン』や『ギヴァー——記憶を注ぐ者』といった良質の児童書には目もくれず、飛び出す絵本ばかりを手にとった。ティラノサウルスとソテツがページから勢いよく飛び出してくると、私は奇妙なラテン語の名前に、そして名前よりもっと奇妙な生きものたちに、すっかり心を奪われた。パラサウロロフスという変な姿の動物はアーティストの手できれいな蛍光色に彩られていたし、オヴィラプトルは別のイラストレーターによってシマウマ模様に飾られていた。それは空想科学小説に登場するような怪獣の世界でありながら、動物たちはかつて実際に地球上にいたというのだから、たまらない魅力があった。ところがディズニー映画「ファンタジア」で、この世界のさらに不思議な事実を教えられることになる——オーケストラが奏でるストラヴィンスキーの曲にのって、恐竜たちは灼熱の大地をヨロヨロと死に向かって行進し、世界は悲劇的な終わりを迎えた。それでおしまいだった。そしてそれはすべ

て過去に起きたことだという。「ジュラシック・パーク」の映画や本のようなその後の妄想は、私にとっては恐竜を失った世界で暮らす哀愁をいっそう強める存在でしかなかった。

ここ数十年のあいだに、地質学者たちは五大絶滅の大まかなスケッチに、ぞっとするような細部を描き加えはじめてはいるものの、その物語は一般の人々にとってほとんど想像の域を超えていた。私たちがもつ歴史の概念というのは、どちらかといえば長くて数千年の昔まで、たいていはわずか数百年前までを、さかのぼって見渡すというものだ。だがそれでは、これまでにあったことを恥ずかしいほど近視眼的にしか理解できない。一冊の本の最後の一文だけを読んで、図書館の蔵書すべての内容を理解したと主張するのに似ている。この惑星が過去五億年ほどのあいだに五回死にかけたのは注目に値する事実で、文明化を進める私たちは、気候・海洋システムの化学的な性質と温度をここ数千万年来見られなかった領域にまで押しやっているのだから、絶対的な限界がどこにあるかに関心をもたなければならない。実際、どれだけ悪化する可能性があるのだろうか？　この疑問には大量絶滅の歴史が答えを示してくれる。私たちの知らない、この地球の荒れ狂う過去を訪ねてみれば、私たちの未来を覗きこめるかもしれない窓が手に入る。

忘れられた世界は見慣れた風景のなかに姿を隠し、ハイウェイの脇から、海辺の崖から、そして野球場の端から、少しだけ顔を出している。これがおそらく、私が五大絶滅についてもっと詳しく知るためにに古生物学者たちと一緒に野外調査に加わるようになって知った、最も意外な事実だろう。はるか昔の世界の奇妙な断層を見つけるには、北極探検隊に入れてもらう必要もないし、ゴビ砂漠まで出かける手立てを探す必要もなかった。私たちは毎日、幾重にも上書きされた地球史の記録の上で暮らしている。

地質学は、私たちがこの世界——カール・セーガンによれば「真新しい文明をもつ骨董品の惑星」——を、無数の失われた時代から受け継いでいることを教えてくれる。地質学のレンズを通して世界を見ることは、この世界をはじめて見ることにほかならない。

北アメリカ大陸で化石が見つかるのは、伝説的な南西部や北極圏の露出した山肌ばかりではない。大型スーパーマーケットの駐車場の下にも、採石場にも、州間ハイウェイ脇の切通しにも、さまざまな化石が隠されている。シンシナティの地面の下には、オルドビス紀の原始の海で暮らした熱帯生物が化石のレリーフとなって無限に続いているが、それらはおよそ五億年前の地球史上第二の規模の大量絶滅によって死に絶えたものだ。テキサス州オースティンの中心部を流れる川の岸にはプレシオサウルスが、ロサンゼルスにはサーベルタイガーが、ワシントンDCから遠くないダレス国際空港の地下には三畳紀の恐るべきワニの祖先が、実際に埋まっている。そしてクリーブランドの河岸では、三億六〇〇〇万年前のデボン紀に生きた、ギロチンのような口をして甲冑を身につけた巨大魚の化石が見つかる。

五大絶滅の残骸は、遠くカナダ沿海州の緑濃い島々にも、南極やグリーンランドの凍りついた地域にも、メキシコのマヤ文明の寺院の地下にも眠っているし、南アフリカのカルー砂漠や中国の農地の隅にも散らばっている。だが大惨事のこうした遺物は、ニューヨーク市の摩天楼のすぐ隣の、デボン紀後期の大絶滅の混乱のなかから生まれた中西部の頁岩(けつがん)でも見つかる(頁岩は、水圧破砕技術でここからシェールガスを取り出す企業にも、環境基金の調達者にも、大きな利益をもたらす存在となっている)。テキサス州西部の砂漠にそそり立つグアダルーペ山脈の大半は、この惑星史上最悪の、たった一度の出来事が起きる前に全盛を誇っていた大昔の海洋動物によってできている——幽霊でも出そうな記念碑だ。その危機的な出来事では、二酸化炭素の増加による地球温暖化で、地球上の生きものの九〇パーセントが命を落とした。

地球は、何もない宇宙空間の果てしない海を砂粒のようにさまよいながら、少しずつ冷えていく平凡な石の塊にすぎない。そして生命はその表面で驚くほど薄くつややかな層をなし、興味をそそる化学作用を繰り返している。この惑星を薄く覆う生命の層は、おそらく天の川銀河で唯一無二の存在だろう。それが私たちの世界の特色であり、地球の歴史全体を通して、ほとんど奇跡的と言えるほどの耐久性を見せてきた。

だが大量絶滅のレンズを通して見てみれば、驚くほど脆弱でもある。危機にみまわれ、地球の表面に必要とされるごく狭い範囲の条件を保つことができなくなったときには、不毛な場所に姿を変えてきた。これまでは外部に目を向け、たとえば小惑星のような華々しい外的脅威を探す取り組みが続けられてきたが、内部から生じるもっととらえにくい脅威にも同じように気を配る必要がある。太陽系に並ぶ生命のない惑星たちが証明しているように、地球の表面に存在する快適な化学的性質と条件は、とてつもなく異例なものだ。そして大量絶滅の歴史が示しているように、それらは当たり前に存在しているものではない。

大昔の惨事を調べるにあたって、私は恐竜を皆殺しにした小惑星のような、はっきりした物語を見つけるつもりでいた。だが私が見つけたものは、まだ明るみに出ていない事実が山ほど残された、まさに発見の最先端にある領域と、悠久の時間の霞がかかって大半がぼやけたままの物語だった。あちこち旅するなかで、それまで存在することすらほとんど知らなかった――それでも「地球」と呼ばれている――いくつもの異なる世界と出会うことになった。それらはどれも、小惑星よりもはるかにとらえがたいが小惑星と同じくらい不穏な、世界を終わらせる一連の力によって、見る影もなく衰弱してしまった。

本書では、このバラバラの——まだできあがっていない——パズルをつなぎ合わせることに懸命に取り組んできた人々の創意を、情けないほど不完全ながら証言すると同時に、私たちのまわりにあるなじみの薄い大昔の地勢を見渡していく。また、これからやってくる荒れ模様の世紀も精査し、危険がいっぱいの宇宙を猛スピードで突き進む、妙に居心地がよい半面で傷つきやすいこの惑星の上にいる、生命の長期的な見通しについても考える。

オルセンと私はパリセイズのハイキングを終え、近くのフォートリー周辺に建ち並ぶ、ベトナムのフォーを出すレストランの一軒に立ち寄った。ジョージ・ワシントン・ブリッジを越えて分岐したハイウェイから、低い唸り声が響いてくる。この地域の歴史と、足下の岩が生み出した大昔の地獄のような光景に思いをはせていると、未来について考えずにはいられなかった。現在、大気中の二酸化炭素濃度は四〇〇ppmあたりで推移している。おそらく三〇〇万年前の鮮新世中期以来、最高のレベルだろう。これが一〇〇〇ppmになったら、地球上の生命はいったいどうなるのか。気象学者と政策立案者の一部は、もし私たちがこれまでと同じように二酸化炭素の排出を続けていくなら、今後数十年のうちに濃度はこの値に達するだろうと予想している。

オルセンは、「それと同じような状態がこれまでで最後に起きたときには、極地に氷はまったくなく、海面の高さは今より何十メートルも高かったんだ」と言い、ワニとキツネザルの仲間が熱帯のカナダ北海岸に棲んでいたとつけ加えた。

「熱帯の海水温はおそらく平均四〇℃はあって、今の海からはほど遠かったはずだよ。それに大陸の奥地では、命取りになる状態がずっと続いていた」

私はもう少し単刀直入な質問をすることにし、人間は今、また別の大量絶滅の始まりに居合わせているのかと尋ねた。

オルセンは手にしていた箸の動きを一瞬止め、「そうだ」と答えた。「その通りだよ。でもあとから化石記録であきらかになる大量絶滅は、人類がアフリカを出て世界に散らばり、巨型動物類を一掃したときから五万年という時をかけて起きたものになる。その絶滅は化石記録に華々しく出現することになるだろうね。いつの日か、人類による文明の広がりが、とどめの一撃になったと言われているかもしれないよ」

第1章　物語の始まり

私たちは地球上での動物の誕生を、早春の出来事のような感覚で受けとめている。だが現実には、動物の時代はほとんどあり得ないほど年老いた両親のもとに生まれた赤ん坊のようなものだった。

――ピーター・ウォード

私はボストンで生まれた。つまり都合のよいことに、定期運航の小型フェリーにちょっと乗って港を横切るだけで、この惑星の歴史にちりばめられた大規模で複雑な生命の、最も古い化石と思われるものを見ることができる。コンドミニアムや近代的なショッピングセンターが建ち並ぶマリーナを水際までおりて行くと、昔の埠頭から抜け落ちて錆びついた大釘が散らばる浜辺に着く。ひと気のない海岸の一番遠い端では、引き潮になると海藻で覆われた大昔の海底の岩盤が姿をあらわし、海に向かってゆるやかな傾斜を描く。南極付近にあった超大陸の沖に広がっていた海洋の底の岩が、生活雑貨店「ベッド・バス・アンド・ビヨンド」の駐車場からそれほど遠くない場所に顔を見せるのだ。それが特別に興味深いものだと知らせる銘板も標識もないが、海藻を取り除いてやれば、石の表面に二五セント硬貨くらいの大きさをした卵型の同心円がいくつも見えてくる。岩に刻まれた控えめな円は、複雑な生命体が誕生したばかりのころ、シダの形をした生物が海底のヌルヌルした沈泥に自らを固定していた痕跡かもしれない。

物語はここから始まる。

今と同じ地球という名をもつ惑星の話ではあるが、共通点といえばその名前くらいなものだった。かつて南極圏にあったこのボストンの海底で、これらの生きものが奇妙な暮らしをしていたのは今からどれくらい前なのか、はっきり理解するのは不可能だ。この惑星の年齢を理解するのも同様に不可能だし、人間がその上で果たしてきた役割がどれだけ取るに足らないものかを理解しようとしても、やっぱり無駄な努力になる。カール・セーガンはこの「青白い点（ペール・ブルー・ドット）」への賛歌によって、私たちが宇宙の片隅のちっぽけな星に閉じこめられて孤立している様子を、わかりやすく示してくれた。

だが時間という尺度で見ても、私たちは理解しがたい永遠を漂いながら孤立している。幸い、永劫の時のなかで私たちが今いったいどこにいるのかを理解できるようにと、地質学者たちが知的裏技をいくつか考え出してくれた。そのひとつは時間を人間の足取りにたとえるもので（＊1）、一歩進むごとに歴史の一〇〇年を通過すると想像する方法だ。この単純な思いつきには、びっくりするほど深い意味が隠されている。

とにかく歩きはじめることにしよう。現在を出発し、過去に向かってまっすぐ進む。片足を前に上げ、残った足のかかとが地面から離れるころには、インターネットは消滅し、地球上のサンゴ礁の三分の一が再び姿をあらわし、原子爆弾が激しくもとの姿に戻り、ふたつの世界大戦が（逆方向に）過ぎ、地球の夜側で輝いていた電気のまぶしい光が消える。そして一歩目が地に着くとき、オスマン帝国がそこにある。それが最初の一歩だ。二〇歩進むころにイエス・キリストとすれ違う。その数歩先から、そのほかの偉大な宗教が姿を消しはじめる。まず仏教が、次にゾロアスター教が、さらにユダヤ教、そしてヒンドゥー教がなくなる。一歩ごとに出会う文化の一里塚は、どんどん信じがたいものになってくる。最初に法律制度と文字が消え、さらに悲惨なことにビールも消える。わずか数十歩で——街のなかならまだ一ブロックも進んでいないのに——記録に残った歴史はすべて消滅し、人類の文明はすべて背後に過ぎ去り、マンモスが暮らす世界に到着した。簡単だった。脚をよく伸ばし、これからの、そう長くはないであろう道のりに備えよう。もう少し歩けば恐竜に会い、さらにもう少し進めば三葉虫に会えるかもしれない。たぶん日没前には、地球の誕生にまでたどり着けるだろう……。

だが、そうはいかない。

実際にはそれから毎日、一日に三二キロずつ、四年間歩き続けなければ、地球の歴史の残りを制覇することはできないのだ（＊2）。地球という惑星の物語は、あきらかにホモ・サピエンスの物語ではない。そうして歩き続ける旅のほぼすべてが、複雑な生命体のまったく存在しない険しい地形を進むものになる。深い海の底にも、高い山々の上にも、熱帯地域にも、大陸内部の延々と続く花崗岩の荒れ地にも、生きものの姿は見えない。この惑星では動物が誕生するまでのあいだ、風と波の音を除けば静寂に包まれたまま、永遠に近い時が過ぎていった。ボストン港の岩などに刻まれた最初の生物は、どこを探しても藻類より刺激的なものは皆無の状態で四〇億年が過ぎたあと、ようやくこの地球の表面に登場したものだ。実際、一八億五〇〇〇万年前から八億五〇〇〇万年前まではあまりにも何も起きなかったので、地質学者さえ「退屈な一〇億年」と呼ぶようになった。地質学者が退屈と呼ぶものは、恐ろしいほど退屈なことはまちがいない。

ほかの惑星で生命を探そうとするなら、地球でさえその歴史の九〇パーセントは荒涼とした不毛の地だったことを肝に銘じる必要がある。事実、何十億年ものあいだに岩石記録に残された生命の痕跡といえば、ドロドロした微生物の山が化石化したパッとしない塊くらいしかない。やがて、今から六億三五〇〇万年ほど前に、遠くから複雑な生命体のささやき声が聞こえてくる――オマーンで見つかった岩に、一定のカイメン動物の仲間のみが生み出せる24－イソプロピルコレスタンという物質が含まれていた。カイメン動物は海水をせっせと濾過して炭素を海底に沈めるので、海に酸素を増やし、より複雑な生命体の誕生を可能にしたのかもしれない。スミソニアン協会のダグ・アーウィンが書いている通り、「人類はカイメンに特別な恩義がある」。フライパンからベーコンの脂をぬぐいとるのにスポンジを使うときは、そのことを忘れないようにしよう（＊3）。

その後、およそ五億七九〇〇万年前のエディアカラ紀に、地球全域が凍る氷河時代（スノーボールアースというぴったりの呼び名がある）が訪れてほぼ完全な滅菌状態がしばらく続いたあと（＊4）、シャンパンボトルのコルクを抜いたかのように生命が一気に湧き上がる。大型で複雑な生きものがようやく、かなり唐突に、大昔の海底に化石として姿をあらわした。

これは四五億年というこの惑星の生涯から見れば、まだ「最近」と言える歴史ではあるものの、やはり言語に絶するほど古く、超大陸パンゲアが形成される二億年以上も前、ティラノサウルスの時代より五億年以上も前の話だ。そして五億七九〇〇万年前は、現生人類の時代のおよそ五億七九〇〇万年前であり、この惑星での現生人類の歴史は一〇〇万年単位ではなく一〇万年単位で数えられる。地質学者でさえ、この永劫とも表現できる長い時間によって、あらゆる英知をはねつけられてしまう。

化石記録に突然あらわれる最初の素朴な生きものは、おそらく動物ではなかった。また、それらが支配した時間は短かっただろう。実際には最初の大量絶滅を生き抜いたかもしれないが、残るのは岩に刻まれたあいまいな形のみで、その暮らしを知ろうとすれば古生物学者の詩心に頼るしかない。

カンブリア爆発が引き起こした最初の大量死

カナダのニューファンドランド島南東部、タイタニック号の最後の遭難信号を受信したことで知られる人里離れた無線局からそう遠くない場所に、強風吹きすさぶ「超海洋性気候」の荒れ地が広がる。そしてそこには、これら原初の生物らしきものが大昔の海の岩に残した化石の落書きが、さらに多く残っている――遠い昔の海の深みに広がる果てしない闇に生きた生命の、象形文字を思わせる名残がそこにある。ニューファンドランドの化石には、シダの葉、羽ぼうき、細長い円錐を彷彿とさせるものもあれば、ドクター・スースの絵本に出てきそうな大きくて節のあるナメクジ、膨らんだムカデのようなものもある。それらは、現在生きているどんな生物にも似ていない――ほとんどは動かない――生き方を考え出したらしい。原始地球のうんざりするような海のなかで、皮膜を通して有機物のネバネバしたものをゆっくりと吸い上げていたのだろう。だがこのような生き方は、地球上で暮らす試みとしては失敗だった。これらの生きものは次の時代までに、すべて姿を消すことになる。

五億四〇〇〇万年ほど前、進化の歴史で最も重要な節目となったカンブリア爆発によってエディアカラ紀の世界は破壊され、劇的に脇へと追いやられてしまった。生物学におけるこの鮮烈な超新星爆発が起きたとき、動物――動きまわり、生きるためにほかの生命体を食べる生物――の世界が真に誕生した。その前の退屈な時代にも動物につながる新生の系統が存在したことを示す痕跡が化石に残されてはいるが、濁った海はそれまでほとんど、自分では動けないエディアカラ紀のフラクタル状の生きものに支配

カナダのニューファンドランド島ミステイクン・ポイントに残る、エディアカラ紀の化石。
この5億6500万年前の岩に残されたシダの葉を彷彿とさせる生きものは、複雑な生命体が誕生したばかりのころに海底から垂直に立ち、皮膜を通して栄養物を吸収していたようだ。カンブリア爆発が起きるまでは、こうした奇妙で動けない生きものが海を独占していたが、カンブリア紀の幕開けとともに動物が急激に多様化し、これらの生きものを一掃してしまった。

されていた。その状態がカンブリア紀の幕開けとともにすっかり変容をとげる。動物が急激に多様化し、さらに奇妙で多彩な生命体が、それまでの奇妙な生命体を追いやってしまったのだ。これまで正統な五大絶滅に並び称されてはいないが、カンブリア爆発はイメージに反して、複雑な生命体の歴史で最初の大量死をもともなっていたようだ。

ニューファンドランドをはじめとした地域に残されているエディアカラ紀の忘れられた生きものたちが、エイリアンによって残された落書きのように見えるとするなら、それらにとって代わったカンブリア爆発の華々しい生きものたちはエイリアンそのもののように見える。当時の海には、幻覚剤の効き目が最高潮に達したときでも思いつくのが難しいような生きものが突如として勢ぞろいした——実際、カンブリア紀の動物のひとつにはハルキゲニア（幻影を生むもの）という名前がつけられてさえいる。別のオパビニアという動物には、目が五つと、口を思わせる場所に腕のような奇想天外な突起があり、ある学会で最初に発表されたときにはドッと笑いが起きたほどだ。そのほかの生きものにしても、たとえばこの時代を象徴する奇妙さをもったアノマロカリス（うねるように動く邪悪なロブスターのように見える）などは、私たちと同じ生命の樹に連なっているところを想像するのも難しい。動物とも思えないその姿は、今では博物館の展示室で芸術家の手によって見栄えよく描かれて、この惑星の歴史が、理屈の上ではずっと「地球」でありながら、まったく異なるいくつもの世界で成り立ってきたことを思い出させてくれる。

こうした動物を生み出す実験的な試みの一部は、まさに実験だった。いくつかの実験は失敗に終わり、二度と繁殖することはなかった。少しは成功したものもあり、カンブリア爆発で出現したさまざまな生きもののなかに私たちの祖先もいた。それは全長五センチメートルほどの、ナメクジウオに似たメタスプリッギナだと考えられている。

カンブリア紀に始まった広範囲にわたる動物の出現は、化石記録のなかであまりにも唐突なため、自然発生したように見えることがダーウィンを悩ませた。それから一世紀を超える研究を経て、この大爆発はそれほど短い期間に起きたものではないことがわかったが、それでも地質学的な視点からすればまだ話にならないほど急な出来事だ。この大爆発の原因については、まだ激しい論争が続いている。海洋中の酸素が（おそらく生命そのものの生産物として）増加したために、より多くのエネルギーを消費する動物の生き方を支援したとする説から、目の誕生によって捕食者と被食者との混沌とした競技場に急に光が差し、捕食の軍拡競争の導火線に火がついたという理論的な見通しにもとづく説まで、さまざまだ。だが、カンブリア爆発の混沌のさなか、その前にあった短い世界の悲しい物語は失われ、その世界で暮らしていた神秘的で忘れられた生きものは永遠に消え去った。動物の生命が爆発的に増えたあと、海底に張りついていた肉厚なシダの葉に似た奇妙な生きもの、大きくなりすぎたナメクジのような生きものが、再び姿をあらわすことはなかった。

「突き詰めれば、それは新しい行動の進化によって引き起こされた大量絶滅だった」と、ヴァンダービルト大学の古生物学者でエディアカラ紀の専門家であるサイモン・ダロックは言う。私はボルティモアで開かれた地質学の学会でダロックと話をした。若々しい顔でイギリス英語を話す、気のおけない科学者のダロックは、米国内で開かれる学会ではよく目立つ。周囲をうろつくのは、ヤギヒゲをはやしてどことなく内向的な、中西部の中年アメリカ人男性ばかりだからだ。

カンブリア爆発の前にあった不思議な世界——海の底から生えるフラクタル状の変わった生きものや、微生物マットに張りついた奇妙なキルト風の塊が広がる、禅寺の庭園の世界——の消滅は、古生物学者にとって長いこと不可解な出来事だった。しかしダロックと同僚たちは二〇一五年に、この未解決事件は大量絶滅にちがいないと宣言している。

「大量絶滅には非生物学的な推進力が必要だと、みんなが思っている。たとえば小惑星の衝突とか、火山の活動期とか。でもここには、生物学的な生命体が環境を変えることによって、広範囲に生息していた複雑な真核生物の絶滅を駆り立てたという有力な証拠がある。私にはこれが、人間が現在やっていることとよく似ているように思えるね」

海水中の酸素量の急激な増加

なかでもひとつの新しい行動が、当時の混乱の大きな原因になったらしい。穴を掘る行動だ。ニューファンドランドなどで見つかる一風変わった幾何学図形の生きものたちは、有機物が豊富などんよりした不快な海で、じっと動かない微生物の層で覆われた海底に頼って生きていた。だがカンブリア爆発の幕が切って落とされると、地球を引き継いだ動物たちは海底をかきまわしはじめた。それまでのエディアカラ紀に生き、海底に固着して穏やかな粘液状の層から養分を吸収していた奇妙なキルト風の塊にとって、これは壊滅的な出来事だった。事実、地質学では、岩にあいた穴が正式にカンブリア紀の始まりを定義する。穴は鰓曳(えらひき)動物（その形状から、冗談を抜きにペニスワームとも呼ばれている）が残したものと考えられており、それらの動物は太古の海底をかき混ぜて、エディアカラ紀の生息環境を破壊した。

地質学者にとって、岩にあいた穴は地層の質的な変化を示し、それ以前の数十億年にわたる穴のない岩の層と区別する指標になる。そしてそれは、あとに続く五億年間の岩石記録には並ぶもののない大きな変化であり、次にこれに匹敵する変化が起きたのは、人類が鉱物と化石燃料を求めて岩に何キロメートルもの深さの穴を残しはじめたときだった。

カンブリア爆発の成り上がり者ともいえる動物たちは海水の濾過も開始し、海面から海底まで広く漂っていた有機炭素を、それまでになく大量に海底へ沈めるようになった。つまり、動物たちがフンをしはじめたのだ。その結果、それまでのエディアカラ紀にいたフラクタル状のシダの葉に似た奇妙な生きものは、突如として驚くほど澄みきった海水中に取り残され、食べるものを失った。

海水中に漂っていたネバネバした炭素を根こそぎ海底に沈めるという、この新しいカンブリア紀の多様な動物たちは一方で、海水中の酸素量を急激に増やす役割も果たしただろう。この酸素の急増は、そのころ海のなかでエスカレートしていた新機軸の軍拡競争をさらに煽る結果となり、ノロノロ動く中途半端な生きものはかわいそうに取り残されてしまったと思われる。動物は海に酸素を供給する働きによって、この惑星をそれまでになく多くの動物が棲める場所にし、それまでになく熱狂的な生物学の実験に駆り立てることになった。触手と外骨格と爪という武器が揃った世界で、キルト風の塊や動けないシダの葉に似た生きものが、どんな希望をもてたというのだろう。

人間が地質学的規模でこの惑星をひどく混乱させているという考えは、人間中心の思い上がりにすぎないのではないかという感情が、とくに科学に詳しくない人々のあいだには存在する。だがそのような感情が生まれるのは、生命の歴史を見誤っているからだ。地質学的な過去に目を向ければ、一見すると些細な改変がこの惑星の化学作用を再編し、徹底的な局面の変化をもたらしてきた。人間にはきっと、カンブリア爆発の濾過摂食動物と同じくらいの重要性はあるだろう。

「べつにびっくりするほどのことではないけれど、みんな、ものごとの壮大な仕組みにとって自分たちがそれほど重要な存在だと思っていないから、受け入れがたいのだと思う」と、ダロックは言った。「でも五億年前に、とてもよく似たことが起きたという例がある。現在では、過去の大量絶滅での絶滅率を、私たちが今引き起こしている種の絶滅率になぞらえる話題が多いけれど、大量絶滅は新しい行動の進化と生態系エンジニアリングによって起きるんだよ」

微生物マットの世界を自分たちに都合のよい世界に作り変えたカンブリア紀の穴を掘る動物のように、人間は地球上の陸地の半分を農地に変えてきた。二酸化炭素による酸性化と、農業の中心地から流出する肥料の窒素とリンによる大陸棚の富栄養化（貧酸素化）で、海洋の化学作用まで変えはじめている。さらに、人間が手にした現代的テクノロジーの目眩（めまい）がするような兵器工場は、おそらく過去のあらゆる歴史のなかで、カンブリア爆発で起きた大量の生物学的発明しか匹敵するもののない飛躍的革新だ。控えめに見ても、私たちがペニスワームと同じくらい重要な存在だと考えるのは誇張ではないだろう。

ダロックは次のように続ける。「だから私は、生態系エンジニアリングのせいで生態学上の危機が生じた過去の例が、ここにあると思っている。おそらくそれが再び起こっているという事実に、私たちは過度に驚いたり、愕然としたり、圧倒されたりするべきではないな。生物学的な生命体は、信じられないほど大きい地質学的な力をもっているからね」

カンブリア爆発は、その前にいた奇妙なエディアカラ紀の生きものにとっては破壊的だったかもしれないが、地球上の生命にとってはあきらかに幸運だった。長いあいだ「退屈な一〇億年」に埋没していたこの惑星で、動物が一切を取り仕切る役割についた正式な始まりとなったのだ。そして今、私たちがこれまでに自力で築きあげてきた新しい科学技術優先の世界が、当時と同様の新時代への移行の始まりを示しているのだろう。カンブリア紀のとてつもない動物の世界が、それまでにいたかわいそうな生きものにとってはまったく異質に思えたのと同じくらい、今から一〇〇〇万年後には私たち人間の目にはまったく異質に映るであろう新しい累代が待ち受けているかもしれない。あるいは、私たちのおよぼした影響が人間にとって幸先の悪いもので、あとには崩壊した世界が残るだけかもしれない――人間の遺産は、文明の行きすぎを修正するための長々とした環境回復だけになる。

カンブリア紀の場合、その遺産は多彩な動物たちの暮らしで、それは忘れ去られた祖先から受け継がれていた。地球は今や活気を帯びた惑星になった。生きものたちは這い、泳ぎ、目と化学受容器官を使って互いを探り合った。生きものたちは互いを殺し、互いを食べ、おびえながら隠れた。たとえ私たちがまったく気づいていないとしても、これは歯と爪を赤く染めた私たちの世界の始まりだった。火を噴いて始まりスノーボールアースで終わった四〇億年にわたる序章のあと、動物たちの大行列が始まり、続く五億年間は圧倒的に、それまでで最も興味深いものになっていく。

カンブリア爆発は地球上に動物を生み出した功績を独り占めしているかもしれないが、カンブリア紀の海はそれから何百万年にもわたって不毛なままだった。酸素欠乏状態の水が浅瀬に次々と流れこみ、何度も押し寄せる絶滅によって種という種を次々に死滅させた。カンブリア爆発に続くこの奇妙な生命の遅延は、不吉にも「カンブリア紀の死の幕間」と呼ばれている。だがその暗黒時代は、続くオルドビス紀の幕開けとともに終わりを告げた。次の時代は終了する直前まで、進化の上で空前の楽しい時期となる。

オルドビス紀は地球上の生命にとって騒々しい期間で、地球史でほかに類を見ない、信じられないほどの繁栄があった。だがそのあとには、さらに信じられないほどの大失敗が続いた。大量絶滅の時代が始まる。

第2章　オルドビス紀末の大絶滅【四億四五〇〇万年前】

雪が降った、雪また雪、
雪また雪、
大昔の
どんよりとした真冬のこと。
——クリスティーナ・ロセッティ（一八七二年）

金曜日の夜とあって、シンシナティ大学ではフットボールスタジアムから大歓声が響いていた。日暮れたキャンパスをぶらぶら歩く酔った学生の一団が、スタジアムの壁越しに見える大型ビジョンの明滅と投光照明のまぶしい光に引き寄せられていく。彼らは暗がりに建つ物理学部棟の脇をそれとは知らずに通り過ぎていったが、この校舎のなかでも、少々盛り上がりに欠けるとはいえ、やはり金曜夜の儀式のような集まりが開かれていた。薄暗い廊下の奥に明かりが見えるのは、「ドライ・ドレッジャーズ」の月例会の日にあたっている証拠だ。

ドライ・ドレッジャーズという名称には、どこかノーブランドのフリーメーソンめいた響きがあるかもしれないが、アマチュアの化石採集グループとして米国屈指の評判を得ており、誰にでも門戸を開いている。会員になるために必要なものはただひとつ、遠い遠い昔に対する執念だ。会員たちは一九四二年から続く週末の化石採集旅行に出かけては、細心の注意を払ってシンシナティ地域の古代海洋生物を掘り起こす活動を続け、数えきれないほどの古生物学論文に引用されるという成果を残している。グループの本拠地はオハイオ州南西部にあるので、大昔の海底でできた岩盤のてっぺんに乗っていることになり、会員はオルドビス紀の化石を専門としている。オルドビス紀は四億八八〇〇万年前から四億四三〇〇万年前まで続き、大災害で幕を閉じた。

穏やかなオルドビス紀の世界は、最後には意外な氷河時代のせいで突如として破壊され、その後再び有害な海から押し寄せた潮に打ちのめされてしまう。こうしたすさまじい気候の変動によって苦しめられた結果として起きた大量絶滅は、生命史上二番目に大規模なものとなった。

私は大半の人たちと同じきっかけで——つまり、鱗に覆われた強大な生きものがノシノシとあたりを歩きはじめた時期に惹かれて——古生物学に熱中するようになったので、それよりはるか昔の地球、まだ陸地に生きものの姿はなく、その状態がまだおよそ一億年も続こうとしている地球のことなど、ほとんど何も知らなかった。だが何はさておき、私たちの世界はこれまで絶えることなく水の惑星であり続け、オルドビス紀の波の下も活発な動きに満ちていたのだ。そこで私は手はじめに、シンシナティの海にやってきた。

北アメリカで一番化石が豊富な場所

「おやおや、今夜はもうみんなが説明会を始めているな」。会議が始まる前に、ドライ・ドレッジャーズ会長のジャック・コールマイヤーは、そうつぶやいた。会員たちはあちこち歩きまわりながら、採集現場からもち帰った掘り出しものを自慢し、互いが手にした靴箱を覗きこむ。箱には石になった生きものがあふれかえり、どれも先月の会合のあとで道路沿いや古い採石場をめぐって集めたものだ。中西部全域からやってきた筋金入りの愛好家たちは、前回以降の採集で経験した苦労話をやりとりする。リン鉱山会社によって閉鎖されたり郊外の分譲地として整地されたりして、化石の宝庫が消えたという話に同情する言葉が飛び交っていた。

そうした嘆きは、化石ファンのあいだではごくありふれたものになっている。次に計画している閑静な住宅地を化石が邪魔していることなど、不動産開発業者はほとんど知らないし、気にもしない。だいたいほとんどのアメリカ人は、小規模なショッピングモール、舗装、律儀に水やりされる芝生が揃った薄っぺらな文化生活が、たいていは化石をちりばめた底なしのアンダーワールドの上に乗っていることなど、考えつきもしないだろう。このような現実は、シンシナティ地域ではなおさら避けることは難しいかもしれない——このあたりは大昔の熱帯の海で暮らした生きものの巨大な寄せ集めの上にあり、道路の両脇から古代の生きものたちが、文字通りあふれ出している。隣接するケンタッキー州北部とインディアナ州南部を含んだこの一帯は、「世界一とは言わないまでも北アメリカ全体で一番化石が豊富な場所」のひとつとされ、二〇〇年近くも古生物学者たちを引きつけてきた。化石があまりにも豊富なので、シンシナチアン期という地質時代の名前まである（＊5）。

ひとしきり説明会に興じたあと、会員たちは席についた。あきらかに年長者が目立ち、その多くは化石化の詳しい経緯に学問的な興味を超える情熱をもっているように見える。その晩の講義を受けもったのはイリノイ州の高校で教えている理科の教師で、古生代の化石に夢中な会員のひとりだ。なかでも、オルドビス紀に姿をあらわした、茎をもち濾過摂食する生きものの系統に精通していることで知られている。

「ウミツボミ類といえば、ペントレミテスをあげないわけにはいきませんね」と、講師は切り出した。聴衆はいっせいにうなずき、この聞きなれない名詞の連続をしっかり支持していることがわかる。「でも私が好きなのは、なんと言ってもディプロブラスタスです」

あたりから思わず「おーー」という声が上がると、彼はおもむろに、ぼんやりした化石の画像を頭上のプロジェクターに映し出した。

「これはトリコエロクリヌス・ウッドマニ。ウミツボミ類のロールスロイスですよ」（＊6）

私の前の席に座った男性のTシャツにうやうやしく印刷されている文字は、誰かの名言などではない。四億年以上前にいた、ヒトデのはるか遠い親戚にあたるイソロフス・シンシナティエンシスを、シンシナティの公式化石とするという市長の宣言だ。ここにいる会員たちをアマチュアと呼ぶのは、名ばかりらしい。

会合の終わりに、コールマイヤーは週末の予定表を配った。翌朝にはケンタッキー古生物学会と合流し、海に向かうことになる。

翌日、私は眠気もさめやらぬまま、ぼんやりした目で車に揺られながら市街地を出た。最初に止まったのは側道の突き当たりにある目につきにくい場所で、地元のハイウェイの両側に見える切通しと同じく、露出した斜面に灰色の岩が層をなしている。断崖に近づいて岩をたんねんに調べると、削られた部分から剝がれて落ちた岩盤は実際には岩とはほど遠く、古代の海にいた生きものの枝分かれした残骸や貝殻が混ぜこぜになって固まったものだった。まるで誰かがサンゴ礁につるはしを振り下ろしたように見えた。ここには文字通り、化石ではない岩などひとつもない。私たちは四億五〇〇〇万年前の、赤道より南にある深さ一五メートルの海底にいた。目の前の岩は、上に積み重なった世界とは不安になるほど関係のない、異質な惑星の物語を伝えていた。私はぽかんと口を開けたまま立ちつくした。ドライ・ドレッジャーズの風変わりな執着が、一瞬にして腑に落ちた瞬間だった。

四億五〇〇〇万年前の海底で化石採集

オルドビス紀の世界は「魚のいない海」としても知られている。（その後どれだけ大きな変化が起きるかは、次の大量絶滅が「魚の時代」と呼ばれる時期を襲うことでわかるだろう。）だが、オルドビス紀にも魚はいた。それは私たちの祖先ではあるが、奇妙な姿をした、取るに足らない小さな生きものだ——大部分は顎をもたず、海の頂点捕食者のかたわらでひっそり生きていた。一方、オルドビス紀を支配していたのは背骨のない「地を這う」怪物たちで、あたりには殻、触角、触手が群れていた。

大量絶滅が起きるためには、まずその犠牲者が必要になる。シンシナティ郊外の（おなじみのサンドイッチチェーン、携帯電話ショップ、自動車用品店などの店舗が見えなくなって間もない場所にある）ハイウェイの脇を歩いてみれば、そこはこの世界に出会う出発点としてうってつけの場所であることがわかる。断崖に沿って歩いていくと、やがてこの惑星で最初に起きた、全地球規模の動物大量殺戮に誘いこまれてしまう。私は珍しい石に目をとめ、酒の入っていたプラスチック容器を払いのけて、がれきのあいだから引っ張り出した。化石になった生きものはボールのように丸まり、おびえて固まったまま、永遠に石と化していた。

「フレキシカリメネ・ミーキだね」。化石を太陽にかざして見ていた私に、ドライ・ドレッジャーズの役員をしているビル・ハイムブロックが声をかけてきた。「どこも欠けていない、完璧だ」

私は、さも深く考えているようにうなずき、その日ベテラン化石ハンターたちが話すのを耳にしていた言葉を真似て、もったいをつけながら「すばらしい保存状態だ」と答えた。

何人かの会員が、私のビギナーズラックについて何かブツブツ言っていた。

私が見つけたのは三葉虫で、自然史のジオラマでは欠くことのできない主要な存在だ。オルドビス紀末にここを襲った命を脅かす大打撃を、なんとか生き延びたグループに含まれている。どことなくアコーディオンとカブトガニ（最も近い関係にある現存の動物）の隠し子のように見える三葉虫は、ほとんど古生代（＊7）のマスコットの役割を果たし、中生代の恐竜、新生代の哺乳動物と同じ立場に立っている。だが、三葉虫は正しく理解されていない。型にはまったイメージと言えば、まさに深海底の「ルンバ」で、何億年ものあいだ、海の底を見境なく動きまわりながら食べものをあさっていたというものだ。そして、そうやって海底のツノサンゴとカイメンのあいだを歩きまわり、ありきたりの底生生活をしていた三葉虫は多い。

だがオルドビス紀には、大海原をすべるように泳ぎまわる自由遊泳性の三葉虫もいた。なかには、からだの大きさにくらべて極端に大きい出目金のように飛び出した目を誇るものや、砂時計のようにくびれたもの、また魚雷のような体形をもつものもいた。言葉で説明するのが難しい種類もあり、たとえばアンピクスの場合、頭部から前方にも後方にも長い角が生えている（＊8）。オルドビス紀には、大型で自由遊泳をする肉食の三葉虫の姿さえ見られ、頭部が流線形になっていることから、「現代の小型サメの一部」との類似点が指摘されてきた。ほかの大量絶滅にはもっとカリスマ性をもつ犠牲者がいたかもしれないが、白亜紀末の大絶滅では史上最強の恐竜、ティラノサウルス・レックスが小惑星の激突を見つめていたように、オルドビス紀末の大絶滅では史上最大の三葉虫、イソテルス・レックスが世界の終わりを目の当たりにしていた。全長九〇センチメートル弱のこの「巨大」動物は、正直なところ、死の恐怖を呼び起こすとは言えないが、三葉虫の基準から見れば巨大な存在だった（＊9）。この並外れたイソテルス・レックスでも、オルドビス紀末の大絶滅を生き延びることはできなかった。生き延びた生きものは多くない。

「何におびえていたんでしょうね？」と、私は手のなかでパニック状態になっている化石について尋ねてみた。

「節足動物」と、ハイムブロックが不気味な口調で答えた。「広翼類だよ」

これらの動物たちには、もっといい名前がついていてもよさそうに思う。広翼類は「ウミサソリ」としても知られている。なかには巨大なものもいて、流線形の外骨格をもち、SF小説に登場するような長い脚を何本も格納できる甲羅を備えていた。二〇一五年には、オルドビス紀の海が残るアイオワ州で化石調査をしていた科学者たちが、人間と同じ大きさをした昆虫のようなウミサソリを発見している。

頭足動物に目を向ければ、私の三葉虫のすぐそばに、その仲間がもついくつもの部屋に分かれた円錐形の貝殻があった——私の手にある化石を永劫の死の姿勢に追いやった張本人かもしれない。現在では、頭足動物には大まかに言ってタコ、イカ、コウイカ、オウムガイ（オルドビス紀にまでその系統をたどることができる）が含まれている。オルドビス紀より前には頭足動物はせいぜい五センチメートルほどにしか育たなかったが、オルドビス紀になると、長さ六メートルもの円錐形の貝殻に収まっていたカメロケラスのような、驚異的な動物が登場した。博物館で復元されているカメロケラスは、バスほどもある巨大なアイスクリームコーンに、タコを無理やり詰めこんだように見える。だが三葉虫にとって、触手で絶えず泥を探りながら海底をかすめて泳ぎまわるこれら巨大戦艦の存在は、笑いごとではなかった。オルドビス紀の絶頂期には、これら最高の地位にいるオウムガイ目は三〇〇種近くにまで増えていた。だが絶滅の斧が振り落とされると、大打撃という言葉では足りないほどの壮絶な打撃を受け、グループの八〇パーセントが姿を消した。

今では、タコやコウイカのような現代の頭足動物が驚くほど賢いことがわかっている。ただし、その異質な知力は私たち人間とはまったく異なる軌跡をたどって発達したもので、頭足動物の脳は、系統樹の人間側にいるどの動物のものともほとんど似ていない。カキやハマグリのような知覚のない（私たちが道徳的にあれこれ考えずに丸ごと飲みこめる）生きものと同じ仲間の軟体動物でありながら、現代のタコは道具を使い、水族館の飼育員に対して受動的攻撃行動を見せ、最もうさんくさい面では、サッカーワールドカップの勝敗を占うことが知られている。もしかしたら古生代の岩礁で暮らしていたこれら最初の大型頭足動物が、はじめて主観的自覚の火花を散らし、それが意識の始まりだったのかもしれない。たぶん、シンシナティなどの風変わりな浅い海で生命が誕生するまでは、すべての物理的実体は出現から数十億年ものあいだ、何者にも気づかれないままで広がっていったのだろう。もちろんこれはすべて無謀な推測にすぎないが、楽しい。

道路脇で見つかった三葉虫と頭足動物の化石は、もっと多くの貝殻の化石の山に埋もれていた。貝殻はあまりにも平凡で、どこにでもあるので、集めるにはおもしろみがなさすぎることが私にもすぐにわかった。それらは腕足動物だ——よく似ているホタテガイやハマグリとはまったく無関係な海洋性のワームで、わざわざ独自の殻を進化させている。あまりにもよく目立つ形をしているから、ほんの数日前に海岸に打ち上げられたように見えた……ただし、私たちは大陸の真ん中、それもショッピングモールにほど近い幹線道路の路肩にいるし、貝殻は石でできていて、恐竜より二億年以上も古い。そしてそれらの貝殻は、私がこれまでに見たことがあるどんな貝殻よりゴシック調で、二枚の殻がクマの罠みたいなギザギザで噛み合っているものや、もっときれいな流線形でパリのメトロ駅の入口みたいなアールヌーヴォー調、さらに芸者の扇子に似たものまである。オルドビス紀には腕足動物よりワクワクさせられる動物はいるが、これほど簡単に山ほど見つかる動物はほかにいない。それらは大昔の地球の海底をぎっしり埋めつくしていたのはまちがいないが、大量絶滅によって残忍に間引かれてしまった。

私は中西部の海底からまた別の珍しい石を拾いあげると、ドライ・ドレッジャーズの会員に見せてみた。その男性は——堂々とした灰色のあごひげとバンダナがいかにも誇らしげな、どちらかといえば暴走族の事情に詳しそうな風貌で——私の手から化石を取ると、虫メガネを通して覗いた。

「ああ、リーベライトだ」と、ぶっきらぼうに言う。

「貴重な化石？」と、私はなおも食い下がる。

「そこに戻しとけ（Leave, er right there）ってことだよ」と言いながら、男は化石を投げ捨てた。そしてそれよりも、私が手にしていた弓ノコの歯のような模様が刻まれた石に興味を示した。

「フデイシだな」と、男は目を丸くして言った。そのノコギリの歯の模様は、一風変わった小さな動物たちによって作られたものだ。それらの動物は海のグループホームといった感じで互いにつながって暮らし、いっせいに調子を合わせて漕ぎながら海中を移動していたらしい。そして大量絶滅によってほとんど全滅してしまうまで、地球全体に広く行き渡っていた。

これがオルドビス紀の世界——無脊椎動物で賑わった古い海の世界——で、動物のほとんどは恐竜のようなこれみよがしの巨大さには欠けるものの、それを不思議な魅力で補っていた。こうした動物たちが暮らした世界は、ある意味では私たちが暮らす世界のもうひとつの顔ではあるが、そのあいだを隔てる永劫の時間によってあまりにも大きく変容し、ほとんど同じ世界だとはわからない。

オルドビス紀の海と大陸

オルドビス紀には、現在の北アメリカの大半を広大な熱帯の海が覆っており、そのほとんどは足首か膝ほどの深さだったようだ。ウィスコンシン州で熱帯の砂浜から海に入れば、テキサス州あたりのどこかで海底が深く落ちこむまで、顔を水面上に出したまま、大陸の大半を歩いて進むことができただろう。この果てしなく広がる浅瀬は雄大にも「グレートアメリカン炭酸塩(カーボネート)バンク(GACB)」と名づけられており、全国規模の熱帯バハマだった。海水面は、複雑な生命体の歴史上で最も高かった時期だと思われ、大陸を水没させていた浅海は生命で満ちあふれていた。水浸しの北アメリカは現在の位置から時計方向におよそ九〇度回転しており、カリフォルニア州と西海岸全体が欠けていて、ニューイングランド、カナダ沿海州、イングランド、(南極近くでアフリカから分かれたばかりの)ウェールズにあたる陸塊が、現在の日本に似たアヴァロニアと呼ばれる列島をなしていた。当時、アヴァロニアは北アメリカの残りの部分から遠く離れ、そのあいだにはやがて消えていくイアペトゥス海があって、ここはのちに大西洋へと生まれ変わる。

シンシナティで見ているのは、オルドビス紀の海の世界のほんの一部にすぎない。よく似た露頭がほとんどすべての大陸にあって、エベレスト山の頂上でも三葉虫がいくつか見つかっている。この世界最高峰の不毛地帯には、過去の登山シーズンに残された派手な蛍光色のパーカーに包まれた遺骨だけでなく、はるかに古い、オルドビス紀の三葉虫とウミユリの化石もたくさん散らばっているのだ。大昔の海の生きものたちは、地質学的には最近になって起きたインドとアジアの衝突によって、地球上で最も高い場所まで押し上げられた。

オルドビス紀にはシンシナティに近い、五〇〇〇キロメートルほど南の場所で急激に出現した火山島が、ゆくゆくは北アメリカの東海岸となる一帯と衝突していた。このときの衝突によってアパラチア山脈が生まれ、水に覆われた大陸からアルプス山脈ほどの高さまでそびえた時期もある。一方、カザフスタン、シベリア、中国北部が、それぞれ筏のような孤立した島となって遠くに移動していき、その大部分も浅い海に水没していた。こうした微小大陸と列島が、海に広く散らばっていた。さてこの辺で、これら太古の地形にいくら目を凝らしてみても、今私たちが暮らしている世界の輪郭を判別するのはほとんど無理なことがはっきりしただろう。

まだ完全に方向感覚を失っていなければ、海の向こうの南アメリカ大陸はさかさまになってアフリカ大陸とつながり、オーストラリア大陸、インド亜大陸、アラビア半島、南極大陸もみんな一緒になっているのがわかる。それらは全体でゴンドワナと呼ばれる超大陸を形成し、南極点のあたりを漂っていた。絵による再現では、これらの大陸がジグソーパズルを組み合わせたように描かれることが多い。でもそれは正しいとは言えない。ゴンドワナは切れ目のないひとつの大陸で、のちに地中深くからの作用を受けてバラバラになったにすぎないからだ。けれども――ある地質学者が私に話してくれたところでは――銃による暴力、性感染症、世界大戦と同じように、地殻変動の境界はいつも同じ場所から始まる傾向がある。

これらの大陸が水位の高い海に覆われていたころ、乾燥した陸地があった場所——熱帯のカナダ、グリーンランド、超大陸南部にあたる南極大陸の荒野——には、NASAの火星探査機キュリオシティから送られてきた画像とほとんど変わらない、どこか魅力的な岩だらけの不毛な光景が広がっていた。ゴツゴツした空っぽの大陸には、昆虫の羽音も、足跡も、樹木も、藪も……何もなかった。陸上の生きものといえば、海岸にへばりつくようにして生きる苔類(たいるい)の、わずかな湿った塊くらいだった。内陸部は、どこまで進んでも殺風景で埃っぽい荒れ地が続くばかりだ。この原初の世界ではまだ川が蛇行することさえなく、やがて土手を固めるはずの根をもつ植物が出現するのは、まだ数千万年も後のことになる。一日は二〇時間で、夜空いっぱいに私たちの知らない星座がちりばめられていた。現在よりはるかに多い大気中の二酸化炭素が熱を蓄えて、空にぼんやり浮かんだ太陽の薄暗さを補った——そのおかげで世界の大半は穏やかさを保ち、ほとんど氷もなかった。

今では陸塊の多くの部分が北半球にあるが、オルドビス紀には地球の上半分のほぼ全域に、茫漠とした海が広がっていた。そしてこの果てしない大海原の底では、酸素が欠乏していた。そのために生きものの世界は、大半が大陸部の浅海に集中して、潜水艦のように這いまわる動物によって支配されていた。だがすでにふれてきたように、この世界は消え去る運命にあった。オルドビス紀が幕を閉じるとき、地球上の生きものの八五パーセントが姿を消すことになる。

超絶大噴火と生物多様性のビッグバン

オルドビス紀末の大絶滅が極端に激しいものだったとするなら、それはほとんど同じくらい極端に繁栄していたよき時代の締めくくりでもあった——オルドビス紀は四〇〇〇万年にわたる生命の絶頂期で、それと同じ例は後にも先にも見当たらない。これは「オルドビス紀の生物大放散事変（ＧＯＢＥ：Great Ordovician Biodiversification Event）」と呼ばれ、この時期には地球史上最大の生物多様化が起きていた。たった一〇〇〇万年というひと続きの期間に、地球上の種の数が三倍に増えている。サンゴ礁が層をなして複雑に育ちはじめ、ひ弱な幼生は海底で餌をあさる触手から逃れようと浅瀬に集まり、動物たちはイカのような怪物や巨大なウミサソリの脅威を避けるために、泥の奥深くにもぐって暮らすようになった。地球史上で正当に評価されていない出来事がじつに重要であることを、地質学者がみんなにわからせたいと思うと、単語の先頭を大文字にするだけでなく「大（Great）」という語までつけ足し、仰々しい名前をつけて発表する。だが、「オルドビス紀の生物大放散」という言葉では一般の人々を驚嘆させることはできないと考えたらしく、一部の地質学者はＧＯＢＥを「多様性のビッグバン」と、さらに印象的な呼び方に変えている。

何が多様性のビッグバンを勢いづけたかは、博士号を量産している最先端の疑問だ。ここでも酸素が関係していたらしい。今の基準で考えれば海はまだ息苦しい場所だったが、この時期全体を通して酸素の供給が増えていた兆しがある。これは生物そのものの産物だった可能性があり、おそらく藻類の大発生によって、炭素が海底にどんどん埋もれていった結果だろう。有機炭素が海底に蓄積されていくと、その半面として酸素量が増加する——生命の歴史全体を通して何度も、酸素濃度の上昇が新時代の革新と実験とを促し、たとえば動物が誕生したり、のちに昆虫が悪夢のように巨大化したりしている。ただしオルドビス紀には、生きものは世界をますます協調的にし、より多くの生きものを繁栄させていったようだ。

オルドビス紀には数多くの島々が地球上に散らばっており、それぞれの島で隔絶された浅海が、多様性にとっての孵卵器の役割を果たした。進化が最初に島で発見された理由はそこにある——チャールズ・ダーウィンがガラパゴス諸島で、またアルフレッド・ラッセル・ウォレスが独自にマレー諸島で進化に気づいた。島は個体群を分離することによって生物多様性を推し進めるので、独自の進化の物語を追求でき、最終的に新しい種を生み出せる。実際、オルドビス紀の地表の様子が——いくつもの島に分かれた大陸が熱帯と亜熱帯の地域に散らばっており——いわば地球規模のガラパゴスの役割を果たしていたのかもしれない。

なかには、多様性のビッグバンを引き起こしたのは四億七〇〇〇万年前に宇宙空間で発生した大規模な衝突だと推測する学者もいる。火星と木星のあいだの広々とした場所で、直径一〇〇キロメートルを超える小惑星が音もなく破壊され、その大惨事の破片が太陽系全体に飛び散った。それは数十億年の歴史のなかで最も大規模な小惑星崩壊であり、その後数百万年にわたって、地球はこの衝突で四方八方に飛び散った破片を引き寄せ続け、空から隕石の雨が降り注いだ。地学では、隕石は（恐竜の時代を終わらせたような）残酷な破滅を引き起こす要因として名を馳せているかもしれないが、二〇〇八年の「ネイチャー・ジオサイエンス」誌に掲載された論文では、オルドビス紀に起きたこの小さい岩の集中砲火が、実際にはよい働きをしたのではないかと論じられている。つまり、安定しきったコミュニティーに混乱を巻き起こし、生態系空間を整理し、大まかに言えば全体に揺さぶりをかけることによって、生物多様性に力を与えたというのだ。

アイオワ州で見つかった巨大なウミサソリは、およそ四億七〇〇〇万年前にそうやってできたクレーターのひとつである湿っぽい破壊の跡で生きていた。同じくらい古いクレーターが、ほかにもオクラホマ州、ウィスコンシン州、さらにスペリオル湖のスレート諸島でも発見されている。世界中を見渡せば、スウェーデン、ロシア、中国で発見された隕石の物質が、すべて同じように約四億七〇〇〇万年前のものだ。とはいえ、これらの小惑星がオルドビス紀の地球に降り注いでいたのは、その全盛期だ。そして今もなお地表で見つかる隕石のほとんどが、この太古の大衝突で生まれて漂っている大量の破片からやってくる。事実、「ニュー・サイエンティスト」誌によれば、一九九二年にウガンダで少年に当たった隕石は、このオルドビス紀の衝突で生まれたものだった。

この異質な世界の黄金時代を見舞った打撃は、隕石の落下だけではない。オルドビス紀には、大量絶滅が起きるよりずっと前に内側からも大混乱が生じていた。

ウィスコンシン州南西部では、なだらかな起伏が続く見渡すかぎりの酪農場を、深い溝が縫うように走っている。岩盤を切り開いて作られたハイウェイ一五一だ。そこでは道路建設のダイナマイトによって大昔の岩がまるでティラミスのように露出し、ハイウェイの脇にそそり立つ。

私は地質学者のグループに加わって、このウィスコンシンの切通しへの現地調査に参加した。私たちは大型トレーラーが巻き起こすビューンという強烈な風にさらされながら道路脇を歩き、縞模様の崖をよく見ようとして首を伸ばした。崖の一番下の部分では、砕けた腕足動物の殻が雑草のあいだに飛び散り、捨てられた発泡スチロール製の容器とごちゃ混ぜになっている。そのずっと上では、二本の細い帯が海洋性岩石を横切り、筋に沿って雑草が足場を固めていた。それらの帯は、古い灰の層が地中での永劫の時を経て粘土に変わったものだ。灰は火山性で、複雑な生命体の歴史のなかで何度か起きた地球最大規模の火山噴火で降り積もった。

人類の歴史上で最近起きた火山の大噴火と言えば、インドネシアのカラカタウやナポリに近いベスビ

オルドビス紀の海底にあった岩が残る、ウィスコンシン州南西部の切通し。
火山灰の層に雑草が生えている。

オ火山を思い起こすが、世界を灰で覆いつくしたオルドビス紀の噴火にくらべると、お粗末な地球のゲップでしかない。オルドビス紀の大噴火によって地表に降り注いだ灰はダイケ&ミルブリグ火山灰層として知られ、オクラホマ州から北はミネソタ州、東はジョージア州まで、およそ一三〇万平方キロメートルにのぼるオルドビス紀の岩で見つかる。この火山灰層は米国の南東に向かうほど急激に厚くなっていくことから、怪物のような火山はサウスカロライナ州沖のどこかに潜んでいたのだろう。そこには怒り狂ったいくつもの島が、現在の北アメリカ沿岸部に向かって一列に並び、海底を貪欲にかみ砕いては競うように激しい噴火を繰り返していた。やがて時がたち、大量に降り注いだ火山灰は変質して粘土に姿を変えた。ベントナイトと名づけられたこの粘土は、今では油田掘削から便秘薬まで多彩な用途のために、盛んに掘り出されている。現地調査に参加していた地質学者のひとりが道路脇の崖から粘土の塊をつまんだかと思ったら、素早く口に放りこみ、思わず顔をしかめた。彼の説明によると、ベントナイトかどうかはその硬さでわかり、ちょうど歯磨きペーストくらいなのだそうだ――もちろん、ミントのさわやかな香りはない。

海の向こうでも、同じような火山灰層がヨーロッパ全域にわたって記録されている。巨大な火山噴火は、それぞれの場所で、この世の終わりのようなものだったにちがいない。あまりの威力に、その爆発音は地球の隅々まで響きわたったはずだ。ところが化石記録を見る限り、このオルドビス紀の超絶大噴火は生命にほとんど何も影響を与えなかった――これには古生物学者も驚きを隠せない。影響を与えなかったどころか、噴火が起きたのは実際には多様性のビッグバンの全盛期にあたり、大量絶滅から一〇〇〇万年も前のことだ。どうやらこの惑星は、ひとつやふたつの強烈パンチは上機嫌でやり過ごせるものらしい。ノックアウトに至るのは、真に壮絶な打撃があったときにちがいない。噴火は絶滅の時期まで続いていたが、不思議なことに、そのころになると化石記録のなかの火山灰層はだんだんに減っていて、火山の活動はやがて鎮まった。ただしそれまでの活動によって、オルドビス紀は地球史上で最も噴火の激しかった時期のひとつとされている。

生命の歴史全体を通して最もみごとな生物多様性が花開いた時期が、雨のように降り注ぐ隕石と最大級の火山活動に見舞われた時期に重なっているという事実は、生きものの世界がいかに大きな立ち直りのエネルギーを秘めているかを物語る。このような一致は、ちょっとした攪乱ならば、生命にはかえってためになるという事実さえ示しているのかもしれない。オルドビス紀末になると、大きな攪乱はたしかに非常に悪い結果をもたらすことが証明される。オルドビス紀後期に生きものはかつてない絶頂期を迎え、それからだしぬけに、絶滅に打ちのめされたのだった。

「シンシナチアン期は生命の歴史のなかで重要な意味をもっていた。進化の多様性が黄金時代を迎えた直後に、大量絶滅の一大危機が襲ったからだ」と、地質学者のデヴィッド・L・マイヤーは書いている。「シンシナチアン期の地層で見つかる化石で、生き残った種はほとんどない」

風変わりな三葉虫、頭足動物のオウムガイ目、腕足動物、フデイシ——中西部のハイウェイ脇で私が見つけた動物のうち、大量絶滅の悲惨な襲撃から逃れたものは、ひとつもない。

では、いったい何が起きたのか？

ドライ・ドレッジャーズの面々は、オルドビス紀末の化石を収集していない。べつに、このクラブが風変わりな方針を決めているわけではなく、オハイオ州ではオルドビス紀の末期に海底でできた化石が見つからないだけだ。そのころ中西部の海の水が前触れもなく干上がり、あたり一帯に広がっていた浅海の世界は息の根を止められてしまったからだった。

殺人光線、ガンマ線バースト仮説

私がセス・フィネガンに会ったのは、カリフォルニア大学バークレー校古生物学博物館にあるティラノサウルス・レックスの骨の前だ――この恐竜は大量絶滅のマスコットとして、おそらく最も有名だろう。もっとも、私が彼と話したかったのは、ティラノサウルスが太陽系から撃ちこまれたミサイルに遭遇する件より、四億年近くも前に起きたハルマゲドンの件だった。フィネガンと同僚たちは、辺鄙な場所でロックハンマーとキャンプ道具を操るだけでなく、大学の研究室で実験用設備とコンピュータープログラムも駆使しながら、オルドビス紀末に大量絶滅に至った物語をゆっくりと組み立ててきた。

フィネガンは熱心で頭の切れる知性派ながら、あふれるほどのユーモアのもち主だ。北アメリカの東半分にある化石は「光合成のありがたくない産物」（つまり草や木）でほとんど覆われているとおどけて嘆き、地質学の学会の打ち上げで酔いがまわると、サンフランシスコ近辺で見つけたという奇妙な、ちょっと怪しげな化石を手にして校舎の入り口に姿を見せる、アマチュアの変わり者の話をして同僚たちを楽しませる。

私はその年にバンクーバーで開かれた学会で彼の発表を聞き、それについていくつか質問をしたいと思ってバークレーまでやってきたのだった。フィネガンがじっくり考えてきたオルドビス紀末の絶滅の原因は、「勾配ブースティングモデル」や「多項式ロジスティック回帰」といった名前をもつ多彩なアルゴリズムとマシンラーニング・コンピュータープログラムの助けを借りながら、石を調べて引き出してきたものだ。古生物学者と言えば、自然史博物館の誰からも忘れられたような片隅で、かび臭い骨の埃を払っている年長の学者を思い浮かべてしまうかもしれないが、もうそんな時代ではない。

フィネガンはバンクーバーの学会で発表したとき、およそ五億年前に地球上から動物の八五パーセントを死滅させたオルドビス紀末の大絶滅について、これまで提案されてきたいろいろな原因をスラスラと並べていった。地球のあちこちで見つかる化石記録や古い石に潜むヒントから、可能性のある数多くの死因を評価していく。容疑をかけられた原因のひとつを取り上げたときには、とくに皮肉っぽい笑いを浮かべた。

「そして、ガンマ線バースト仮説があります！」。フィネガンはことさら重々しく言った。「ここしばらくは耳にしませんが、まだウィキペディアには載っているんですね」。ここで、聴いていた地質学者たちも訳知り顔でドッと笑った。

悲しいことに、無脊椎動物の古生物学を専門とするわずかな学者たち（そして一部の石油会社）を除けば、オルドビス紀に関心を寄せる人などほとんどいない。たまにジャーナリストが、地球史のなかのこの五〇〇〇万年に言及してくれることがあったとしても、よく意味のわからない固有名詞として使われるだけで、古生物学者なら誰もまじめに聞かないような刺激的な通俗科学に修辞的な重々しさを加えるくらいの役割しか果たさない。

「サイエンティフィック・アメリカン」誌の記述には、「『ガンマ線バーストは』四億五〇〇〇万年ほど前のオルドビス紀末に、すでに地球を襲ったことがあるかもしれない」とある。

「ナショナルジオグラフィック」誌は、「ガンマ線の光輝くバーストが、四億四〇〇〇万年前の地球で大量絶滅を引き起こしたかもしれない」と書いた。

ガンマ線バーストは、宇宙で最も強力な閃光の放射として知られている。巨大な星が爆発的に崩壊し、ブラックホールに吸いこまれるときに発生すると考えられ、両極から数秒だけ放出される殺人光線は宇宙のどこからでも見える。もしその通り道に惑星があったなら、もちろん運のつきだろうし、かつて地球を襲った可能性があれば、大量絶滅の魅力的なシナリオであることはまちがいない。それに、小惑星が恐竜を皆殺しにしたというちょっと変わった考えも、かつては古生物学者にとって異端だったのだから、もっと遠くからやってきた閃光がオルドビス紀の世界を崩壊させたという――二〇〇三年にカンザス大学の天文学者が最初に提唱した――考えも、それほど無茶苦茶なわけではなかったのだろう。

だが、大昔にガンマ線バーストが実際に地球を襲ったかどうかを見きわめるのは不可能に近い。その理論では、少なくともひとつの予測を立てている――宇宙からの放射をまともに受けた側にあたる半球では、影になって地球の存在に守られた反対側の半球より、絶滅の規模がずっと大きいはずだ。ガンマ線バーストの提唱者にとっては残念ながら、オルドビス紀の絶滅には地球の片側だけで化石となった生きものが死滅したという兆候は見られない。そして地球上の生きものにとっては残念ながら、その大量絶滅は真に全世界的な現象だった。

また、ガンマ線バーストが襲ったのなら、地質学的な時間では一瞬のうちに生物圏が破壊されているはずだが、オルドビス紀末の個体激減には絶滅の波が二回あり、そのあいだに数十万年の間隔があいていた。それなのに、どういうわけか、あえてオルドビス紀末の大絶滅を題材にする一般の書籍や雑誌は必ずと言っていいほどガンマ線バーストも取り上げる。私が質問した地質学者や古生物学者は、ひとり残らず言下にその説を退けたものの、まるでゾンビのようにしつこくメディアに出没する仮説に対する苛立ちを隠さなかった（＊10）。

「ひとかけらの証拠もありません」と、フィネガンは言った。

宇宙空間からやってきた殺人光線に証拠はないが、もっと身近な別の激変には、山ほどの証拠が揃う。

氷河湖の決壊による大洪水

想像を絶するほど遠い地球の過去、そしてオルドビス紀の終末を理解するには、まずそこから数億年時計を進め、現代から見て地質学的時間の昨日に目を向けてみる必要がある。それほど遠くはない昔、北半球は氷に覆われ、海水面は現在より一二〇メートル以上も低かった。今では、大西洋沖の海底でホウボウやタラがマストドンやマンモスの墓守をしており、それらの動物の牙が、ボストン東方の漁場として知られるジョージズ・バンクや一帯のメイン湾でホタテ貝採取船によって引き上げられている。海底から見つかると言っても、水陸両生のマンモスだったわけではない。巨大な大陸氷河が溶けて海水面が一〇〇メートルも上昇する前には陸地だった大西洋の大陸棚周辺で、広大な海岸平野を歩きまわっていた動物たちだ。今、海の生きものたちが賑やかに群がっている海底谷は、海底面となったかつての陸地に刻まれたいくつもの川と美しい河口部であり、そんな景色が見られたのは人間の世代で数えればわずか二〇〇世代ほど前のこと、地質学的に見れば今も同然だ。

四五億年の地球の歴史のうち、最近の二六〇万年はあまり典型的ではない氷河時代で、地球上にある膨大な量の水が極地の氷冠と大陸氷河に閉じこめられてきた。これは一般の人々が思い浮かべる、そして子ども向けのアニメにも登場する、氷河時代そのものだろう。ただし、この惑星が経験している最初で唯一の氷河時代というわけではない。

意外にも、私たちの——かつてマンモスやサーベルタイガーが闊歩していたころからひと続きの——

氷河時代は、完全に終わったわけではなく、ただ中断しているだけだ。これまで数百万年続いている氷河時代の全体を通して、いわゆる間氷期（かんぴょうき）が何十回も繰り返されてきた。間氷期は数千年におよぶ温暖な期間で、気温が上昇するにつれて氷が急速に溶けて（現在と同じ場所の）極地へと後退していき、海水面が何十メートルも上昇する。現在はそうした束の間の中休みに入っているために寒さが和らいでいるわけだが、たいていの場合、間氷期はあまり長くは続かない。その原因は宇宙空間をめぐる地球の周期的な揺れとリズミカルな軌道の変化にあり、そのせいで地表が受ける太陽光に変動が生じ、まるで地学のメトロノームのように、北半球の大半が氷で覆われる時期とほとんど溶ける時期とが交互に繰り返される。氷が溶けているほうの期間はたいていの場合一万年より短く、それを過ぎると極地の巨大な氷床が再び大陸で広がりはじめ、海水面がまた何十メートルも下がっていく。

二、三〇〇万年前に始まった現在の氷河時代には、私たちが経験しているような穏やかな中休みが少なくとも二〇回あった。ただし、以前やってきた数多くの温暖な間氷期とは異なり、今回の間氷期の最中に文明化が——そして記録に残る人類史のすべてが——起きている。明るい太陽の光が降り注ぐ私たちの数千年はもう終わりに差しかかっており、もし人間という存在がなければ、この心地よい束の間の中休みに別れを告げて、再び極寒の一〇万年が続く更新世の深い凍結へと戻る準備を整える時期に来ている。（だがもちろん、人間がここ数十年のあいだに地球の海と大気の化学的性質を大きく変えてしまったから、この定期的なスケジュールはすっかり狂っており、近いうちに寒くなることはない。）

では、岩石に残された記録からどうやって氷河時代のことがわかるのだろうか？　私たちが今経験している、（とても）最近の、まだ続いている凍結と融解の壮大な循環については、化石になった有孔虫の研究（など）から知ることができる。有孔虫はごく小さいプランクトンで、殻のなかに酸素同位体として気候の痕跡を記録している。この生きものは海のなかをゆらゆらと夢見がちに漂っているが、やがて海底に向かい、何十億年にもわたって果てしない雪のように降り積もっていく。科学者たちがそこから円筒状の試料を掘り出して化学的な性質を調べれば、かつての地球の姿の手がかりを得られるというわけだ。

だが、私たちがごく当たり前だと感じている世界がじつはつい最近までガチガチに凍っていたことは、試料を手に入れるためのドリルや同位体分析装置がなくてもわかる。私がこれを書いているマサチューセッツ州では、その証拠はまわりじゅうにあって、はっきりと見える。まず、氷河によって運ばれてきた巨大な石が、森の奥から町のなか、そして海岸まで、ニューイングランドじゅう至るところにさりげなく転がっている。またケトルと呼ばれる円形の湖は、氷床から分かれた大きな氷の塊が、流れから取り残されて溶けた場所を示している。ニューハンプシャー州の山々の岩盤に見られる削痕（さくこん）と呼ばれる筋状の跡も、かつての氷の世界の名残だ。厚さ一〇〇〇メートル以上もの氷河が、まるで回転砥石が転がるように地表を削りながら前進し、やがてまた後退すると、あとには何もない荒涼とした景色だけが残った。ロングアイランド、ブロックアイランド、ケープコッド、マーサズヴィニヤード、ナンタケットの島々はすべて、大陸氷河が南下しながらツンドラの上に臓物（ぞうもつ）を吐き出したもの、つまり岩と砂のボタ山だ。以前の間氷期にできては消えた多くの無名の島や岬と同様、これらの特徴的な地形もすべて急速に浸食されており、やがて姿を消す。

遠くない過去に氷に閉ざされていた地球にまつわる、こうした地理の幽霊物語は、私が暮らす地域からはるか遠くにまで伝わっている——ニューヨーク州のフィンガーレイクスは巨大な氷河の爪痕だし、五大湖はわずか数千年前に氷床が溶けたときに残されたもので、簡単に言えば世界最大の水たまりだ。

だが最も印象的な例は、ワシントン州東部にある壮大なチャネルド・スキャブランドだろう。荒涼とした地に刻まれた複雑な溝は、ヨークルフロイプ（氷河湖決壊洪水）と呼ばれる信じられないほど大規模な洪水の繰り返しによって生まれた。

最後の氷期に巨大な大陸氷河が現在のアイダホ州の位置まで延びてくると、クラークフォーク川の流れを遮り、モンタナ州の位置に容積がエリー湖の六倍もある大きなせき止め湖を生み出した。時とともに湖はどんどん大きくなり、やがて深さが二〇〇メートル近くに達したとき、川を遮っていた氷が浮きはじめた。そのために氷のダムの根元に亀裂ができ、そこを水が容赦なくむしばみ続けて、ついにダムがもちこたえられなくなったとき、氷河湖は決壊して想像を絶する大洪水が下流を襲った――一気に流れ出した水の量は、世界中のすべての河川の水を合わせた一〇倍にのぼる。押し寄せた波は一五〇メートルもの長さをもつ規則的な模様（漣痕）を残し、直径一〇メートルもある大石をワシントン州東部にまで運びながら、岩盤を切り裂き、峡谷を削り、ワシントン州南東部の地域から土壌と植生を奪った。その後、氷河はダムを再建し、湖は再び水で満ち、やがてまた決壊する。そしてまた決壊。

こうした大災害は、一万五三〇〇年前から一万二〇〇〇年前までのあいだに六〇回も繰り返されたらしい。これはちょうど原初のアメリカ人が大陸に到達した時期にあたり、おそらく不運な人たちの一部はこの地域の大惨事を目撃し、犠牲になりさえしただろう。マンモスなどの動物たちは、たしかに巻きこまれていた。それらの動物の骨が、このヨークルフロイプの堆積物のなかから見つかっている。それよりずっと古い岩石に残された同様の堆積物を探せば、もっと昔の氷河時代がいつ地球を襲ったのかを知ることができる。

わたしたちの氷河時代の前回の氷期が終わったのはごく最近だから、アラスカやカナダなどの一部の場所は頭上にあった氷の重さから解放されて立ち直っている最中で、実際に一年ごとに隆起を続けている。椅子に座っていた人が立つと、座席のクッションが膨らみを取り戻すのと同じだ。この最終氷期の最盛期は、一般には地球の過去の遠い遠い昔のことのように思われている。だが地質学的な見方をすれば、そのときから現在まではほんの瞬きの時間にすぎない。地球の歴史全体を二四時間の時計であらわすなら、真夜中の一二時になる〇・五秒前の出来事だった（＊11）。

一方、ニューイングランド地方のケトル湖や迷子石〔訳註：氷河の流れに乗って移動し、氷が溶けたあとに取り残された岩〕から遠く離れたサハラ砂漠の真ん中にも、大きな岩石がポツンとひとつ残されて、灼熱の午後の日差しにさらされている。激しい砂嵐があたりの砂を巻き上げてもち去り、むき出しになったものだ。おもしろいことに、砂が移動するにつれて、こうした砂漠の岩の表面にもニューハンプシャー州やメイン州の溝が刻まれた岩石と同じ削痕が見つかる。まるで巨人の指の爪が岩盤を引っ掻いたかのようだ。モーリタニアからサウジアラビアまで、遮るもののない太陽に傷跡をさらして転がっている岩石は、それがかつて氷によって砕かれた光景であることを物語っている。

モロッコのアンティアトラス山脈には、氷の流れが生んだドラムリン（氷堆丘（ひょうたいきゅう））や、氷河でえぐられた巨大なU字谷がある。地球上で最も暑い国のひとつに数えられるリビアには、さらに多くのU字谷が残されているし、隣国アルジェリアとの国境には、地殻が激変するほど大規模なヨークルフロイプが起きた証拠さえある。エチオピアとエリトリアには、大昔に氷の筏で運ばれてきた多くの岩石が落ちていて、サハラ砂漠とサウジアラビアの焼けつくような砂の海には、氷河に由来する砂岩と漂礫土（ひょうれきど）がいたるところで見つかる。ただし、この景色はここ数百万年のあいだにこの地を覆った氷河によって生まれたわけではない。じつに古い氷河時代の痕跡なのだ。砂漠に点々と岩を残した大陸氷河は、数千年前ではなく、およそ四億四五〇〇万年前に地表を削り取っていた。これらの岩石は、オルドビス紀の終わりを示している。

気候を支配する二酸化炭素

オルドビス紀末の大規模な氷河作用の証拠は、意外なものだ。この寒さの絶頂期が来るまで(長いあいだそう考えられてきたのだが)、世界は温暖で、大気中の二酸化炭素濃度は現在の八倍に達していた可能性がある。ただし、最近になって見つかった証拠によると、地球は実際にはオルドビス紀の最後の数百万年をかけて少しずつ冷えていったらしい。だが最後の最後になって、南極の位置にあったアフリカを覆う氷河が急激に膨れ上がり、海から水を奪ったことで海水面が一〇〇メートルほど下がってしまった。このことはシンシナティの浅い海で化石記録が消えた原因をあきらかにし、おそらく絶滅そのものを説明するのにも役立つだろう。世界中の生きものの大半が大陸に続く浅海で暮らしていた時代にあって、そのように急激で大幅な海水面の下降は、まさにこの世の終わりに匹敵する。シンシナティのような場所や水面下にあった大陸の大半では、海が干上がった状態になり、それまでの海底とそこに棲んでいたすべての生きものが一〇〇万年にわたってオルドビス紀の太陽のもとで日干しになっていった。オウムガイ目とイソテルス・レックスにとっても、それまで住処としていた大陸に隣り合う広大な浅海は、延々と続く荒れ果てた地面に変わり果て、あとには崩れた石灰岩が風に舞う光景が残るばかりとなった。

これがオルドビス紀末に壊滅した世界の大まかな様子だが、フィネガンのチームは不気味な細部まできちんと知りたいと考えた。とくに、どれだけ大きな気候変動が起きれば、当時のような凍結した世界が生まれるのかを知りたかった。絶滅に至る時期の岩石を見つけるのは難しくないのだが、絶滅当時の大陸からは化石記録がほとんど失われている——そしてもっと沖合だった海底は、はるか昔にプレートの沈み込み帯に吸いこまれて、粉々に砕かれてしまった（＊12）——から、研究者たちは知恵を絞ってこの大惨事のデータを収集する必要があった。地殻変動の特異な動きを通して、海水面が低下しても水中にあって化石記録を残し、しかもその後の地殻変動に巻きこまれず、破壊や損傷をまぬがれている稀有な地点を、地球上で探しあてなければならなかった。

そんな場所が、カナダのケベック州にあるアンティコスティ島だ。「一度も名前を聞いたことのない島のなかでは最大級ですよ」と、フィネガンは言った。「住んでいる人間は二五〇人くらいで、シカが一五〇万頭、カとブヨの数といったら実質上は無限大。だから、仕事をするには楽しい場所なんです」

セントローレンス川の河口を守るベイエリアから遠く離れた位置にあるアンティコスティ島は、北半球の大部分と同様、現在も続く氷河時代の厚さ一〇〇〇メートルを超える氷河から解き放たれて、今もまだ隆起を続けている。セントローレンス湾からゆっくりと浮上しているこの島では、目を引く白い絶壁が海から急激にせり上がったために、オルドビス紀末の大絶滅が起きた時期にあたる四億四五〇〇万年前のサンゴ礁があふれ出した。最近まであった氷河の重みから立ち直って姿をあらわした断崖は、オルドビス紀末に生きものを叩きのめした、はるか昔の氷河時代の様子をあきらかにするものだ。内陸部では、寒帯の大自然（＊13）を何本もの川が浸食して、化石をふんだんに露出させた細い渓谷を刻み、大昔の熱帯地方の断面をさらに豊富に見せてくれる。その結果、この島は石油産業の関心も集めている。長期にわたって炭素を海底に沈め続けたオルドビス紀の海洋生物が、やがて化石燃料に姿を変えたからだ。こうして石油は「化石」燃料と呼ばれる。

「これはサンゴの群体です。ここには腕足動物が見えますね」。フィネガンはバークレーの研究室で、ケベック州の断崖に埋めこまれたサンゴ礁の写真を広げながら言った。そのサンゴ礁は奇妙な、はるか昔に絶滅してしまったサンゴの集まりだった。太陽に向かって伸びるチョウセンアサガオのように見える。「このサンゴはほんとに風変わりですよ。これなんか、川に流した丸太がつかえて一か所に集まっているみたいでしょ。海底から樹木のように縦に伸びた大きなカイメンが、石灰化したものです」

このサンゴ礁から大きなひと塊を削り取って研究室にもち帰り、そこでちょっとした地質化学の魔法をかけた(＊14)フィネガンのチームは、オルドビス紀末に熱帯の海の水温が突然およそ五℃下がったことを突き止めた。五℃の変化は大量絶滅に結びつかないように思えるかもしれないが、岩石は異なる証言をしている。「この分野では、オルドビス紀末の大絶滅は気候変動と密接な関係があるという点で、全体的に意見が一致しています」

この温度の低下は、化石記録で見つかっている状況とも一致する。化石には、熱帯の海洋生物が壊滅状態になり、極地の生きものによって一時的に乗っ取られた痕跡があるからだ。さらに、サハラ砂漠の風景にはっきり残された氷河の特徴にもぴたりと合う(＊15)。

そこで疑問だ——うららかな気候の地球に、なぜ厳しい氷河時代が訪れるのだろうか?

「つまり、二酸化炭素が気候を支配しているってことですよね?」と言ったのは、ハーバード大学の地質学者のフランシス・マクドナルドだ。もちろんその言葉はちょっとばかり大げさなもので、実際には太陽光の強度や地球表面の反射率、海洋循環など、さまざまな要素が気候を左右する。だが、ほかの条件が一定であれば、二酸化炭素の変化に応じて気候も変化する。忘れてはならないのは、すでに一世紀以上にわたり、これが地球科学にとって議論の余地のない信条となってきた点だ。「温室効果」がはじめて取り上げられたのは一八二〇年代のことで、フランスの物理学者ジョセフ・フーリエが、もしも地球に熱を閉じこめる気体の毛布がなければ、人間が住めないほど寒いはずだと、正しく説明した。一八五九年にはアイルランドの物理学者ジョン・ティンダルが、そのような温室効果ガスのひとつは二酸化炭素であることを発見する。そして一八九六年にスウェーデンの科学者スヴァンテ・アレニウスが、大気中の二酸化炭素が二倍になると地球の気温は約四℃上昇するだろうと予測した。この予測は、現代の最も高性能なスーパーコンピューターによる計算と、ほぼ一致している。言うまでもなく、あからさまに政治的な思惑をもった関係者によるこの基本的な科学の議論を聞くと、言葉ではうまく表現できないほど気が滅入る。

私がマクドナルドに会ったのはケンブリッジにある彼の研究室で、ニューイングランドの裏庭のようなアパラチア山脈の成り立ちを探る彼の研究にとっては、実地調査の大半を行なう場所からそれほど遠くない。「私が探ろうとしているのは、地球の歴史で起きてきた大規模な地殻変動が、地球の表面で起きる環境の変化と、どう関係しているかということなんですよ……時代によっては、ほかの時代よりもたくさん［大気中から］二酸化炭素を取り除いているかもしれません。じゃあ、なぜそうなるんでしょうね？」

現在の心配の種は、大気中に二酸化炭素を急激に放出しすぎて温室効果による地球温暖化を招いている点だ。だが、大気中の二酸化炭素の濃度が急激に下がるのも同じように問題で、その場合は逆に寒冷気候になる。はじめて耳にすると奇妙に思えるかもしれないが、アパラチア山脈の形成こそが、地球上の生きものをほとんど死滅させてしまったこの過酷な氷河作用を説明する鍵を握っているかもしれない。

大気中の二酸化炭素と山脈の浸食と石灰岩

本書の残りの部分、そして地球の歴史の多くを理解するためには、もうちょっとだけ（うんざりしない程度に）地球化学の分野にまわり道をする必要がある。

二酸化炭素は雨と反応し、雨をわずかに酸性化する。この少しだけ酸性の雨が何百万年ものあいだ岩に降り注ぐと、岩は少しずつ砕かれて、カルシウムなどの物質が川に流れこみ、やがて海にたどり着く。この炭素とカルシウムをたっぷり含んだスープは、次にカイメン、サンゴ、プランクトンなどの生きものの体内に取りこまれる。そしてこれらの生きものの死骸が堆積して炭酸カルシウムを主成分とする石灰岩となり、海底に炭素を埋めていく。石灰岩でできたお気に入りの記念碑や建物を、ぜひ間近で見てほしい。その石は、生きものの残骸が固まってできている（＊16）。このようにして、大気中の二酸化炭素が岩に変わり、大地に安全に貯蔵される。

このプロセスがどんどん進むと、地球を生きものが棲める暖かさに保っている二酸化炭素を含んだ大気の毛布を、危険なほどはぎ取ってしまうのだろうか。いや、そうはならない。二酸化炭素はゆっくりと、でも絶え間なく、地上の火山や大洋の中央海嶺からの排出によって、地球のどこかで補充されているからだ。ところが現在は、地質によって大地に貯蔵された何億年分もの炭素を人間が掘り起こして燃やし、火山が補充する一〇〇倍もの炭素を毎年大気中にまき散らしている。オルドビス紀には、私がウィスコンシン州で見た火山灰堆積物を生み出したような、大いに不機嫌なたくさんの火山島が今の発電所の役割を果たし、大量の二酸化炭素を大気中に注ぎこんで地球を暖かい状態に保っていた。

地球はみごとなやり方で二酸化炭素の過剰に対応している。火山活動の活発化で（あるいは、たとえば石炭を燃料とする火力発電所のせいで）大気中の二酸化炭素がどんどん増えていくと、温室効果によって地球の気温は上昇する（＊17）。けれどもここで、このように温暖化が進み、気候の激しさが増し、二酸化炭素濃度が高まった世界では、二酸化炭素はさらに急速に大地に戻っていくという点を忘れてはいけない。二酸化炭素が増えることで、雨の酸性度が高まり、気温が上昇し、降雨量も増えるので、すべてが連動して岩石の風化も激しくなるからだ。このため、地球が暖かくなりすぎると、より多くの二酸化炭素が大気から取り除かれて海中で石灰岩となり、さらに急速に冷えていく。やがて十分に冷えると、岩石の風化は穏やかになり、二酸化炭素の減少速度もゆるやかになって、地球は平衡状態に戻る（＊18）。

これが炭酸塩－ケイ酸塩の循環だ。私たちの惑星が採用している信じられないほど効果的な方法で、「地球のサーモスタット」としても知られている。だがときに、そのサーモスタットが故障する。

「暖かくなれば風化が激しくなり、寒くなれば風化が減ると言われています。もしそうならば、地球の歴史の最初から今まで、ずっと気候が安定していたはずです。さて、残念ながら、まずスノーボールアースで破滅的な失敗をしました。そしてオルドビス紀末にも失敗をしています。では、なぜ失敗するのでしょう?」と、マクドナルドは言った。

大量の二酸化炭素を素早く取り除いて、この地球全体のサーモスタットを壊す方法のひとつは、熱帯地方の真ん中に突然、何千キロもの長さをもつ火山性の壮大な山脈を出現させるものだ。気温も湿度も高くて風化作用が最も激しい場所に、どんどん岩石を押し上げていく。マクドナルドは言葉を続けた。

「要するに、風化させるための新しい岩の表面を次々に作るんです。で、新しい岩の表面を作る上手なやり方としては、山をとにかく実際に盛り上げて、それをどんどん削って、浸食し続ければいいわけですね」

現在のアパラチア山脈を生み出す大規模な造山運動が始まったのは、オルドビス紀だ（＊19）。そのころ、列をなすいくつもの火山島が、海洋地殻を飽くことなく取りこんで膨れ上がりながら進み、やがて北アメリカの東の端に押し寄せた。この衝突の痕跡は、ニューイングランドのズタズタになった岩に見ることができる。ハーマン・メルヴィルが『白鯨』を執筆した場所として知られるマサチューセッツ州ピッツフィールドにある田園風の家、アローヘッドで、この作家は書斎の窓から雪に覆われたグレイロック山の尾根を眺めながら、白いクジラのひらめきを得た。周囲の丘陵のなかでひときわ高いこの山は、葡萄酒色の波間からクジラが突然姿をあらわしたように見える。驚くことに、メルヴィルがこの眺めから海を連想したのは、ほぼ的を射たひらめきだった。マサチューセッツ州で最も高いこの山は、実際にオルドビス紀の海底でできているからだ。近づいてくる一連の火山島とそれらが乗っている海洋プレートによって海底が大陸に押しつけられ、盛り上がって山になった（＊20）。

これらの火山島のルーツは、ニューイングランドのあちこちに露出しているオルドビス紀の片麻岩として見ることができるが、なかでも、マサチューセッツ州シェルバーン・フォールズの町にあるニューイングランド電力会社のダムの下が最も華々しい。ここでは、四億七五〇〇万年前に渦を巻いて広がったマグマを、わずか数千年前の氷期に溶けた氷河から流れ落ちた滝が長い時間をかけて穿（うが）ち、一面の岩にいくつもの巨大な「深い穴」が新しく掘られてきた。地質学の視点をもつと、ニューイングランドの道路沿いの光景から、大昔にアパラチア山脈を作ったこの途方もない衝突の跡が見えてくる――ハイウェイの両脇にあらわれた大理石模様は、強い力で押されて砕けた岩によって描かれたものだ。北アメリカの東海岸は、じつは昔から地図で見慣れた場所にあるのではなく、いくつかの古い島と火山が大陸の脇に継ぎ足され、激しい衝突によってグシャッと押しつけられてできた。

オルドビス紀に起きたこの地殻変動の衝突で生まれた山脈は、ヒマラヤ山脈と同じくらいの高さまでそびえ、現在のグリーンランドからアラバマ州まで続いていたらしい。

驚くことに、この立派な山岳地帯が大量絶滅の原動力の役割を果たしたかもしれないのだ。アパラチア山脈が天に向かって伸びるにつれ、新しくて風化しやすい火山岩が絶え間なく天空に押し出され、浸食され、大気中の二酸化炭素を減らしていった。

「つまりこれは、ケイ酸塩鉱物をどんどん風化させて大気中から二酸化炭素を吸い取る、とてもすぐれた方法にちがいありません。それに火山岩は、たとえば古い大陸の岩などにくらべ、はるかに分解されやすいんです」と、マクドナルドは言った。

こうして大気中から取り出された二酸化炭素と山脈の浸食によって流れ出た無機物が、中西部を覆っていた浅海でオルドビス紀の生命の爆発を促し、動物の体になってシンシナティのような場所で石灰岩として埋まっている。もしマクドナルドが正しいなら、四億四五〇〇万年前のアパラチア山脈の造山活動で二酸化炭素が急激に減少したせいで、短い氷河時代が始まり、進化の記録をほとんど白紙に戻してしまったことになる。

それは直観的には満足のいく物語ではあるものの、オルドビス紀の氷河作用と大量絶滅を控えた時代に、実際に岩石の風化によって二酸化炭素が吸い取られる作用が強まったという証拠はあるのだろうか？　あるいは、そのような激しい岩石の風化作用が氷河時代へとつながる証拠はあるのだろうか？　その証拠は見つかっている。岩石記録のストロンチウム同位体を調べると、地球の歴史で特別に風化作用が激しかった時期を探ることができる。たとえば、現在も続いている氷河時代の場合には、恐竜が闊歩した温暖な気候からマンモスが優勢を誇った寒冷な気候へと地球が冷えていったころ、インドがまずアジアに衝突してヒマラヤ山脈を（オルドビス紀の化石とともに）空高く押し上げて風化作用を促すと同時に、ストロンチウム同位体の記録は滅茶苦茶に乱れている。マクドナルドは次のように言った。

「それ［衝突］は、ちょうど南極の氷床ができはじめたころに起きたんです。その時期の一致には大きな説得力があって、無視することなんかできません。じゃあ、それより前に赤道直下で生まれた、次に大きくて長い山脈はどれかと考えました。それにはオルドビス紀にまでさかのぼる必要があります」

オハイオ州立大学のマクドナルドの同僚、マシュー・サルツマンが、オルドビス紀の岩石で同じように有力なストロンチウムの証拠を探すことにした。するとアパラチア山脈の端のほうとネバダ州で、それが見つかった。

「四億六五〇〇万年前ごろに、ストロンチウム同位体があきらかに急落しています」と、サルツマンはコロンバスにある研究室で私に話してくれた。「その最も単純な解釈は——私たちがいつも探しているもので——できたばかりの火山岩の風化です。そして、それが大気中の二酸化炭素濃度を引き下げたという結論に達します。しかもまた、絶滅のおよそ二〇〇〇万年前でした……そうやって冷却が始まるわけですが、寒冷な気候から貯氷庫の気候に変わる分かれ目があるのはあきらかです」

言い換えるなら、氷床は直線的に形成されていくわけではない。パンにカビが生えるように大陸上に少しずつ氷が増えていくのではなく、何らかの気候の臨界点を超えると、氷の量が爆発的に増える。近年では二六〇〇万年前にその臨界点に達して、地球は後戻りのできない氷河時代に突入し、北半球も南極と手を組んで氷に閉ざされた。オルドビス紀の場合、四億四五〇〇万年前、その時代の最後の最後になって臨界点に達し、地球上の大半の生命が失われる結果になった。その時点まで極度の低温状態になるのを抑えていたのは、私がウィスコンシン州の岩石で目にした火山の大噴火によってひっきりなしに排出された二酸化炭素だった——不安定な状態のなかで大量の二酸化炭素が気候の微妙なバランスをとっていたが、それもついに力つきて、最後の瞬間を迎えた。

「つまり、風化される玄武岩を生み出していた火山活動そのものが、気候の急激な変化をなんとか抑えて、最後まであまり寒くならないようにしていたようです」と、サルツマンは言った。「オルドビス紀全体を通して、その最後に至るまで、大量の火山灰の地層が積み上げられました。それでおわかりのように活発な火山活動が繰り返されて、［二酸化炭素による］温暖化の効果を生み出しましたが、それと同時に風化によって二酸化炭素の量を減らすという反対方向の影響もおよぼしたのです」

オルドビス紀末にようやく火山活動が静まると、大気中への絶え間ない二酸化炭素の供給が止まった。だが火山岩の激しい風化は続いて、大気中の二酸化炭素濃度は急落を始めた。

では、大気中から取り除かれた炭素はどこに行ったのだろうか？　その多くは生きものの体内に落ち着いた。浸食された岩石に含まれていた栄養塩が山から海へと洗い流されると、プランクトンを大量に繁殖させたからだ。プランクトンはやがて海底に沈み、炭素を大気から地球に戻す。こうして大昔に海の生きものが繁殖したことは、オルドビス紀の岩石を探査する石油会社とガス会社にとってはよい知らせだが、生きものにとっては不幸にも、炭素が海底に沈められたために時代は氷河時代の絶頂期に向かって進んでいったらしい。サルツマンは次のように説明する。

「このように石油のもとになる岩が海底に埋められるにつれ、地球は冷えていきました。そしてそれはすべて、造山活動に関係していました。有機物の側面で考えると、造山活動にともなって岩石の風化が始まり、リンなどの栄養塩が大地から取りこまれ、冷却に向かうポジティブフィードバックが生まれるからです」

フィネガンはサルツマンの出した結論を、次のようにまとめている。「二酸化炭素について考えると、火山活動は与えると同時に奪います。火山活動は二酸化炭素を大量に放出しますが、一方では新鮮な火山岩も大量に作り出し、それが風化して二酸化炭素を減らすからです」

これまでに、大量絶滅の三つの要素が出そろった。生きものの世界が浅海を住処としていたこと、壮大な山脈が二酸化炭素を減らして地球を凍らせたこと、そして超大陸が南極をまたいでいたために氷を蓄える格好の場所となったことだ。だが、これが物語のすべてではない。

二六〇〇万年前に本格的に始まって数千年前から一時的にひと休みしている現在の氷河時代とは異なり、四億四五〇〇万年前のオルドビス紀末の氷河時代は、地球上のほとんどすべてを死に追いやった。この絶滅を真の大量絶滅の領域に含めることになった、最も興味深く、どうしても気になる細部は、絶滅した動物がコネティカット州の化石で見られるような大陸の浅海に取り残されて干上がった生きものばかりではなかった点にある。外洋を泳いで暮らしていた動物も、深海を住処としていた動物も、同じ運命をたどった。それならば、これまで大まかにたどってきた——氷河の出現と海の消失という——いくぶん単純な筋書きでは、説明しきれていない部分があるにちがいない。オルドビス紀末のこの短い氷河時代が地球に大惨事を引き起こしたのに、現在の氷河時代が生きものに与えている影響が（最近になって人間が地球全体に広まるまで）比較的小さくてすんできたのは、なぜだろうか？　これは今でも古生物学者たちを当惑させている疑問だ。

「変化の性質だけに注目していてはだめなんです」と、フィネガンは言った。「『そもそもの出発点はどんな状態だったのか？』を考える必要があります。そして、オルドビス紀の終わりごろにあたる出発点の状態は、実際に違っていたんですよ。ほんとうに別世界でした」

逃げ道のない地形

私たちは世界の輪郭や大陸の位置を大まかに記憶していて、地図で見慣れたその地形が太陽系をめぐる惑星の順序（＊21）と同じくらい不変のものだと思っている。だが、現在の地形はほんの一時的なものにすぎず、これまでの地球の姿も、これからの地球の姿も、今と同じではない。こうしてつねに変化を続ける世界地図は、地図の製作法をはるかに超えた大きな意味をもっている。大陸の偶然の配置が、生命に深刻な影響を与えるからだ。

数百万年前、恐竜の栄えた温暖な気候からの長くゆるやかな気温低下を経て世界が現在の氷河時代に突入したとき、世界は独特な形状をしていた。現在の世界地図と同じで、熱帯地方からほぼ両方の極地まで届く、南北に伸びた長い海岸線をいくつももつ地形になっていたのだ。たとえば、カブのような形をした南アメリカとマンガの吹き出しのような形の北アメリカが縦に並び、ほとんど北極から南極まで続いていた。このような配置は、最近の歴史に見られるように氷期が急に始まったり終わったりする難しい気候のなかで生き延びようとする動物には幸運をもたらす。寒くなってきたら、あるいはまた暖かさが戻ってきたら、ほとんどの動物はただ大陸に沿って北に行ったり南に行ったりするだけで快適に過ごせるからだ。

「現代の世界を見ると、とうとう厳しい氷河時代に突入したときには、こうした南北方向に長い海岸線がいくつも組み合わさった地形になっていたので、住処を移して好みの気候をもつ場所をたどるのはとても簡単でした。そしてほんとうに、そういうことが起きていた証拠が見つかっています」と、フィネガンは説明した。

彼は私を研究室に案内し、アワビ、カサガイ、ホタテガイの貝殻のかけらが詰まったビニール袋を見せてくれた。まだ玉虫色に光っているそれらの貝殻は、直前の嵐で海岸に打ち上げられたかのように見えたが、実際には一三万年前に生きていた貝のものだ。そのころは現在よりひとつ前の間氷期にあたり、カリフォルニアの気候は現在とよく似ていた。ロサンゼルス沖のサンニコラス島で採集した貝殻だと言う。氷が後退するにつれて、これらの軟体動物は海岸線に沿って中米から何百キロメートルか北上してくればよかった。そして間氷期が終わって氷が戻ってきたら再び熱帯地方へと南下していき、現在の氷河時代の大幅な気候の移り変わりをうまくたどっている。こうして風向きが変わったときに動植物が逃げ道をもっているかどうかは、生存か死滅かの境目になり得る。

今、人間が引き起こした気候変動に対応して動植物はすでに生息域を移している。二〇一二年に米国農務省は、米国内で進行している北方への植生移動を反映した植生図の更新を余儀なくされた。マサチューセッツ州南部でロブスター漁を営んでいた漁師たちは、甲殻類が好みの冷たい海底水温を求めて少しずつ北上するにつれ、ほとんど休業せざるを得なくなっている。北海の動物性プランクトンの生息域は、ここ数十年のあいだに北極に向かって一〇〇〇キロメートル以上も移動したため、管轄区に入ってくる新しい南方の種を監視する役割を担う漁業管理者は混乱状態に陥っている。これらの北に向かう大移動は、まだ始まったばかりだ。

地球の歴史のなかで気温と大気中の二酸化炭素濃度が極端に高かった時代を、タイムマシンに乗った時空の旅人が通りかかったなら、さらに異様な光景に出会って驚かされるかもしれない。たとえば五五〇〇万年前なら、北極圏でワニが日光浴をしていた。でも今から数十年後を考えると、ワニが再び避難所を求めて北に向かうのは、もっと難しくなっているだろう。北へ南へと行ったり来たりしていた祖先とは異なり、現代のワニが北極に向かう旅に出発しても、行く手の海岸線では開発が進み、湿地はすっかり水を抜かれてホテル、ゴルフコース、別荘、海辺の住宅に占拠されているから、歓迎されそうもない。だが四億四五〇〇万年前のオルドビス紀の動物たちには、人間による邪魔だてよりも手強い障害が立ちはだかっていた――オルドビス紀末の気候の激変に直面したとき、移動は単純に不可能だったのだ。

オルドビス紀に存在したいくつもの孤立した大陸が多様性のビッグバンに勢いを与えたと論じられてもいるが、このバラバラな島で構成されていた地球には致命的な不都合もあったと、フィネガンは考えている。気候変動が起きたとき、動物たちは広大な外洋にはばまれて快適な住処に移動することがかなわず、孤立した大陸に閉じこめられた。

「当時の地形は多様化に影響を与えたかもしれませんが、私は絶滅にも影響を与えたのではないかと考えています。実際の問題は、もし気候が激変したら、動物たちがまだ適応できる範囲内の気候を保っている場所に行けるかどうかでしょう?　孤立した大陸にいると、それはちょっと難しくなりますね」

オルドビス紀末に世界が大きく変わったときには、逃げる場所がどこにもなかった。

酸素の増加で死滅した生きものたち

オルドビス紀の絶滅に見られるいくつかの特徴は、現代との比較にうってつけだ——たとえば、二酸化炭素が原因となった気候変動や生息環境の破壊が果たした役割をあげることができる。だがこの遠い昔の絶滅には、現代の世界とは共通しない側面もある。結局のところ、オルドビス紀は今からほぼ五億年前の時代で、そのころのこの惑星の姿は現在とは大きく異なり、宇宙から見ても地球とはわからなかっただろう。多くの点で、今とはまったく異なる世界だった。この絶滅の不可思議な側面のひとつをあげると、海の深い水域で暮らしていた動物の多くが、直観に反し、酸素の増加によって死滅した可能性がある。そもそも当時の海水中の酸素量は、少しずつ増えていたとはいえ、まだとても少なかった。そのような息苦しい状況で生きるには、慎重な戦略が必要だっただろう。それをほぼ完璧に完成させた動物のひとつが腕足動物だった。

地球のその後の時代に出現する生きものの代表格となるカリスマ的な動物相との対比から、オルドビス紀の研究者たちは自分たちが愛情を注ぐ、かわいらしくない動物を語るとき、どうしても自己防衛しがちになる。印象の薄い腕足動物が、絶大なアピールを誇る恐竜と比較されると、先史時代の海をうろついていたこの海洋無脊椎動物の研究に携わる人たちはすぐにこう言い返すだろう——恐竜を好きになるなんて誰にでもできるけど、腕足動物の生き方（と呼べるものがあるとして）のよさがわかるのは、ほんものの筋金入りだけさ。

「ほとんどの古生物学者が恐竜を扱う人を見る目は、海洋生物学者がイルカの仕事をしている人たちを見るのと同じだってことを、わかっておいてくださいね」と、フィネガンは冗談めかして言った。

驚くことに、今もまだ数種類の腕足動物が生き延びており、ニュージーランド周辺や東南アジアの稀少な隠れ家で古生代の栄光の日々を思い出しながら、（スパイスをまぶされて）ゴムのように硬い料理になる運命に甘んじている。これらの過去の遺物を研究室にもちこみ、徹底的に調べて古生代の生きものの実態を見抜こうとしてきた研究者たちは、思っていたよりさらに退屈な研究対象だったことを実感した。

「あんまり役に立ちません」と、フィネガンは言った。

私の出席したシカゴ大学の大学院生向けセミナーで、スタンフォード大学の古生物学者ジョナサン・ペインが、この生きものを研究する難しさを説明していた。あまりにも動きがないので、それにくらべればアサリやイガイの代謝が、まるでかまどのように燃えたぎって見えるという。残酷なことをしても気にならないなら、水の入ったビンのなかに腕足動物を一匹閉じこめて何週間か放置し、ゆっくりと窒息して痛ましい死に屈するまで待ってみるといい。こうして研究室で死んだ腕足動物を見ても、生きているものとほとんど見分けがつかないだろう。たいていの場合、かろうじて死んでしまったとわかるのは臭(にお)いが出はじめるせいだ。ペインの説明によれば、科学者が動物の代謝を測定したければ、ふつうは一匹を水槽に入れて、減っていく酸素の量を測定する。

「腕足動物の場合、この方法では難しいことがわかります。代謝率があまりにも低いために、水槽に入れるだけではなく、実際には強力な抗生物質を水に混ぜておかなければなりません。そうしないと、水槽内にいる細菌による呼吸量と区別がつかないからです」と、ペインは話した。

「最初に得られる測定値から推定すると、死んでますね」と口を挟んだのは、古生物学者のスーザン・

キッドウェルだ。古生物学者の卵たちの聴衆からドッと笑いが巻き起こる。「私が教えるときには、腕足動物は堆積物で、ほんとうは生物じゃないって、よく冗談を言うんですよ」。ペインはそう言って、さらに笑いを誘った。だが、ペインの話は単なる冗談ではなかった。オルドビス紀末の環境の激変に対する腕足動物の反応は、その時代の海でまさにどんな不都合が起きていたのかを説明するのに役立ってきたからだ。

フィネガンは腕足動物の種に関するデータベースをたんねんに調べ、オルドビス紀に到来した氷河時代で最初に死滅したのは——低酸素の環境に最もよく適応していた——深海の種だという、驚くべき事実を発見した。やはり深海で暮らした目のない三葉虫も同様の運命をたどった(＊22)。では、深い海の底でいったい何が起きていたのだろうか?

現在の、酸素をたっぷり含んだ海水の循環は、おもに寒冷な極地の海と温暖な熱帯の海との温度差によって引き起こされている。この循環のエンジンは、酸素の豊富な冷たい表層水を世界規模のベルトコンベアに乗せて休むことなく深海へと運んでいる。だが気温がはるかに高かったオルドビス紀の世界では、このような循環はもっとゆるやかで、深海にそれほど多くの酸素が送られてはいなかっただろう。そんなとき、いきなりアフリカに巨大な氷河が出現したために海水循環の強力なエンジンが始動し、大量の酸素が深海に送りこまれることになった可能性がある(＊23)。

酸素の少ない(その代わりに捕食者がほとんどいない)環境で退屈な暮らしをすることを選んだ深海の腕足動物や、自分の体で育つ細菌を食べることによって痩せた環境を生き抜いていたと考えられる深海の三葉虫のような動物にとって、アフリカが凍りついて海水循環が強まり、自分たちの生息環境が消滅したときが、運のつきだった。

謎めいた――小さくて奇妙なノコギリの歯やピンセットのような形につながって、ゼリーでできたボートのクルーのように沖合を漕いで進んでいた――フデイシにとっても、このような海水循環の変化は同じく悲運だっただろう。

「死滅の仕組みは、実際には食べものの変化でした」と話すのは、ニューヨーク州立大学バッファロー校の古生物学者、チャールズ・ミッチェルだ。

私がミッチェルに会ったのは、オルドビス紀をテーマにした一週間にわたる国際シンポジウムだった。開催場所はバージニア州で一番の国際的な町、ハリソンバーグで、この都市は文字通りオルドビス紀の上に乗っている。地域にある洞窟は大昔の海洋生物でできた石灰岩が削られたもので、内部は北軍の目を逃れた南部連合の部隊による落書きでいっぱいだ。二〇一五年の夏、世界中の古生物学者たちがこの学園都市に集結してオルドビス紀に関する報告を比較し、会議の夕食会で出されるバージニアワインの出来映えを吟味し、オハイオ州立大学のスティグ・バーグストローム（オルドビス紀研究のマイケル・ジョーダン）をはじめとしたこの分野の引退したレジェンドたちを称賛した（＊24）。

ミッチェルがハリソンバーグまでやってきたのは、彼の愛する不思議なフデイシについて、そしてそのフデイシがオルドビス紀末の激変にどう対応したかについて（簡単に言うなら、うまく対応できなかったのだが）、会議の参加者を前に講演するためだった。熱帯の深海で暮らしていた――オルドビス紀には太陽の光も届かない海の底、今ではネバダ州の真ん中になっている場所で見つかる――この種は壊滅状態になり、その原因は海水面の低下ではなかった。これらの動物が絶滅したのは好みの食べものが消えてしまったせいで、それは酸素の少ない深海にいた細菌の群れだった。氷河時代の幕開けとともに海水の循環が起きて、このような酸素の少ない水域が消滅し、食べるものも消えて、フデイシの大半もいなくなった。表層水では、素朴で自己完結的に繁殖していたシアノバクテリアが海藻にとって代わられ、海藻は新たに深みから湧き上がるようになった栄養物を摂取した。つまり、海洋全体にわたって食物連鎖の底辺が完全に置き換えられたことになる。海藻はシアノバクテリアより栄養のある食べものになるかもしれないが、それを食べられるように進化していない者にとっては役に立たない。海を自由に泳ぎまわっていた、目の飛び出した三葉虫も、さようならだ。

大陸の浅瀬で干上がった無数の種に、これらの深海の犠牲者が加わり、さらに気候の変動にさらされながら島に足止めされた被災者もいて、いよいよ大量絶滅の姿がはっきり見えはじめる。隠れる場所はなかった。浅瀬にも、深海にも、大海の真ん中にも、そんな場所は見つからなかった。

「絶滅は、実際には種のレベルで進みます。個々の生きものの話ではありません。あなたと私が死んでも、大量絶滅にはまったく関係ありませんね。大量絶滅とは、みんなが死ぬことなんです」と、ミッチェルは言った。

そして適応が不可能になったとき、みんなが死ぬ。

オルドビス紀末の大絶滅を研究したミッチェルは、変化をとげる世界に実際に適応しようとした種がほとんどいないことにショックを受けたそうだ。つまり災難に直面したとき、進化は期待するほどしなやかな働きはしてくれないという、恐ろしい兆候が見えた。そしてこう話す。

「実際に絶滅が起きた場所で調査をしてきましたが、種はまったく変化していません。これほどの危機にさらされながら、何も起きていなかったと考えられます……種はほとんどいつも、全体的に見れば停滞していて、そうでなくなるのは危機に陥ったときだけです。そして危機というのは、リスクをともなう局面ですよね？　ときには新しい種に生まれかわりますが、ときにはただ絶滅してしまうだけです」

シカがハンターの銃弾より速く走るよう進化することがないように、大量絶滅は犠牲者の進化の可能性をしのいでいる。

「みなさんが目を四つほしいとどんなに願っても、変化は起きません。種として目の数に多様性を備えていない限り、一巻の終わりなのです」

オルドビス紀末に戻ってきた海

こうしてオルドビス紀末に生きものたちを殺したいくつかの仕組みを見てくると、そのなかにはとらえにくいものも明白なものもあった。浅瀬からの海水の後退、熱帯地域の寒冷化、大陸間の距離、深海の酸素、そして食物連鎖の崩壊。だがこれだけでは、まだこの世界の致命傷とはなっていない。最後に、とどめの一撃とも言える要因があった。

北アフリカとサウジアラビアの氷河によって削られた岩石のすぐ上に、放射性物質を含んだ黒い頁岩(ブラックシェール)が乗っている。どこかに不吉な響きを感じるなら、その通りだ。北アフリカと中東のホットシェールと呼ばれるこれらの岩石をめぐって、石油と天然ガスの多国籍企業が目にドル記号を輝かせ、夜も眠れない状態になっている。ホットシェールは、世界で最も重要な石油を生み出す岩のひとつだからだ。これらの黒くて石油を含んだ岩を運んできた水は、オルドビス紀の世界に残されていたものを完全に破壊した——氷河が始めたことを、残酷にも完結させたのだ。おそらく一〇〇万年という時間をかけて、現在の氷河時代と同じように氷河が前進し、後退していったあと、世界は足早にこのオルドビス紀末の氷河時代を抜け出し、うだるような温室に突入して行った。海水面は三〇メートル以上上昇して、また大陸を水浸しにした。オルドビス紀の温暖で酸素の少ない海がすさまじい勢いで戻り、一時的な氷の世界に適応するという過ちを犯して生き残っていたわずかな動物たちの息の根を止めた。それらの生きものが粘り強さの代償として得たものは、死だった。

黒い頁岩が化石記録のなかに見つかると、それはSOSに近いことがある。酸素が危険なまでに減少しているという残酷な知らせだ。黒いのは死んだ海洋生物の炭素がいっぱいに詰まっているからで、生物の死骸が海底に沈んだが、そこで酸化、つまり腐敗することができなかった。そしてそのまま、生命のない無酸素の海底に蓄積していった。そのまま五億年ものあいだじっと動かずにいたが、やがて好奇心旺盛な霊長類の種に発見され、その動物は海底の岩石を掘り起こして燃やすことに決めたというわけだ。

オルドビス紀末に戻ってきた海がなぜこれほどの酸素欠乏に陥っていたのかは議論の的だが、その原因になった可能性がある要素のひとつとして、アフリカの大陸氷河が急激に溶けて大量の真水が海に流れこんだ点をあげることができる。真水は塩分を含んだ海水の上にたまるので、海のなかが層状になり、深い場所の海水では酸素が不足する。数千年前に最後の氷期が終わったとき、溶けた氷河から流れこんだ真水のせいで少しのあいだ海中の酸素が減ったが、ゆっくりと回復した。そして現在、グリーンランドの南海岸沖では、氷河の急激な溶解による大量の真水で海洋循環にねじれが生じており、メキシコ湾流の速度まで落としていると考えられている。リーズ大学のヤン・ザラシーヴィッチをはじめとした地質学者たちの考えでは、現在の間氷期の気候から数千万年ものあいだ経験のない温暖化へと急ぎ足で突き進んでいる人類は、このオルドビス紀の厳しい結末から多くを学ぶことができる。ザラシーヴィッチは次のように言っている。

「オルドビス紀末に起きたことには、大規模な温暖化、海水面の上昇、停滞、そして基本的には氷河時代の気候による絶滅事変がある。その意味でこの［現代という］時代に類似している。過去二五〇万年、気候システムは氷期の気温からおおよそ現在のような気温――一℃くらいの範囲内――のあいだでうまくバランスをとってきた。現在の状態は、間氷期で最も温暖な気候とは言えないまでも、きわめてそれに近い。そしていったんその気温を超えたなら、あきらかに新しい領域に突入する――ここ数百万年には経験しなかった領域だ。……同じようにオルドビス紀末には、このように大幅な気温、海水面、酸素供給の急上昇が起き、それは私たちが向かっているように見える混乱に似ているかもしれない」

とはいえ、変化には新たな機会がつきものだ。現在、農業からの流出水と地球温暖化のせいで海洋中の酸素極小層（ＯＭＺ）が拡大しており、この棲みにくい層で獲物をとることを覚えた動物たちの生き残りを後押ししている。たとえば獰猛なアメリカオオアカイカは、急速に変化している大西洋で力強く繁殖している。だがオルドビス紀の生きものにとっては変化が急速すぎて生き残りはかなわず、それと同じことが今後数百年のあいだに、また起きるかもしれない。

オルドビス紀末の大絶滅から地球が完全に立ち直るまでには、五〇〇万年という気の遠くなるような月日が必要だった。そしてようやく立ち直ったとき、空っぽになった生態系には生き残ったものが繁栄できる新たな機会が生まれた。ゆっくりと、この惑星は少しだけ、より地球らしく見えはじめた。背骨をもつ生きもの――私たちの祖先――は、それまで目立たない脇役にすぎなかったが、絶滅のあとを受けて広がっていった。「魚のいない海」はここで終わる。

オハイオ州立大学のサルツマンは、オルドビス紀末の大絶滅がなじみの薄い地球で約五億年前に起きたにもかかわらず、そこから学べる教訓があると考えている。岩石に残された絶滅を示す多くの地球化学的な証拠のなかで現代に最も関係があるのは、炭素循環の大幅な乱れだろう。大災害の全期間を通して、炭素循環はめちゃくちゃになっている。この曲がりくねった線が示す正確な意味については地質学者のあいだでまだ議論が続いているが、暗示しているものは明確だ。

「炭素循環に急激で大幅な変化が起きれば、ただではすまないということだけはたしかだと思いますよ」と、サルツマンは言った。

地球が次の時代によみがえるまでに、生きものは信じられないほどの量の炭素を岩石に埋めており、それがやがて現代の化石燃料に変わる。だが、生物の歴史はまだ幕をあけたばかりだった。劇の第一幕でテーブルの上に置かれた銃のように、いつかは火を噴くことになるだろう。

第3章　デボン紀後期の大絶滅【三億七四〇〇万年前、三億五九〇〇万年前】

川をさかのぼって行くのは、世界のほんとうの始まりに向かって旅をしているようなものだった。そのころ地球には植物が生い茂り、大木が王のように君臨していた。

――ジョセフ・コンラッド（一八九九年）

板皮(ばんぴ)類は海の支配者だった。

――O・C・マーシュ（一八七七年）

ここ数年のあいだに、米国から急に天然ガスが噴き出しはじめた。全国に散った採鉱者たちが何千もの油井(ゆせい)を掘って、市場に安価なエネルギーをあふれさせている。シェールガス革命と呼ばれるこの動向は、石油と天然ガスをめぐる地政学の「グレートゲーム」を再編成しており、米国は外国のエネルギーへの依存を減らしただけでなく、単独で世界の天然ガス生産国のトップに躍り出た。この革命は水圧破砕法(フラッキング)と呼ばれる画期的技術によって生まれたもので、埋蔵されている大量の炭化水素の採取は、この技術によって可能になった。地面に穴を掘れば、ニューヨーク州からノースダコタ州にいたるまで、燃料の染みこんだ岩石を徹底的に絞り上げることができるようになったのだ。この革命では、こうして油井を掘ることの環境と公衆衛生への悪影響をめぐる議論にも火がつけたが、国はガスの元栓を開けたままだ。

だが、もし黒色頁岩（ブラックシェール）を水圧破砕する力が米国経済にとって重大なものであったとしても、それは地球という惑星にそもそもこの黒色頁岩を作り出した力とはくらべものにならない。米国がこうして新たに見つけた豊富な天然ガスの大半は、デボン紀後期の恐ろしい大量絶滅のおかげで生まれた。三億五〇〇〇万年以上前に、この国を覆っていた海が何度も呼吸困難に陥ったために、海の生きものが大量に死滅して海底に沈み、やがて――石油・天然ガス開発の大手企業にとっては喜ばしいことに――天然ガスに姿を変えた。

何度もあった絶滅のピーク

不気味なオルドビス紀の終焉に続き（そしてシルル紀と呼ばれる短い（＊25）地質時代のあと）、生命の歴史の大きな変わり目となるデボン紀が到来した。デボン紀はおよそ四億二〇〇〇万年前に始まり、その六〇〇〇万年後に起きた惨事によって幕を閉じる。オルドビス紀の「魚のいない海」から数百万年で、地球という惑星には大きな変化が起きていた。ちなみに、オルドビス紀末の大絶滅による破壊に続いて、私たちの祖先――魚――の暮らす場所が広がり、海を占領した。魚はこの惑星の征服にとても大きな成功を遂げたので、デボン紀までに地球は「魚の時代」と呼ばれるものに突入している。

地球全域に広がったデボン紀の壮大なサンゴ礁に渦を巻くように群がっていたのは、魚を捕食する――多くは恐ろしげで見慣れない――生きものと、餌となる魚の、多彩な生態系だった。新たに海の世話役となったこれらの動物のなかには、少しのあいだだけ海辺を歩いて、こわごわと陸上の暮らしを試してみたものもいる。だが私たちの祖先にあたる魚たちは、まもなくすさまじい不意打ちに遭う。実際には一回ではなく、数回の不意打ちだ。

デボン紀後期の大絶滅とされる最初の大きな打撃は、三億七四〇〇万年前に起きた。その一回だけでも五大絶滅のうちの最悪のものに数えられるほどの悲惨さで、世界の歴史で最大の規模を誇ったサンゴ礁の九九パーセントが破壊されている。当時のサンゴ礁は現在のサンゴ礁の一〇倍、およそ八〇〇万平方キロメートルにわたって広がっていたもので、その残骸は今ではカナダとオーストラリアに大量の石油を蓄えるようになった。地球上のサンゴ礁がこの大量死から回復するまでに、一億年以上の月日を必要としている。だが地球上の生命にとって不運なことに、デボン紀の大絶滅は一回限りの災害ではなかった。二回目の大規模な死滅が三億五九〇〇万年前にも起きたのだ。この最終的な大災害は凍りつくクライマックスにその時代をきっぱりと終わらせ、その時点での地球上の頂点捕食者を排除してしまった。その生きものは海の武装集団で、これまでで最も恐ろしい動物の選考会でもあれば、最終候補に残ることはまちがいない。

けれども、数億年前のデボン紀になぜ地球上の生きもののほとんどが死んでしまったのかを理解するためには、まず、米国に天然ガスを豊富に含んだ黒色頁岩がなぜこれほどたくさんあるかを説明しておく必要がある。

「私がデボン紀の頁岩の研究にとりかかったのは、ここオハイオ州に頁岩があるからだ。でもそれから不思議に思いはじめた。なぜここに、デボン紀の黒色頁岩がこんなにたくさんあるのかと」。そう話すのは、シンシナティ大学の地質学者、トマス・アルジオだ。

　アルジオは、デボン紀後期に区切りをつけた大量絶滅に関する研究者のなかでも、屈指の影響力を誇っている。私がその研究室を訪ねたのは、地球史でときには無視されてしまうこの時代について、基礎知識がほしいと思ったからだった。デボン紀後期の危機に関するアルジオの考えは地質学の研究者たちになかなか振り向いてもらえず、この分野の仲間の多くはもう何十年ものあいだ、アルバレス小惑星衝突仮説に夢中になって研究を続けてきた。

「デボン紀の絶滅は、ほかの大量絶滅事変とはまったく異なるパターンをもっている」と、アルジオは話した。「そもそも、続いた長さだけをとってもそうだよ。二〇〇〇万年から二五〇〇万年にわたって起きた出来事だから。そんなに長く続いたんだ」

　そのあいだに絶滅のピークが少なくとも一〇回あり、そのうち最も過酷な死滅は三億七四〇〇万年前と三億五九〇〇万年前に起きた。これらはそれぞれ、ケルワッサー事変およびハンゲンベルク事変（＊26）と呼ばれている。このようにしてデボン紀後期に終止符を打った局面は、五大絶滅に含まれているほかのどの大量絶滅とも著しく異なっている。なかでも白亜紀末の恐竜の絶滅とははっきり区別でき、白亜紀末の場合は、小惑星の衝突という事態から予想できるように、化石記録に残された痕跡ではほとんど一瞬の出来事のように見える。それでも、デボン紀の絶滅の奇妙な特徴から、古生物学者たちは宇宙から飛んできた原因を探す手を休めてはいない。

　実際、デボン紀を襲った最初の大打撃となるケルワッサー事変は、古生物学者たちが小惑星の衝突で説明しようとした最初の大惨事でもあった。一九六九年にカナダの地質学者ディグビー・マクラーレンが古生物学会の演壇に立ったとき、聴衆だった仲間の研究者たちの大半は、大量絶滅があったことさえ信じていなかった。ダーウィン以来、化石に残された生命の痕跡に大きな空白期間がいくつもあって地質の特徴が区切られているのは、岩石の記録を完全なものにできていない人為的な原因によるものだと、ほとんどの人が考えていたからだ。

一瞬のうちに生きものが全滅するなどというのは恥ずべき考えで、旧約聖書の「滅び」に通じるものとされた。この研究分野はほぼ二世紀という年月をかけて、ようやく創世記に端を発する「洪水地質学」の亡霊を振り払ったところだった（残念ながら、現在、米国の一部の地域では復活を見せている）。それでも化石に見られる生命の空白は、マクラーレンの頭を離れることがなかった。そして、研究者たちはこうした目障りな生命史の断絶を「なかったことにしようとしている」のだと主張した。一九六五年、マクラーレンの同僚のひとりがイランに出かけてデボン紀の岩石を調査すると、北アメリカの岩石で目にしていたものと同じ化石記録の不穏な空白期間が見つかった。デボン紀後期に何が起きたにせよ、それは全世界的な事変だったのだ。そこでマクラーレンは、この世の終わりにもふさわしい重大な原因があったことはまちがいないと確信した。

「今、大西洋の真ん中に巨大な隕石が落下すれば、六〇〇〇メートルを超える高さの波が生まれるでしょう」。彼は古生物学会の聴衆に向かって宣言した。

「これで十分です」。こう言って、マクラーレンはデボン紀後期の岩石に見られる世界的な生きものの破滅に、ひとつのシナリオを提示したのだった。この講演を聴いていた研究者たちはとまどい、静まり返った。だがのちに、小惑星が世界的な破滅にそのような役割を果たすことがわかり、マクラーレンの主張が正しかったことは最終的に証明されている。ただ、違う大量絶滅を選んでしまっただけだ。

一九八〇年に、直径が一〇キロメートルもある小惑星と恐竜の絶滅との衝撃的なつながりがあきらかにされると、大量絶滅の研究が――長いあいだ古生物学のいかがわしい末梢部分として脇に追いやられていたのに――突如として最先端の分野になった。そこで地質学者たちが地球の隅々に散って、別の絶滅による境界にも地球外からもたらされた証拠を探しはじめた。以前に却下されたマクラーレンの説も息を吹き返し、デボン紀の絶滅にも多くの自称小惑星ハンターが集まってきた。そして証拠は不十分なものの、一部はこの時代の末期ごろに、そうした破壊をもたらすことのできた悲惨な衝突があった確証を得たと主張した。

またオルドビス紀の終末と同じように、一部の地質学者はデボン紀後期に起きた重大局面の原因も極端な寒冷化だと考えている。それ以外のデボン紀全般を見れば、地球の歴史のなかでも穏やか気候が続いていた時期だった。そして衝突説の熱心な支持者たちの一部は、このような明白な寒冷化だけでなく、デボン紀の絶滅が続いた異常な長さと断続的という特徴も、空から得られる答えで説明できると主張する。その説によると、小惑星が低い軌道から地面に衝突すれば、大量の岩石が空高くはじき飛ばされて軌道に乗り、地球にも土星と同じような輪ができる。赤道を覆うようになった輪の影のせいで日中も薄暗くなった地球では寒冷化が進み、熱帯地域での大量の絶滅の原因になる。その後数百万年にわたって、まるで雨のように輪からゆっくりと岩石が降り注ぐことで、絶滅の持続性と断続性も説明がつく。空想的ではあるが刺激的な説で、空から降ってくるものに興味をもっている人にとってはまったく壮観な眺めを見せてくれる。でもアルジオは受け入れていなかった。

「そんなことが起こったとは考えられないね」と、アルジオはぶっきらぼうに言った。「この世界には信じられないような説がいくつもあるから」

ラトガース大学のジョージ・マクギー・ジュニアはさらに熱心な衝突説の支持者で、一九九六年には、小惑星の衝突がデボン紀後期の大絶滅を引き起こしたという論拠を概説する本を出版した。ただしその後、デボン紀の場合には、恐竜を絶滅させたような小惑星の衝突を示唆する複数の証拠――地球外を起源とする大量の塵や、大量死を引き起こすほど大きいクレーター――はまだ見つかっていないことを自ら認め、「世界中の科学者たちが三〇年もかけて探しまわったが、それでも」見つからなかったと書いている。

アルジオは、同じように荒唐無稽に聞こえるかもしれないが、はるかに地に足のついた殺し屋を指名した仮説を立てている。その殺し屋なら、デボン紀後期の極度の低温も、今になって天然ガスの恩恵をもたらしている大量の黒色頁岩の存在も説明できるし、デボン紀には海が息の根を止められて動物たちが生きられないようになったこととも符合すると、アルジオは主張する。彼の研究室の外には、たくさんの溝がついた大きな石の柱が置いてあった。化石化した木の幹で、三億八〇〇〇万年前のものだ。ただし単なる飾りではない。

「この絶滅は陸上の植物の進化に関係しているという考えに、私はとても自信をもっているよ」

ギルボアの化石の森

クリスティン・ワイコフは、ボランティアでギルボア博物館の館長を引き受けている。この博物館は農地に囲まれた質素なワンルームの建物で、ニューヨーク州中部のキャッツキル山地の北にあり、展示物の中心は錆びついた農機具や、ニューヨーク州ギルボアの今はもう存在しない堂々とした邸宅を写したセピア色の写真だ。古いギルボアの町は人工湖の底に沈んでしまった。ワイコフの博物館はこの湖底の町を称え、無残な結末をしのぶものだが、その運命によってこの町は思いがけず地球の生命史で最も重要な出来事のひとつと向き合うことになる。

一世紀前、ギルボアの南二五〇キロメートルに位置するニューヨーク市は、エリス島の移民局を通過して騒然とした大都会に押し寄せる大量の移民の受け入れに四苦八苦していた。この街はまた、イーストリバーの対岸にあって長いこと独立した飛び地だったブルックリンを併合したばかりでもあり、その結果としてさらに多くの水を必要としていた。

そこで自然な流れとして、人影もまばらな原始の谷が残る北のキャッツキル山地に目を向け、そこに貯水池を建設することになった。ギルボアの趣のある町にとっては不幸なことに、この州で最もダムに適した場所のひとつが、まさにこの町の中心と一致していた。ニューヨーク市の水管理局が計画を立てた谷には四〇本を超える支流から水が流れこみ、州内で最も短時間で水が補充される貯水池のひとつになると見こまれたわけだが、その谷の底にギルボアの集落があった。スカハリー川に水が貯まれば、愛すべきギルボアの小さな集落は大義のために犠牲になる。そしてニューヨーク州は、この町の未来を水の底に沈める決定を下した。やがてニューヨーク市が喉の渇きをいやすために村落の取り壊しにやってきたとき、悲しみに暮れる人々へのマナーが守られることはなかったらしい。

水底に沈んだ町の住民で最後まで生存していた人たちの証言を収集したワイコフは、ダム建設時にあったほとんど聖書の物語のような強制追放の話を聞いた。住民たちが家に戻ると、取り壊しの目印として、ドアに不吉なXがなぐり書きされていたという。

「［ある住民は］これが家から荷物を運び出す最後だと思い、寝室に置いてあった人形のコレクションを取りに戻ると、もう家がなかったと言っていたわ。焼き払われていたのよ。事前の通告もほとんどなしに」と、ワイコフは話した。

一九二六年に真新しいギルボア・ダムが完成してスカハリー川の流れが止まると、町はゆっくりと水のなかに姿を消した。ギルボアの民間歴史家のひとりは、おそらくちょっとだけメロドラマめいた気分で、次のように推測している。「住民の三分の一以上が悲しみのあまり世を去った。残りの住民たちは茫然としたおももちで、残酷な世界から死によって解放されるまで変わることのない場所を探して散り散りになった。彼らは、この世界には自分たちにふさわしい場所などないように思えると言っていた」

現在、ギルボアの古い町の名残はスカハリー貯水池の底にあり、この貯水池の水は今なおマンハッタンの蛇口からあふれ出している。博物館からそう遠くないワイコフ通りのはずれに荒涼とした墓地があり、番号だけ記された墓標が苔むし、歪んだまま並んでいる。古くからあった墓地が村落とともに水没することになったとき、州はこの町の死者たちを新しい場所に移さざるを得なくなった。それから九〇年以上の月日が流れた今もなお、大都会への怒りは明白だ。「まだ感じることができるのよ」と、ワイコフは言った。

だが、ダムの建設によって恩恵がもたらされなかったわけではない。「ギルボア・ダム全体の結果としてよかったことのひとつは、このすばらしい化石を見つけたことね」

ダムの表面に並べる石材を切り出すために砂岩を掘り起こしていた石切工たちは、スチームショベルで動かそうとした岩が一風変わった溝つきの柱に見えることに当惑した。彼らはまったく知らずに、地球上で最初の樹木、生命の歴史で最古の森を発見していたのだった。オールバニから一時間ほど西に行った場所だ。

ニューヨーク州はデボン紀にぶつかった。

地球の歴史のほぼ全体を通して、大陸は殺風景な場所であり、ただ恐ろしげな岩が続いているばかりだった。内陸部の荒野には生きものの気配もなく、それを目にしても私たちが暮らす地球だとはわからなかっただろう。だがオルドビス紀には、小さな植物が陸上にわずかな足がかりを築きはじめた。これはあまりの小ささから、「小人国(リリパット)の植物世界」として知られている。先駆者として陸を目指したゼニゴケの仲間の小枝の部分の高さは、最高でも一〇センチメートルに満たないくらいだったからだ。それでも水面に浮かぶ藻類から陸上植物への飛躍は、地味ではあるが驚嘆に値する離れ技であり、新たに植物を萎れさせる脅威となった太陽のもとでも乾ききってしまわないよう、この小人国は(表面をワックスの層で覆ったり、呼吸するための微小な孔を設けたりといった)新機軸を取り入れる必要があった。そうしていったん陸に上がった植物は、限りある土壌と日光の争奪戦から、さらに地球を様変わりさせる新機軸を繰り広げていく――デボン紀中期には、植物は縦に伸びる段階に達していた。全体を支える維管束組織を発達させて、木々は日光を受けようと互いを押しのけながら、競うように林冠の一番上を目指した。

「このとき、植物が膝の高さから樹木の高さになった」と、アルジオは言った。

それまで化石記録に樹木がなかったギルボアに、突如として一〇メートル近い高さをもつヤシに似た木のジャングルが出現し、ニューヨーク州の海岸平野と湿地帯にそびえた。これらの原始の木は、フラダンスのスカートのような弱々しい繊維質で地面に固定されていたが、まもなく下に向けても新芽を伸ばすようになり、適切な根を発達させて大地にもぐらせていく。こうして陸上への定着は軌道に乗った。

これらの最初の森は、世界で最初の昆虫を風通しのよい梢に招き入れ、ヤスデや原始のクモの仲間が熱帯のギルボアを這いまわるようになる。さらにこれらの最初の昆虫を求めて、魚がはじめてヨロヨロと少しずつ陸に上がっていき、やがて先祖代々の海の暮らしをすっかり捨てる者が出た。こうして数億年の時がたつと、複雑な生命体は混み合った海中の子ども部屋から抜け出し、殺風景で活気のない大陸へと進出していった。だが、この開拓者精神は手痛い罰を受けることになる。

崩れかかったギルボア・ダムの修理が再び開始された二〇一〇年、ニューヨーク州環境保護局はニューヨーク州立大学ビンガムトン校の古生物学者ウィリアム・スタインとそのチームに、世界で最初に生まれた森林の調査を依頼した。州政府はほぼ一世紀にわたって、科学者にも一般の人々にもこの場所への立ち入りを許しておらず、現在でも同じだ。現場はまるでお伽の国のようで、かつて世界初の樹木が立っていた二〇〇の穴が残ったままの、じつにきれいに保存された林床が見つかった。スタインのチームはそこから三〇本を超える化石化した巨大な木の幹を取り出し、そのうち数本をワイコフの博物館に寄贈している。

このギルボアの化石の森は、原始の生態系を覗き見る窓の役割を果たしているだけでなく、新しい地球がその一歩を踏み出した場所でもある。このときから地表は植物によって大幅に作り直されていった。ギルボアの森によって始まった画期的な変化について、スタインのチームは「ネイチャー」誌に次のように書いている。「デボン紀中期までの樹木の登場は陸上生態系が大きく変化する前兆であり、風化作用の増加、大気中の二酸化炭素の減少……そして大量絶滅をはじめ、長期的な影響をおよぼす可能性を秘めている」

今日では樹木は生命に恩恵をもたらす存在とみなされているし、植物は最終的に陸上での生きものの繁栄を支援することになるわけだが、地球上にはじめて登場したこれらの森林は、終末の前触れとなったかもしれない。

 陸上に進出した樹木が引き起こした危機

では、大陸上に森林が出現したことが、海底で作られた異様な黒色頁岩やデボン紀後期に地球を叩きのめした極度の危機と、いったいどう関係しているのだろうか？

「デボン紀に起きたことは、現代の死の海であるデッドゾーンと同じことだよ」と、アルジオは言う。現在、メキシコ湾では毎年夏の到来とともに、ニュージャージー州ほどの広さの海域が酸素欠乏状態になり、そこで暮らしているほとんどすべての生きものが死んでしまう。ニュージャージー州でもやはり季節性の酸欠状態があるし、エリー湖では二〇一四年に有毒藻類が大発生し、トリード市への飲料水の供給が止まったほどだった。二〇一六年にはフロリダ州の海岸に、海洋生物の息を詰まらせるドロドロした大量の藻類が厚い層をなして押し寄せ、船の所有者はまるでグアカモーレ（アボカドのディップ）のような濃度だったと話した。

同様の問題が、ほとんど不毛な状態になってしまったチェサピーク湾（＊27）も悩ませているが、ここは比較的最近になるまで生物学の楽園だった。チェサピーク湾にはかつて、船舶航行の障害になるほど大規模なカキ礁があり、「イルカ、マナティー、カワウソ、ウミガメ、アメリカワニ、オオチョウザメ、サメ、エイ」などの多種多様な海の動物たちが暮らしていた。プレジャーボートに乗って最近の濁った湾を行き来する人たちは、こうした生きものの一覧を知れば目を丸くして驚くだろう。今ではここ

でマナティーを見るのは、カバを見るくらい難しい。はるか遠くのバルト海や東シナ海も、海水の酸素欠乏状態に悩まされている。この破壊的な現象――手に負えないほどの藻類の大発生が海から酸素を奪ってしまう状態――は富栄養化と呼ばれており、デボン紀後期の絶望的な動物たちにとっても、こうしたグアカモーレのような潮流は見慣れた光景だった可能性がある。

富栄養化の原因は、よいものが多すぎること、つまり肥料のやりすぎにある。現在のメキシコ湾で起きている問題の発端は、米国の中部地域だ。中西部と大草原地帯のどこまでも続く農場で、窒素とリンをたっぷり含んだ肥料が農作物にばらまかれると、植物によって利用されなかった部分が水に混じってミシシッピ川に流れこむ。ミシシッピ川がルイジアナ州の南部で海に合流すると、蓄積した液体肥料が外洋で藻類の爆発的な成長を促す。そして大発生した藻類がいっせいに死ぬと、沈んで分解する。この分解の過程で、あたりの海面から海底までの酸素をほとんど使い果たしてしまう。

酸素がなくなると生きものはすべて息ができなくなり、その結果は魚の大量死しかない。たくさんのアカエイ、ヒラメ、エビ、ウナギ、そのほかの魚が死んで浜辺に打ち上げられる光景は、メキシコ湾の海水浴客にとっては毎年おなじみの光景になっている。海のなかではカニ、アサリ、ゴカイなどの死骸が、まるで無脊椎動物が激戦を繰り広げた戦場跡のように海底に散らばる。大規模な地球全域にわたる富栄養化が長期間にわたって続けばどれほどの大惨事になるかは、容易に想像がつく――デボン紀には、そんな状態が起きていたかもしれない。

現在、世界中で見られる藻類ブルームと呼ばれるこうした藻類の大発生（＊28）とデッドゾーンはさらに広がりつつあり、それは産業型農業の発展と成長によるところが大きい（＊29）。だが、デボン紀にモンサントのような巨大な化学肥料の会社はなかったから、その昔に植物の栄養になるものが海に流れこんだ理由には別の説明が必要になる。そしてアルジオと彼の同僚たちの説明によれば、原因は植物そのものだ。植物がはじめて根を使って大地を掘り起こし、岩を砕き、（リンなどの）栄養塩を解放したために、それらが川に流れこんで藻類と植物プランクトンの食べものとなり、海を汚染したと考えている。その結果として栄養塩の氾濫がとてつもないプランクトン大発生に拍車をかけて、海から酸素を奪い、最終的にあのような黒色頁岩を生み出した。

ギルボアの木は、実際にはただの奇妙で巨大な雑草だった。ヤシの木のように太い幹をもってはいたものの、ソテツやシダに近いものだ。私たちが見て樹木だとわかる最初の木が出現したのは、デボン紀のなかでももっとあとで、アーケオプテリス（＊30）の登場による（＊31）。ほっそりしたヒマラヤスギに似たこの木は、三〇メートルもの高さにそびえた。このみごとな身長を支えるために、アーケオプテリスは世界ではじめて地中深くまで届く根を備えている。その根は有機酸を分泌して原始の大地を掘り進み、大陸の岩石を物理的にも化学的にも攻撃して、繁殖するにつれて次々に岩を砕いていった。

これらの樹木が最初の土壌を生み出し、土はやがて川に流れこむと、最後には浅海にまでたどり着いて、海を先史時代の液体肥料であふれさせた。アーケオプテリスの王国はまたたくまに地球全域に勢力を広げたので、それらの樹木が岩石から解放した栄養塩が下流の海でブルームに拍車をかけ、現代の産業型農業用化学肥料と同じように、海の生きものの息の根を止めた。こうしたプランクトンの大発生は、巨大な炭素埋没事変として岩石に証拠が残されており、乱暴な海の一次生産力の痕跡となっている。この死の潮流によってできた炭素が、今、水圧破砕によって粉々にされているものだ。

デボン紀にさらに問題を大きくしていたのは、大陸を覆っていた海から外洋への開口部が限られていたことで、そのために陸地から次々に流れこむ栄養塩をもっと広い海に押し出すのをさらに難しくして

エリー湖の岸辺に露出したデボン紀後期の大絶滅を示す異様な地層。
これらの黒色頁岩には、デボン紀に海底に沈んだ大昔の有機物から生まれた炭化水素が詰まっている。黒色頁岩は世界中でデボン紀の絶滅に関連のある場所から見つかっており、海の酸欠状態が広範囲におよんだことを示している。

いた。

「今では、メキシコ湾のデッドゾーンは開けた大陸棚で発生していて、とくに海水の流れに制約はない。そんな条件のもとでさえ起きている。でもデボン紀には、酸欠状態を生み出す理想的な条件が揃っていたんだ」と、アルジオは言った。

これが最終的に魚の大量死につながった。

樹木がさらに新機軸を生み出したことで——たとえばデボン紀末に二回目の大量絶滅の波が襲う直前には、種子が登場したので——植物はさらに内陸の乾燥した環境にも進出して、生き残れるようになった。ギルボアのような小川や池の周辺にあった湿地の端で始まったことが、デボン紀末までには本格的な陸地への侵入につながった。アルジオは、このような生物学的革新——樹木、根、種子など——が、デボン紀後期の大絶滅に見られる断続的な性質の原因だと考えており、次のように話している。

「植物は必ずしも、二五〇〇万年から三〇〇〇万年という時間をかけて均一に広がっていったわけではない。脈打つように、勢いが強まったり弱まったりしたはずだよ。たとえば、ひとつのグループの植物は内陸深くに広がっていく力を進化させ、より過酷な条件に適応していっただろうね。それはとても素早く進んだだろう。でもそのあとに均衡状態がしばらく続いて、それからまた別の古生物学上の進歩が起きて、次の危機の引き金を引いたんじゃないかな」

初期の森林がデボン紀後期の海に過剰な栄養塩を送りこみ、海水から酸素を徐々に奪っただけだったら、それほど破壊的な絶滅にはならなかったかもしれない。でも樹木には別の技もある。大量の二酸化炭素を吸収するのだ。このことは、世界の温暖化が進むなかで地球の炭素収支を合わせられない今、アマゾンの熱帯雨林の破壊が大きな心配を生む理由のひとつになっている。一五〇〇年ごろから一八〇〇年ごろまで続いた最近の寒冷期をめぐるひとつの（異論の多い）理論でも、北アメリカで何世紀にもわたって土地固有の焼き畑農業が続いたあとの、先住民の大量死と森林の再生が引き合いに出されている。コロンブス以降の大陸で樹木が成長していくにつれ、大気中の二酸化炭素を大量に蓄えるようになって、短い小氷期が始まったかもしれないとする考えだ。結局のところ、木は土から育つのではなく、まわりの空気で育つ。

不毛の大陸をはじめて森に変えたデボン紀の造林の場合は、規模がまったく違っていた。樹木が世界に広がっていくにつれて、大気中の二酸化炭素濃度は、最終的に九〇パーセント以上も下がったと考えられる。さらに、世界初の森と土壌に閉じこめられた炭素に輪をかけて、栄養塩の流入によるプランクトンの大発生によって酸欠状態になった海にも、大量の炭素が埋められた。当然、こうしたすべての炭素貯留がやがて気候に、そして生命に、影響を与えることになる。

「デボン紀後期で最も大規模だった二回の大量絶滅事変は、急激な寒冷化と大陸氷河作用に関連していた」と、アルジオは言った。

交錯する証拠

もし彼が正しいなら、この惑星は息ができなくなった海だけでなく、再び二酸化炭素の急減にともなう厳しい氷河時代への気候変動によって大打撃を受けた。

だがアルジオにとっては残念なことに、矛盾する証拠が見つかっている。デボン紀後期の最初の絶滅であるケルワッサー事変は、世界のサンゴ礁を衰弱させたものだが、どこか謎めいた出来事だ。あいまいな理由のひとつは、この最初の絶滅の波が一〇〇万年以上という長い時間をかけて押し寄せ、そのあいだに最大で五回にわたる断続的な絶滅期が見られる点にある。一〇〇万年という長い時間があれば、さまざまなことが起こり得る。人間が登場してから、まだ二〇万年しかたっていない。

そのため、この最初に押し寄せた大量死の原因には、学術論文に用心深く追記されている通り「大いに論争の余地があり」、異なる論文に目を通すと、まったく異なる事変に関する説明を読んでいるように思えることがある。とはいえ、ケルワッサー事変のあいだに何度か短い氷河期があって、その原因は植物の広がりと二酸化炭素の急減だったというアルジオの主張は、決定的とは言えないまでも一定の証拠にもとづいている。ウナギに似た小さい動物の歯から取り出した酸素同位体から、熱帯海域の水温が短期間、五℃から七℃と大幅に、しかも急激に下がったことがわかったのだ（＊32）。そのほかにも、中国とカナダ西部という遠く離れた場所の浸食された岩石は、デボン紀後期に海水面が大きく低下したことを示している。一方で、寒さに適応した生きものの一部は絶滅のあとまで生き残り、熱帯の海へと近づいていったらしい。

だがこの証拠とは相容れない状況もある——この時代全般にわたってロシアの大規模な火山地帯で噴火が続いたという不愉快な可能性が消えず、その場合は極端な地球温暖化を含めた、あらゆる種類の混乱を生じさせることができただろう。実際、この温暖化だけでなく、断続的な絶滅の期間に海水面の急激で大幅な上昇があった証拠も見つかっている。こうしたさまざまな混乱の理由は、岩石の年代決定の問題、化石記録がもつ断片的という性質、そして結局のところはデータを解釈するのは人間だという点にある。

英国にあるハル大学のデヴィッド・ボンドは、植物が引き起こした地球の変化は、この惑星で暮らす生きものにとって衝撃的であったことに疑う余地はないと考えていて、次のように言った。

「私はトム［トマス・アルジオ］の仮説、けっこう好きなんですよ。大型植物が発達してきたそれぞれの段階が、地球規模の酸素欠乏事変と同時に起きているように見えるから、ほんとうにおもしろいですね。理路整然とした説です」

しかし、デボン紀後期最初の大きな絶滅事変に氷河作用がかかわった点については、ボンドは同意していない。岩石に残る寒冷化と海水面低下の証拠が、絶滅よりあとに起きていることを示しているように思われ、それならば絶滅の原因にはなり得ないからだ。ボンドの考えでは、急激な寒冷化を示す気温データには信頼性がなく、地中での長い年月によって正確さが失われている可能性がある。

「おそらく海水面の低下と氷河作用があったのは事実だと思いますが、問題はその時期です。大量絶滅のあとで起きたのなら、絶滅の原因にはなり得ません」

ボンドやほかの研究者たちは、その代わりに大幅な海水面の上昇と地球温暖化――おそらくロシアとウクライナから噴出した火山性の二酸化炭素によるもの――によって、デボン紀の酸欠状態の海水が大陸棚に流れこみ、海で暮らしていたほとんどの生きものを死滅させたという説を打ち出している。

噴火が大量絶滅の時期と同時に起きていると正確にわかっているわけではないが、そう考えても差し支えないくらい近いことはたしかだ。そしてその噴火は、あとで見ていくように、その後のすべての大量絶滅に並外れて大きな役割を果たしていく。

つまり今のところ、地球の生命史上で指折りの重要かつ壊滅的なエピソードであるケルワッサー事変の原因は、わかっていない。このデボン紀で最初の大量絶滅にかかわったのは、おそらく一直線に進んだ寒冷化や火山の灼熱地獄ではなく、火炎と凍結のあいだの急速で激しい気候変動であり、それが生きものの運命を定めたのだろう。地質学と古生物学のどちらで学位を取ろうかと議論する学生たちにとっては、地球史できわめて重要な瞬間に関するこうした不確実さが励みになるにちがいない——まだ答えの見つかっていない大きな謎が残っている。

ただし、デボン紀で二度目の大きな打撃となったハンゲンベルク事変については、アルジオが正しいように見える。この出来事はデボン紀に衝撃的な終末をもたらし、恐るべき巨大な魚たちを一掃した。このとき地球は短いあいだ、そして破壊的に、氷によって息の根を止められた。

「種子植物が登場し、デボン紀末にどんどん広まっていった」と、アルジオは言った。「そしてそれが引き金となって寒冷化が進み、最後には氷河作用に至ったらしい」

世界に植物が茂り、地球は凍りついた。デボン紀を終わらせたこの氷河による地球規模の災害の証拠は、簡単に見つかる。メリーランド州西部をドライブして、車の窓から外を眺めるだけでいい。

ハイウェイ脇の氷河に削られた岩

メリーランド州地質調査の一年目にあたった一九八五年、州の地質学者デヴィッド・ブレジンスキーはメリーランド州西部のアレゲーニー山脈を車で抜け、ハイウェイの建設工事でサイドリングヒルと呼ばれる尾根が切り崩されたばかりの、大規模な切通しの調査に向かった。人工的に作られた絶壁には、浅海と湿地帯での堆積によってできた岩の層が、まるでケーキのようにみごとにあらわれていた。堆積した層はのちに大陸の衝突によって巨大なU字型にねじ曲げられ、その線をたどれば、とっくに浸食されて今では見えない山々の頂に到達する。州間ハイウェイ六八にできた人工の渓谷は、物見高いドライバーたちにとってはある種の観光名所だが、こうした露頭の調査に経験を積んだ科学者のブレジンスキーにとって、この絶壁はただ壮観としか言いようがなかった。

この切通しは一種の砂岩と石炭が層をなしたもので、大昔の温暖な沿岸環境の堆積層と予想できるが、岩の層は一番下のところで何かまったく場違いなものによって唐突に遮られている。

「それは基本的には泥岩ですが、丸くて大きな石が入っていて、なかには直径が一メートル以上のものもあります。こんなものは見たことがありませんでしたね。私にはさっぱり理解できなかったんです」と、ブレジンスキーは私に言った。

石は氷河によって残されたように見えたが、そんなはずはなかった。この地域全体の岩石は長いこと、熱帯の海底で形成されたと考えられていたからだ。そこで地質学者たちは、この奇妙で支離滅裂な岩石は局地的な海底地すべりのようなものでできたにちがいないと、都合のよい理屈をつけていた。

「でも私はメリーランド州西部とペンシルベニア州西部で気づきました。あの切通しと同じ層を詳しく調べてみると、どこに行ってもこの岩が見つかるんです。まったく局地的なんかではありませんでしたね」

ブレジンスキーは、これが海底の落石によってできたものではないことに気づいた。また、ほかの人たちが主張したような小惑星によって引き起こされた津波の残骸でもなかった。陸地での氷河の働きで生まれていたのだ。

「この証拠は長いこと、言ってみれば、単に無視されてきただけなんです。デボン紀は温暖な世界だったとわかっていたからですよ。この証拠はその考えにあてはまらなかったわけです」

奇妙なことに、その証拠は次々と集まり続けた。二〇〇二年には、氷河の激しい動きによって砕かれたことがはっきりわかる、線の入ったデボン紀の小石が発見された。二〇〇八年にはケンタッキー州のデボン紀の頁岩のなかで、三トンの花崗岩の大石が見つかった――それは氷山によってそこまで運ばれたという以外には説明できないものだった。クリーブランドの郊外とドイツの川岸の地下には巨大な河川峡谷があり、今では砂と頁岩で埋まっているが、かつて氷が前進して海が後退した時期に、デボン紀の干上がった海底を削ったものだ（＊33）。

やがてブレジンスキーは、メリーランド州の州間ハイウェイ六八の切通しではじめて出会った奇妙なごちゃまぜの岩が、ペンシルベニア州北東部からメリーランド州を通ってウェストバージニア州まで、四〇〇キロメートルにわたって続いていることを突き止める。先史時代のボリビアやブラジルなど、当時は極地にもっと近かった地域に氷河によって削られた岩があることはすでに知られていたが、アパラチア山脈はデボン紀にほとんど熱帯地域だった。それならば、地質学的には短期間の、だが壊滅的な氷河作用があったことはまちがいない。デボン紀は低体温症によって幕を閉じたらしい。

ボルティモアに研究室をもつブレジンスキーは、メリーランド州西部およびペンシルベニア州の仲間たちと共に行なった研究が「デボン紀後期に対するさまざまな考え方を大きく変えた」と語った。「ここ五年間で大きく変わったと思います。トム・アルジオでさえ、このあたりに氷河の証拠があることをあまり信じてはいませんでしたが、二〇〇六年にペンシルベニア州への現地調査に一緒に行くと、『たしかに、そうだね、これはとても説得力がある』と言ったんですよ」

ブレジンスキーは地質学者と古生物学者のグループに私を加えて、サイドリングヒルの有名な切通しまで現地調査に連れ出し、ちょっとした大量絶滅観光を実現してくれた。

すでにはっきりした通り、偶然にも科学に有益な影響を与えてきた国家的プロジェクトと言えば、地質学に役立った州間ハイウェイシステムの右に出るものはない。米国の東側半分では、ショッピングモール、住宅、そして「光合成のありがたくない産物」がこの大陸の驚くほど豊富な化石を覆い隠していて、ハイウェイ脇の切通しだけが遠い昔を覗き見る唯一の窓になっていることが多い。だが、ある地質学者が私に話してくれたように、もしハイウェイシステムの父と呼ばれているドワイト・アイゼンハワーが地質学の偉大なる友であるとするなら、道路沿いの多くの部分の緑化を促すハイウェイ美化法の成立に力をつくしたレディ・バード・ジョンソンは、「好ましからざる人物（ペルソナ・ノン・グラータ）」ということになる。

「何かの酸（アシッド）をもってきた人はいる？」と、ひとりの地質学者が州間ハイウェイの路肩を歩いているグループに尋ねた。

「もってきた！」と答えたのは、別の地質学者だ。私はこの驚くべき質問が、地質学者のあいだではごくふつうだと学ぶことになった。酸（アシッド）は、いくぶん拍子抜けするが（同じ呼び名の幻覚剤ではなく）、岩石から汚れの層を取り去るのに使われる。

この現地調査には、古代魚の研究で世界トップクラスの名を馳せる古生物学者、ペンシルベニア大学のローレン・サランも加わっていた。こうしてハイウェイ脇で氷河によって削られた岩を直に見る調査は、彼女にとって巡礼の旅のようなものだ。

サランは、デボン紀を終わらせた絶滅の過酷さを同僚たちに伝えようと努力を続けている。ほかの大量絶滅は、おもに腕足動物のような無脊椎動物やプランクトンに対する影響によって知られているのに対し、デボン紀の最後に起きた大量絶滅は、大型でカリスマ的な脊椎動物の大規模な死滅だった。この絶滅は脊椎動物のなんと九六パーセントを消し去っており、このグループはデボン紀には水中で暮らしていたが、今では私たちが野生生物として思い浮かべるほとんどすべてを含んでいる——イヌ、クジラ、トカゲ、ヘビ、サメ、ゾウ、カエル、そして私たちも——数え上げればきりがない。

デボン紀の海の王、ダンクルオステウス

「デボン紀の終わりは、脊椎動物にとって史上最悪の絶滅よ」と、サランは言った。

そして、恐竜をはじめとして地上の生きものの大半を死滅させた白亜紀末の大絶滅より、さらにひどかったとつけ加えた。

「少なくとも白亜紀末には、魚類のすべてが死んだわけではないから」

ブレジンスキーは私たちを、切通しの一番下にあって周囲とはあきらかに異なって見える、氷河時代を示す部分の前に連れて行った。それはデボン紀の破壊的な最後をしるすもので、彼は私たちにおみやげを探すようにと勧める。デボン紀末の絶滅の過酷さが研究者たちの意識にあまり広がっていないとすれば、ここで悲惨な氷河作用が起きたという説も同様に、この分野に完全には浸透していない。よくあることだが、大学での専門分野の細分化によって、研究者どうし、隣の研究室で進んでいる研究に目がいかなくなった。サランはメリーランド州西部のハイウェイ脇に立ち、氷河によって削られた岩のかけらを手にすると、中空を見つめてこう宣言した。

「やった！　私がもっているのは絶滅のかけらで、氷河作用のかけら。私はこの石を研究室の人たちに見せて、『これを見て、ほんとうに起きたのよ』って言えるわ。熱帯地方の海抜ゼロまで氷河に覆われたせいで壊滅的な大量絶滅が起きたって、みんなに話しているんだけど、ほとんどの人は信じてくれないのよ。だからもう、この石をその人たちに投げつけてみようかと思うくらい。みんなが病院に入院したとき、私のことを信じてくれるにちがいないから」

　正当に評価されていない事変に関するサランのトゲトゲしい言葉は、一部には、板皮類に対する愛情の深さからきている。板皮類は重い鎧を着た魚の多様な集団で、デボン紀を支配していた。もし板皮類という名前を聞いたことがないとすれば、どこでも見たことがないからだろうが、この動物たちに落ち度はないとサランは言う。大衆文化で同じ地位を占めてはいなくても、デボン紀にとっての板皮類は、ジュラ紀と白亜紀にとっての恐竜と同じなのだ。

「板皮類はどこにでもいたし、あらゆることをした。でもそれから、すっかりいなくなった」と、彼女は言った。

　風変わりなこれらの生きものの消滅を、彼女がなぜこんなに悲しみに打ちひしがれたように語るのかを理解しようと、私はその生きものに会うためにクリーブランド行きのチケットを予約した。そこには、文字通り川岸から飛び出した、地球史上最も獰猛で恐ろしい捕食者の遺骸がある。

　シンシナティが「錆びついた工業地帯（ラストベルト）」と呼ばれた衰退から回復していることは、再開発されたリバーフロントと、レストラン、ビール醸造所、バーをつなぐしゃれた通りを見ればあきらかだが、クリーブランドの魅力――岸辺に工場が建ち並んだ川で分断され、駐車場だらけで、かつての堂々としたデパートが退職金を吸い上げるカジノに変わった建物がそびえる繁華街――はなかなか改善されない。ただし古生物学者にとっては、ここは夢の街だ。この街は海の怪物の骨の上に築かれている。

「みんな、こういうものを擬人化しがちですが、とんでもありませんよ。ほんとうに邪悪なんですから」と、クリーブランド自然史博物館の学芸員、マイケル・ライアンは言った。私がライアンに会ったのは彼の博物館に展示されているコレクションの真ん中で、殺し屋の板皮類、ダンクルオステウスの巨大な頭が、さまざまに復元された状態で私たちをとり囲んでいた。三億六〇〇〇万年前の海をうろついていた絶対王者は、この博物館のライアンの前任者だったデヴィッド・ダンクルにちなんで名づけられ、展示されている巨大ないくつもの頭蓋骨は地元クリーブランドの川岸から発掘されたものだ。この川岸は世界中の博物館のために、膨大な数の標本を生み出してきた。ダンクルオステウスは必ず口を大きく開いた状態で展示され、うつろな悪意を感じさせる表情で凍りついている。恐竜は、かつてエコノミスト紙がおもしろ半分に書いたように、「心強いことに絶滅している」。この言い方が何か別の生きものにあてはまるとするなら、それはダンクルオステウスだ。

頑丈な骨のヘルメットを身につけたダンクルオステウスは、まちがいなくデボン紀の海の王であり、背骨をもった世界初の頂点捕食者のひとつだった。全長は大型キャンピングカー(ウィネベーゴ)ほどもあったから、長さが一メートルにも満たないおとなしいサメはことさら小さく見えた。サメはその少し前に進化したばかりで、賢明に海の周辺部に自らの役割を見つけていた。

邪悪なダンクルオステウスには、よく見慣れた今の魚の歯とはちがって先が分かれたギロチン型の歯があった。頭部に装着した甲冑から突き出した硬い骨の板を自ら尖らせて用いたもので、現在生きているどんな動物にも同じものは見られない。ダンクルオステウスはこれらの刃物を使って肉を切り、骨を砕き、まるで石油流出事故のような不安を海中にまき散らした。餌を食べるために下顎だけを動かす動物とは異なり、ダンクルオステウスには頭頂部に巨大な筋肉の蝶番(ちょうつがい)があったので、まるでカミツキガメが悪魔祓いでもしているように、刃物のついた口を上下に大きく開くことができた。この動きで生まれる吸引力はあまりにも強烈だったから、ダンクルオステウスは実際に口をバクンと閉じる前に、大きくあけた口に動物を吸いこんでしまうこともあり、獲物に嚙みつく力は魚類の歴史上で最も強大なもの

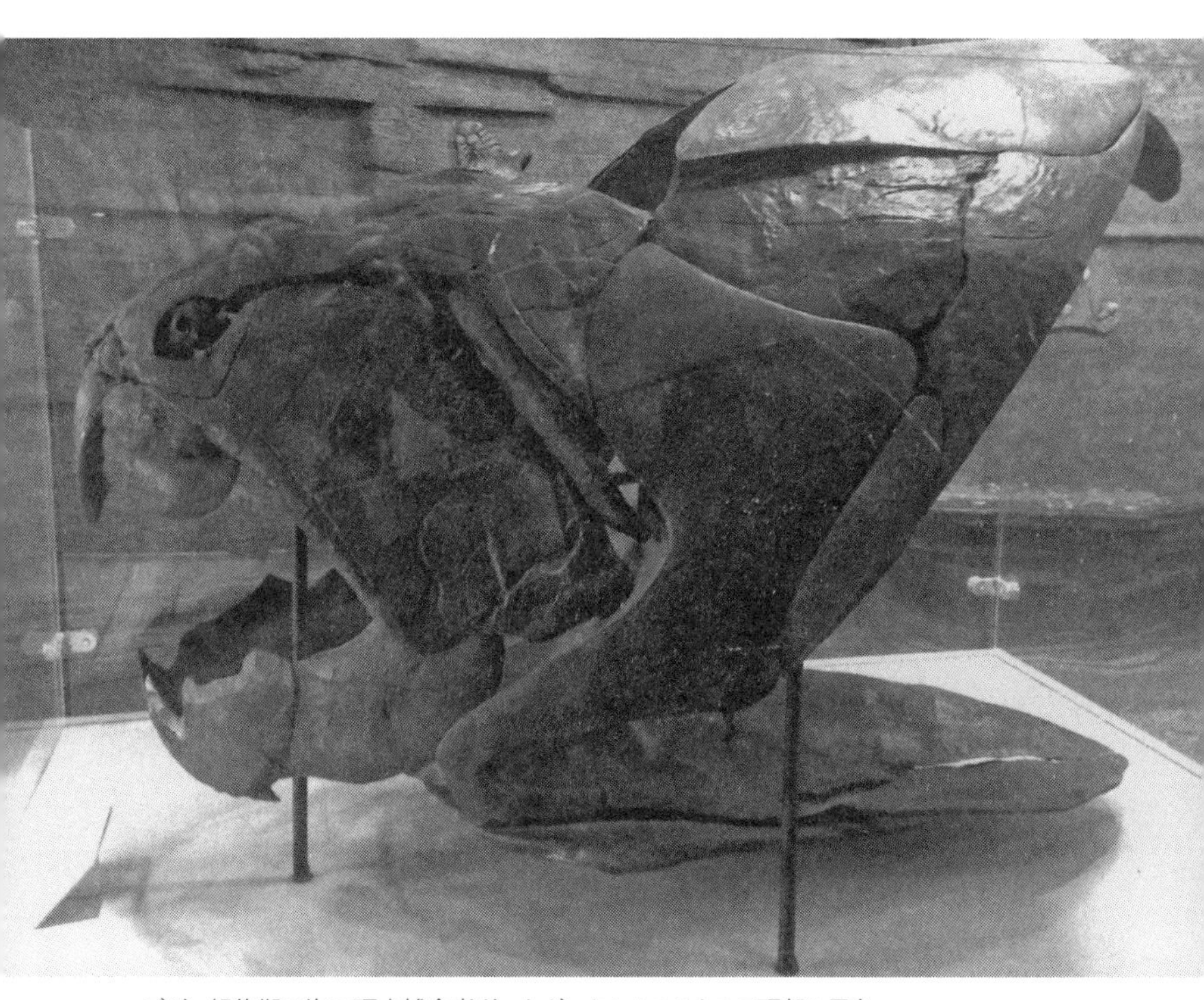

デボン紀後期の海の頂点捕食者だったダンクルオステウスの頭部の甲冑。
ダンクルオステウスのような板皮類は、デボン紀末の大絶滅によって絶滅した。
オハイオ州クリーブランド郊外のロッキーリバー・ネイチャー・センターにて撮影。

だった。厚さが二・五センチメートルを超える、手に負えないほど頑丈な骨の装甲板は、ほかにもダンクルオステウスがいる世界でのみ意味があった。

当然ながら、クリーブランドの頁岩からは頭部の盾にえぐられた跡が残ったダンクルオステウスが見つかっており、ライアンらの論文によれば、「別のダンクルオステウスが……噛みついた跡であると解釈するのが最適」だ。武装がこれに劣る動物に勝ち目はなく、ダンクルオステウスに情け容赦はなかった。化石記録に残されたダンクルオステウスのまわりにはズタズタになった魚の残骸がたくさん見つかることから、身勝手な海の怪物の「暴飲暴食」では、殺戮のどんちゃん騒ぎを繰り広げたあげくに食べ残しを吐き戻した様子さえうかがえる。

「この生きものについて、ほかに言うことなどあるでしょうか？」と言いながら、ライアンはこっちをにらみつけている装甲板に包まれた頭のひとつを指さした。「つまり、ほんとうに邪悪に見えるんですよ、そうでしょう？」

たしかにそう見える。

海から逃げ出した私たちの祖先

このような動物が海を恐怖に陥れていた時期に、ヒレ足をもった魚のような私たちの祖先がはじめて、ためらいがちに陸上に進出したのは、単なる偶然ではないだろう。アメリカ自然史博物館の古生物学者ジョン・メイジーが「サイエンス」誌に語ったように、私たちの祖先は「陸上を征服したというより、むしろ海から逃げ出した」のだ。

つまり祖先は、文字通り恐怖のあまり、乾いた大地に上がらざるを得なかった。

シカゴ大学の進化生物学者ニール・シュービンは次のように書いている。「［デボン紀に］成功するための戦略は、ずいぶん明白だった。大きくなるか、甲冑を手に入れるか、あるいは水から逃げ出すかだ。私たちの祖先は争いを避けたように見える」

「こいつらは、ひとつのことだけをするように作られているんです。ほかの生きものを食べるようにです」と、自分のオフィスに戻ったライアンは、クリーブランドで見つかった大きな頭蓋骨のひとつをしげしげと眺めながら言った。「おそらく、とてもうまくやっていたでしょう」

背後の壁に沿って並んだライアンのコレクションの棚には、クリーブランドで州間ハイウェイ七一が建設されたときに見つけたたくさんのサメとダンクルオステウスの化石が収められている。建設工事のあいだはライアンも博物館の同僚たちもひどく長い期間、多忙な日々を過ごさなければならなかった。当時はラストベルトの溶鉱炉と組み立てラインから次々に生まれていた（尾ビレならぬ）テールフィンのついた自動車が絶え間なく移動できるようにと、ハイウェイの工事が中西部にアスファルトの川を作って舗装しているあいだ、クリーブランド自然史博物館はそのハイウェイの通り道にできたがれきの山から、ダンクルオステウスの頭部の盾と大昔のサメを取り出し続けた。

「私たちは基本的に毎週、ボランティアと職員を総動員して工事で掘り起こされたがれきの山を調べに出かけ、骨がちょっとでも入っているものなら何でも、ただ取り出していました。見つけるとすぐに横に放り出すんです。トラックがもち去ってしまう前にみんなで出かけて行って、文字通り、ただほしいものを全部、取り出していました」と、ライアンは説明した。

ダンクルオステウスがクリーブランドの海で、競うものもなしに支配権をほしいままにしているあいだ、同じく甲冑をもった板皮類の兄弟姉妹は脇役に徹し、さまざまな外形の仲間を増やしていた。アカエイにそっくりなもの、魚の尾がついた戦闘機に似たものもいた。だが、この時代で最も豊富な化石魚は、ボスリオレピスと呼ばれる別の板皮類の仲間だ。これも硬い骨の板で外敵から守られた奇妙な生きもので、頭のないカメの両側から、飛び出しナイフが突き出たような形をしている。それらはヒレには見えないヒレで、サランはこれをカニの爪と比較して、こう言った。

「ほとんど昆虫のようね。たしかに変わっているわ」

周囲にはもっと風変わりな、甲冑はあるが顎のない魚たちが泳いでおり——なかには派手に飾りたてたチェーンソーに見えるものまでいて——デボン紀の海は骨質のブーメランのような頭、鋭くとがった派手な角、そして鎧で覆われた翼のような突起を備えている、よくわからない生きものたちであふれていた。魚の時代と言われているのに、海がボスリオレピスのような骨の硬いフリスビーや、ダンクルオステウスのような異様なフードプロセッサーに占領されていたというのが奇妙に思えるとしたら、それもそのはずだ。

「板皮類は、脊椎動物のなかで完全に絶滅してしまった唯一のグループです」と、ライアンは言った。恐竜の遺産は鳥が受け継いでいるのに対し、板皮類に子孫はいない。「今でも生きている親戚は、まったくいません（＊34）」

それでも、ダンクルオステウスとその仲間たちを死に追いやるのは容易ではなかった。板皮類は、デボン紀後期をひっきりなしに襲った海の酸素欠乏の波を乗り切り、世界のサンゴ礁の組織全体を奪った最初の死滅の波もなんとかくぐり抜けて、ケルワッサー事変で仲間の半数を失う事態に耐えた。だが、デボン紀にきっぱり区切りをつけた最終的な打撃——おそらく森林のせいで波状的に押し寄せたであろう海の酸素欠乏と過酷な氷河時代――のあと、この地球上で甲冑を身につけた恐ろしい魚の姿を見ることは、二度となかった。

「ボスリオレピスには七〇の種があって、地球上のあらゆるところにいたのよ。この時代の最後まではずっと、見つかった化石の九〇パーセントを占めていたのに、それからほんとうに死に絶えてしまったわ」と、サランは言った。

かつては、板皮類が絶滅したのは、新たに進化したサメやもっと近代的な「条鰭類(じょうきるい)」の魚(知っているほとんどすべての魚がこれに属すると思っていい)との競争に少しずつ負けたせいだと考えられていた。地球上の生命の歴史を継時的なコマ送りの形で動画にすると、このような先入観が生まれることが多い。板皮類を単なる魚類と陸上の爬虫類のあいだのどこかに押しこみ、長い進化の歴史の初期にあった、原始的で、最終的には失敗に終わった実験であるかのように扱う。現代の生物多様性に至るまでの、時代遅れの踏み台というわけだ。この話題をもち出すと、サランは目に見えて機嫌を悪くした。いわゆる肉鰭類(にくきるい)の(シーラカンスなど、現在では動物学的に珍しい存在だがデボン紀には板皮類と主役の座を分け合っていた)魚も、ほぼ絶滅と言えるほど激減したほか、デボン紀末には海の覇権が秩序正しく受け渡されたわけではなく、大量絶滅によってもたらされた乱暴な転覆だったのだ。

「板皮類と肉鰭類の魚は、ぜんぶ最後の最後まで生き残っていたのよ」と、まるで戦闘で命を落とした大将の英雄的な最後の突撃を説明するかのように、サランは言った。「板皮類は完全な支配者だったわ。淡水と海水の両方の領域で、ほとんどあらゆる場所に棲んでいたから。もちろんそのそばには初期の条鰭類の魚と初期のサメがいたけれど、数の上では板皮類が完全に圧倒していた。だから、板皮類が原始的だという考え方は、絶滅したという事実が生み出した、まったくの偏見ね。板皮類や肉鰭類の魚が原始的に見える理由は、この絶滅によって姿を消してしまったからよ。今も、そして今に至るまでのあいだずっと、板皮類と肉鰭類を第一とした生態系が続くことができなかったという理由は、まったくないわ。サメと条鰭類の魚が今までに絶滅している可能性のほうが高いのよ。そもそも少数派だったんだから。別のシナリオだったら、サメと条鰭類の魚は少数派の立場のままで、［次の絶滅で］全滅して、私たちの前には今も板皮類がいたはずね」

陸上への第一歩

多くの生きものにとって物語はデボン紀末で結末を迎えたが、このすばらしい新世界ではまた別の物語が始まっていた。私は、この時代の最後に生命史上最大級の変転が起きた場所を見るために、車に乗ってペンシルベニア州中央部の荒れ地に行ってみることにした。三億六〇〇〇万年前、ここ「要石の州(ペンシルベニア)」の真ん中はアパラチアのアマゾン熱帯雨林で、アーケオプテリスの森を縫うように川が流れて三日月湖が点在し、高くそびえるキャッツキル山地から流れ出た水はやがてピッツバーグ近くの海（ダンクルオステウスの恐ろしい領地だったはるか遠くの海）へと向かっていた。魚たちは、先祖代々慈しみを受けてきた海で二億年という月日を過ごしたあと、乾いた陸地へと姿をあらわし、これらの静かな蛇行する川と湖の岸辺での暮らしに適応しはじめていた。これは私たちの祖先の物語だ。私たちが自分の家系図をどんどんさかのぼって行けば、最後にはこれらの勇敢な魚の一匹にたどり着くかもしれない。

この陸上を目指した第一歩は真に勇敢な功績で、人類が前世紀にためらいながら踏み出した、同じように危険に満ちた宇宙への第一歩と、いくつもの点でよく似ている。今、繁栄を続けてきたためにこの狭くても快適な世界が少しずつ窮屈になり、野望を支えきれないと感じるようになった人類を宇宙が手招きしているように、デボン紀の混み合った海から逃げ出したい勇敢な探検好きたちを、まだ誰もいない陸上の過酷な環境が呼んでいた。命にかかわる脱水状態、圧倒的な重力の影響、空からの焼けるような放射エネルギー、そして希薄で頼りない空気中での呼吸は、これらデボン紀の勇敢な先駆者たちが直面した厳しい現実のほんの一部にすぎない。海は居心地のよい子ども部屋だったが、生まれ育った家に長くいすぎた若者が不安を胸に巣立つように、私たちの祖先は果敢にも飛び出したのだった。

それらのまぎらわしい魚のひとつに、ペンシルベニア州ハイナー（Hyner）の町にちなんで名づけられたヒネルペトン（*Hynerpeton*）がある。ヒネルペトンはデボン紀末までにエラを失い、空気のみで呼吸をし、筋肉質の腕につながっていたと思われる大きな肩甲骨を発達させた。その名前は「ハイナーの這う動物」という意味だが、この両生類の生きものは、おそらくほとんどの時間を水中で過ごしていた。だが、これを魚と呼ぶのも正しいとは言えない。ヒネルペトンは四肢動物の仲間だ。私たちと同じように。

私はグーグルの指示に従いながら、「レッドヒルフィールド・ラボ&フォッシル・ディスプレイ」に向かった。一九九〇年代にシカゴ大学の進化生物学者（『ヒトのなかの魚、魚のなかのヒト』の著者でもある）ニール・シュービンがヒネルペトンを発見した場所、ハイナーの近くにある。発見当時、それは北アメリカで見つかった最古の四肢動物だった。だから私の心のなかには、地球史上でこれほどの重大な発見は、この田舎町にそれ相応の重々しい記念館を残しているにちがいないという想像がふくらんでいた。それなのに手元のスマートフォンが到着を知らせている場所には町役場しかない。しかも週末で閉まっている。私は困惑し、ちょうど通りがかった人に、この町のどこかに化石博物館はあるかと尋ねてみた。

「ああ、ダグがそこに化石を並べている」と、その人は町役場を指さしながら言った。「ダグならたぶん家にいる。日曜だからね。でもきっと喜んで化石を見せてくれると思うよ」


そして、通りをまっすぐ進んでガソリンスタンドまで行けば、レジのうしろに電話帳があって、そこにダグの電話番号が載っていると教えてくれた。私は言われた通りにやってみた。でも、博物館が存在しないことを知ったあげく、ガソリンスタンドで電話帳を片手に受話器から聞こえる話し中の信号音を耳にすると、すっかり意気消沈してしまい、車に戻って町を出ることにした。ちょうどそのとき、左手にそびえ立つ真っ赤な絶壁が見えてきた。崖の中ほどでは年配の男性がハンマーを手に、岩を割っている。私はハイウェイの脇に車を止め、窓から身を乗り出して尋ねた。


「ダグさん?」

「ああ」と、彼は答えた。

私が大量絶滅についての本を書いていることを説明すると、彼は崖を指さしながら、

「ここでアーケオプテリスを見つけたんだ。たぶんそれが、この絶滅の原因のひとつだったたって噂は聞いているだろう?」

「ええ」と、私は答えた。

ダグ・ローは退職した機械技師で、アマチュアとして考古学に没頭し、地元町役場の最上階を一年一ドルの家賃で借りている。そこに展示している化石のコレクションは、世界トップクラスの自然史博物館の所蔵品に匹敵する価値をもつものだ。入り口には来訪者が記名するゲストブックが用意されており、彼の間に合わせの博物館兼フィールドステーションには世界の名だたる大学院生や古生物学者が続々と

訪れていることがわかる。彼らは毎年きまってペンシルベニア州のこの小さな町、最も先駆的な魚の一部が陸に上がり、魚として生きるのをやめたこの場所を見にやってくる。ダグは道路脇の断崖の下に立ち、埃をかぶった赤い岩を指さした。指先がたどる先には、地質学者だけに見える川の流れと水たまりがある。岩には魚と植物の残骸がいっぱい詰まっている。ここで私たちはサメの頭の骨と魚の鱗、そしてヒネリアと呼ばれる巨大な（ダグはその長さが三メートル半を超えると推測した）肉鰭類の魚の牙を見つけた。

デボン紀には肉鰭類の魚の一部がヒネルペトンのような四肢動物になり、葉のような形をしたヒレが、その後の地球で（控えめな成功を収めた副産物のプロジェクトを通して）すべての陸上脊椎動物の腕と脚（と翼）になった。だが、水中にとどまった仲間は大量に死滅した。現在、この惑星に肉鰭類の魚はほとんどいない。デボン紀にはなんとか生き残ったものの、二度と立ち直れないほどの大打撃を受けていた。ジョージ・マクギー・ジュニアがこの凋落したグループについて、ユーモアたっぷりの控えめな表現で書いているように、「現在では、［その仲間は］死滅しなかった肺魚の三つの属、シーラカンスのひとつの属、そしてもちろん、私たちだけしかいない」。シーラカンスの場合はかろうじてこのリストに残ったもので、一九三八年に南アフリカの海岸沖で見つかるまでは、何千万年も前に絶滅したものと考えられていた。それは生物学史上で指折りの衝撃的な発見だったと言えるだろう。アメリカ自然史博物館の学芸員メラニー・L・J・スティアスニーは、こう話してくれた。「それは誰かがティラノサウルスの写真を手にしながら、『これが野菜畑で走りまわってました。それって何か興味深いことですか？』って、電話をしてきたようなものね。ええ、もちろんですとも」

現代の肉鰭類であるシーラカンスには、退化した肺と、四肢の成長を刺激できるＤＮＡの一部まである。実際、シーラカンスはほかの魚たちよりも私たち人間のほうに関係が深い。だがもし、シーラカンスがデボン紀に水中の暮らしにとどまることに決めていたのなら、それは賢い選択だったかもしれない。勇敢にも陸を目指した陸上生活の草分けたちを待っていたのは、破滅だったからだ。

「デボン紀末期は、陸に上がろうとするにはまったく悪い時期だったのよ。デボン紀末の絶滅でほとんどすべてが命を落としたんだから」と、サランは言った。

デボン紀末の大絶滅のあと、一五〇〇万年にわたって四肢動物はほとんど姿を消してしまった。絶滅の前には、八本指、六本指、五本指などの四肢動物がいて、さまざまに異なるライフスタイルを追求していた。淡水で暮らす四肢動物もいれば、海で泳ぐ四肢動物もいた。だが、時代を締めくくる氷と酸素欠乏の厳しい攻撃を受けると、淡水の四肢動物だけが、それも奇妙なことに五本指をもつ者だけが生き残った。マクギーが指摘する通り、読者が今この本を一四本の指でもっていないのは、おそらくデボン紀末の進化のボトルネックを経た結果なのだろう。

板皮類はデボン紀末の激変で一掃されてしまったが、私たちのだいたんな祖先たちはかろうじて生き延びることができた。大量絶滅による無差別の死滅のあとで何かを「成功物語」と呼ぶとしたら、それは死にかけたいけただけですんだ、幸運な少数を指すことになる。

超大陸パンゲアと侵入種――生物多様性の喪失

この地球をほとんど生気のない星に変えるには、いくつかの方法がある。そのひとつはすべての生きものを殺すことで、地球めがけて巨大な小惑星を投げつけてもいいし、氷河時代や、一定期間の極端な地球温暖化に導いてもいい。だが、均衡には別の側面も存在する。それは絶滅とは対照的な側面で、種の分化だ。絶滅の速度が高まると、進化によって生まれる新種の数も増え、新種が欠けた部分を埋めることになるから、基本的には差し引きゼロになる。だがデボン紀後期には、奇妙なことに、動物たちがもつこの創造性に富んだ回復力が弱まっていたように見える。絶滅の足音が大きく響き続けるなか、新種が生まれる率が劇的に下落していった。オハイオ州立大学の古生物学者、アリシア・スティーガルは、この事変を大絶滅ではなく「大枯渇」と名づけている。そしてこのデボン紀の大枯渇の鍵を握ったのは、外来の侵入者だった。

デボン紀後期には、うまくいかなかったさまざまな点に加え、海が閉じはじめて、長いあいだ別々だったいくつかの陸塊が少しずつ近づきつつあるという要素もあった。それらはやがて超大陸パンゲアを形成する。こうして陸塊が互いに引き寄せ合い、海水面が上がったり下がったりするにつれて、弱い種は新しい環境に放り出され、歓迎されることはなかった。それぞれの地域が個性をもつ多様性に富んだ世界が、ゆっくりと、地球のどこに行っても同じ飽き飽きするような世界になるにつれ、侵入種が広がり、地域ごとの個性的な動物相の創出が抑制されるようになった。無脊椎動物——スティーガルの好きな腕足動物など——も魚のような脊椎動物も、デボン紀後期にはより均一なものになった。気候と海のストレスにこの状態が加われば、地球にとって大打撃となり、ほとんどの生命が失われるのもやむを得ないように思えてくる。

「絶滅というのは何かを殺すことで、何かを殺すなんてじつに簡単なことよ」と、スティーガルは言った。「つまり、環境をちょっともてあそぶだけで、そこで暮らしている生きものは全部死んでしまう。そんなことはとても簡単で、殺しのメカニズムはいくらでもある。でも、種の分化を止めることは、まったく別の問題ね。だから私は、トム・アルジオの陸上植物の進化に関する考えは大きな殺しのメカニズムになると思うけれど、それじゃあ新しい種が生まれてこない理由を説明することはできないわ。生物多様性の確立は、生物多様性の破壊とはまったく異なる過程だから」

スティーガルは、デボン紀の環境の均質化を現代と比較することも辞さず、今では外来種が人間によって世界中に運ばれ、一種の人工的な生物学上のパンゲアを生み出していると言う。大陸のネズミが遠く太平洋の島々の生態系を支配し、ロシアのゼブラガイが北アメリカ五大湖で厄介者となり、水処理設備のパイプを詰まらせている。かつては地域ごとに異なる植物の生態系があった場所でも、今では大陸全体にトウモロコシと大豆の単一栽培が広がっている。デボン紀の「大枯渇」を説明する論文で、スティーガルは次のように結論づける。

「したがって、現代の生息環境の破壊と種の移入との組み合わせは、生物多様性の完全な喪失という結果を生む可能性が高く、それは［ペルム紀末の大絶滅で］経験したものより大規模になるだろう」。この記述のほんとうに恐るべき重要性は、次の章であきらかになる。

つまり、デボン紀後期の危機には、とても多くの要因があるように思える。樹木の広がり、氷河作用、火山活動、富栄養化と海の酸素欠乏、侵入種、そのほかの要素によって、地球システムの循環が急角度に変化した。殺しのメカニズムは、そんなに優雅なものではない。だがおそらく、これは予想できることだ。

「大量絶滅は地球の歴史上で数えるほどしか起きていないのだから、史上最悪の出来事にちがいないわね。あらゆるものが揃う、あらゆる条件が整う、そうすると大量絶滅につながる」。ローレン・サランはそう言った。

だが、研究者たちが今でもデボン紀後期の破壊の原因を数多く引き出しているとするなら、地球上の生命のこの過渡期に関する知識を積み重ねるうえで邪魔になるのは、驚くことに、無関心だ。トマス・アルジオは次のように話す。

「デボン紀の研究は、正直言って、ちょっと停滞気味だ。会合に人数を集めるのも難しい。私たちはデボン紀に関する特別号を出そうとしたんだが、論文の数が足りなかった。十分な数の人たちが実際にこの問題に取り組んでいるとは言えないね」

きわめて重要なデボン紀の研究が情けないほど停滞している一方で、アルジオの研究室からわずか数キロの距離に「創造博物館〔訳註：進化論を否定し、旧約聖書の『創世記』に記述されていることを歴史として展示している博物館〕」がある。目を輝かせた小学生たちに地球はピラミッドにくらべてそれほど古くないと伝え、ティラノサウルスがノアの箱舟に乗るジオラマを見せる、風変わりな福音派のビックリハウスだ。豊富な寄付金を得て——州税の優遇措置まであって——創造博物館は拡大している。

陸上植物と人間がもたらすもの

三億五九〇〇万年前ごろのクリーブランドに戻ると、ぬるま湯の海は消え、足下には乾いた大地が広がり、極寒の荒れ地を巨大な河川峡谷が切り裂いている。何キロか南では、縮んだ酸欠状態の海の沖合に大量の氷が浮かぶ。遠くアパラチアの巨大な山々では、険しい山峡から次々に氷河が流れ出す。そしてさらに南に進めば、超大陸の南部は荒涼とした真っ白な広がりだ。氷河の静けさの下には板皮類の亡骸が埋まり、どの仲間も地球の海を七〇〇〇万年にわたって取り仕切ったあとで死に絶えた。アーケオプテリスの広大な森も、おそらく自分自身の成功によって破滅の道をたどり、消えてしまった。地球の歴史で最大の規模を誇ったサンゴ礁もとっくに死を迎え、砕かれ、海底に埋まっている。海水を詳しく調べてみると、壮観なミニチュアの世界を繰り広げていたプランクトンさえ見る影もなく、巻貝のあいだを上へ下へと漂っていたイカに似た動物たちもほとんど姿を消した。地上では、わずかに残った低木のあいだを過酷な風が吹き抜ける——それらの木々こそが、この廃墟を生み出すと同時に、その後の陸上の生きものの繁栄をもたらすことになる存在だ。大気中の二酸化炭素濃度が底を打ったことで、これまでに動物が経験したなかで最長の氷河時代が幕をあける。一億年におよぶ、古生代後期の氷河時代がやってきた。

デボン紀が終わると生態系はすっかり疲弊し、板皮類のような捕食者が完全に姿を消すと同時に、海底ではヒトデの遠い親戚にあたるウミユリ（クリノイド）が爆発的に増え、まるで墓地に咲いた花のように庭園を築いた。デボン紀は「魚の時代」として知られているが、その悲惨な余波を残した時期は、棘皮動物好きのあいだで——覚えやすすさはちょっと劣るものの——「クリノイドの時代」と呼ばれている。

もし、アルジオが主張するように、デボン紀後期に繰り返し襲った致命的な混乱の原因が植物だとするならば、学ぶべき教訓があると彼は考えている。

「陸上植物がデボン紀後期の生物の危機を促しているのなら、それはほかのすべての絶滅のメカニズムとまったく異なるわけではないし、進化そのものに関係していることになる。つまり、進化が実際にそれほどダイナミックな変化を引き起こせるとすれば、それは生物圏の残りの部分にとっては危機を生み出す。私はそういう意味で、これは、人間が与えている影響によって現在起きていることに最も近いと思うんだ」

最初に出現した樹木と同じように、この惑星の地球化学的な循環を大幅に変える力をもっているという点で、私たちは生命の歴史上で並外れた存在だ。その力は気候に、海への酸素供給に、そして陸上と海中の生きものに、劇的な成り行きをもたらす。しかも、デボン紀後期の大絶滅によって黒色頁岩に埋められた炭素の豊富な生命を掘り起こし、それを燃やすことによって、かなり詩的な趣でそれをやってのけている。

「何が起きたかと言えば、べつに人間は今まさに進化したばかりじゃない。ヒト科の進化はもう六〇〇万年から七〇〇万年も続いてきているからね。それよりも、自分たちの科学技術がこの惑星の表面を台無しにするところまで、人間が進化してきてしまったということなんだ」。アルジオはそう言った。

私はアルジオの研究室を辞し、四月のシンシナティのうだるような暑さに向かって歩きながら、研究室の外に置いてあったエオスパーマトプテリスの幹と彼の言った次の言葉について考えていた。

「私たちはデボン紀の樹木だ」

「ここが、昔、波止場のあった場所かしら？」

私がノバスコシアのジョギンズ化石断崖から車に戻ろうと歩き出すと、年配の女性が私の腕をつかんで言った。

「ツアーの説明でそう言ってましたね」と、私は答えた。

「そしてあそこがマカロンズ川のダムがあったところ？」。女性は浜辺の先の、想像上の場所を指さす。

「すみません、よくわからないんです」

女性はため息をついた。私が階段をのぼろうと向きを変えると、彼女はまた話しはじめた。

「ずっと昔、私はここで泳ぎを覚えたのよ」。そう言って首を振る。しばらく手すりから身を乗り出して遠くを見つめ、頭のなかで失われた世界を懸命に再現しようとしているように見えた。ほんの数十年前に若き日の女性が歩いた跡は、とっくに潮の満ち干(みひ)でかき消されてしまったが、三億一五〇〇万年前の大きな木の幹は石炭の詰まった浜辺の断崖にへばりついて、まだ垂直に立っていた。断崖から剝がれ落ちた岩の塊には、トラクターのタイヤの跡のような模様が見える――荒唐無稽な二メートル半もあるヤスデの、化石化した足跡だ。断崖の別の岩にはカモメほどの大きさをしたトンボが残り、化石になった木の幹にあいた穴には、祖先の暮らした海に別れを告げてずっと陸上で過ごすようになった最初の爬虫類が潜む。デボン紀は終わったが、これらの岩には、その時代の新機軸によって姿を変え、植物によって大転換を果たし、ついに動物によって征服された、新しい世界が記録されていた。

「世の中は変わってしまうものね」。そう言いながら、女性はため息をついた。

デボン紀に続く時代は、私たちにとってもっとなじみのある世界だ。四肢動物は殻のついた卵を産むようになったので、もとは魚だったこれらの生きものはようやく水の外だけで繁殖できるようになり、生涯を陸上で暮らした。鼓膜ができたので音が聞こえるようになった。一方、木々はまだ猛烈な勢いで炭素を埋め続けていた。デボン紀のあとの時代は石炭紀と呼ばれ、世界の石炭のほとんどがこの時代に作られている。石炭を燃やせば、もちろん二酸化炭素が大気中に放出されて地球は温暖化するが、数億年前に二酸化炭素を炭層のなかに埋めたとき、大昔の地球はもっと冷やされた。熱帯のここノバスコシアはジャングルのようだったが、緯度の高い地域は一面氷河に覆われるようになった。寒冷で二酸化炭素の少ない世界は、その半面で、新たに根づいた植物の世界が吐き出す酸素で満たされた。樹木は石炭紀の炭層に埋められたのだから、あまり多くないように思えるかもしれないが、大気中の酸素濃度は（現在の二一パーセントに対して）三五パーセントまで上昇していた。このように酸素の豊富な環境によって、ノバスコシアの岩に刻まれたトラクターのタイヤ跡のようなヤスデの足跡や、カモメの大きさのトンボを説明することができる。昆虫の大きさは、その一風変わった呼吸器系が必要とする空間の大きさによって制限されるが、石炭紀には同じ量の酸素を得るのに少しの空気を吸うだけすんだから、別世界のような大きさに達することができたのだ。

私たちが焚火に薪をくべるとき目にする光と熱は、文字通り、樹木がその一生で浴びた数十年分の日光にあたる。太陽エネルギーは化学結合によって蓄えられており、炎から放たれる二酸化炭素は、樹木が糖分を合成して木と葉を生み出すために吸いこんだものと同じだ。永劫の時を経た石炭の森を掘り起こして発電所で燃やすとき、私たちはそこに蓄えられていた数百万年分の有史以前の日光と二酸化炭素を解き放っている。この大昔の日光が、冬に人々を温め、現代の世界を動かしている。だが、地質学的な年月にわたって岩に閉じこめられた眠りをゆり起こして、私たちが今一気に解放しているものは、デボン紀の熱帯の温室とそれに続く古生代後期の氷河時代の極寒の気候の差を生み出した二酸化炭素だ。危険は覚悟のうえだろう。

最後の板皮類が死んだあと、地球上で次の大量絶滅が起きるまでに一億年のときが過ぎる。そして次の大量絶滅の徹底した破壊は、オルドビス紀とデボン紀の大災害が単なるリハーサルに思えるほど、おそらくこの惑星の息の根をすっかり止めるのに最も近づくことになる。

第4章　ペルム紀末の大絶滅【二億五二〇〇万年前】

地球でのただひとつの思い――それは死
――バイロン卿（一八一六年）

「五億年は長い時間です。そうでしょう?」

スタンフォード大学の古生物学者ジョナサン・ペインはそう言いながら、ペルム紀末の大絶滅（＊35）がわかる磨きをかけた石の板を、研究室の机の上に置いた。中国のかつての海底にあったその石は、絶滅を挟んだ数千年にわたって堆積したものだ。下半分は絶滅前で、粉々になった貝殻とプランクトン――生きものがいっぱいの世界に降り積もった有機堆積物（デトリタス）――でできている。そして上半分は絶滅のあとで、微生物と泥でできている。これらふたつの層が真ん中で唐突にぶつかっている場所が、地球上の生きものの歴史でこれまでに起きた最悪の事態を示していた。

「五億年といえば、ほんとうに、ほんとうに、ほんとうに長い時間ですよ。そしてこれは地球の歴史の過去五億年で、ただ一回だけ起きた最悪の事変なんです。だからその筋書は、何かがうまくいかなかったではすみません。どんなことが起きたにせよ、地球の表面の状態がここ五億年のなかで最も極端なものになったんだと思います。つまり、これは百にひとつとか、千にひとつの出来事じゃありません。百万にひとつでもなくて、十億にひとつという出来事に近いんです。このことを心に刻んでおきましょう。どんなものであっても、それは今までで最悪なんですから」

この大惨事が起きる前、時代はペルム紀だった。デボン紀の氷河に覆われた終末から一億年のあいだ、この惑星は少なくとも、大まかに言って私たちにとって見覚えのある世界になっていた……と思われる。最低限でも陸上には草木が生え、そのあいだを大型の動物が行き来していた。このことは、それ以前の世界にくらべるとじつに重大で急激な変化だった。陸上の植物と動物は地球上でごく当たり前な存在という印象があるかもしれないが、大陸が四〇億年以上にわたって荒れ地だったこの惑星にとっては、画期的な出来事だった。

デボン紀におそるおそる陸に這い上がった魚は、このときまでには陸上に定着し、ふたつの爬虫類の系統に枝分かれしていた。ひとつはその後も爬虫類のままで残る（やがてワニ、ヘビ、カメ、トカゲ、恐竜、そして恐竜から派生したことで知られる鳥類を生み出す）系統、そしてもうひとつはやがて哺乳類になる系統だ（＊36）。驚くことに、ペルム紀の世界を支配していたのは後者のグループで、爬虫類の系統の大部分は世界で優勢を誇れる順番を待っている状態だった。この原始哺乳類の支配階級は、見慣れない、むしろおぞましいとも言える獣が生み出したパラレルワールドで、しなやかな体をもって威嚇する頂点捕食者や、超大陸パンゲアの水飲み場のまわりに群れをなすサイほどの大きさで重い足取りの植物食動物など、多種多様な動物の集まりだった。爬虫類の系統で体の大きい種類では、イボのついた戦車と表現できる、鬼のような姿をした動物が繁栄していた。地球上で最も写真映えする時代とは言えなかったようだ。

海のなかではデボン紀後期に破壊されたサンゴ礁が戻ってきていたが、サメと魚がいたとしても、まだごく初期の生物圏だった。サンゴ礁はまぎれもなく古生代の特色を備えたもので、今はもう存在しない、あらゆる種類の群体動物でできていた。三葉虫は前回の大量絶滅をかろうじて生き延び、腕足類がはびこる海底を弱々しく行き来するばかりだ。ウミサソリも、デボン紀後期に沿岸水域で死滅してからはほとんど淡水環境のみに追いやられてはいたが、オルドビス紀に誕生して以来の存在を維持していた。

だが、ペルム紀末までに、ほとんどすべての生きものが死ぬことになる。

ペルム紀末にはシベリアで大地がひっくり返るほどの巨大噴火が起きて、何百万平方キロメートルもの範囲に溶岩が流れ出し、大気に火山ガスが充満した。とりわけひとつの気体が、地球史上最大の大量死を招く主要な死因として際立っている。研究者たちがこの過去最悪の大惨事を研究するのは、純粋に学究的な好奇心からではないし、病的好奇心からでさえない。ペルム紀末の大絶滅は、大気中に二酸化炭素を詰めこみすぎると何が起きるかの絶対的な最終版——最悪のシナリオになる。

チワワ砂漠に葬られているペルム紀の生きものたち

エルパソからおよそ二〇〇キロメートルの距離にあるチワワ砂漠の真ん中は、地球がほとんど不毛の地になる前の、もっと幸福だった時期を覗きこめる窓になっている。私は人影のないルート六二の道路脇に車を止めてペルム紀の海の底に降り立つと、エルキャピタンと呼ばれている白くそびえる岬の写真を撮った。頂上がテキサス州の最高地点を記録しているこの石灰岩の断崖絶壁は、グアダルーペ山脈の船首の部分をなし、岬全体が海の生きものでできた大昔の堡礁(ほしょう)だ。二億五〇〇〇万年以上前のペルム紀に海底からそそり立っていたこのサンゴ礁は、今ではテキサス西部の荒涼とした不毛の世界にそびえている。背後にはマッキトリック峡谷があり、この驚くほど緑豊かな谷にはたくさんのカエデの木が茂っているが、有史以前の海底の崩壊でサンゴ礁の表面から大陸棚の斜面の底まで転がり落ちた大きな石灰岩の塊が、今もそのまま足下に並んでいる。私はスミソニアン協会の古生物学者ダグ・アーウィンが書いた『絶滅——地球上の生命は二億五〇〇〇万年前にどのようにほとんど死に絶えたのか（*Extinction: How Life on Earth Nearly Ended 250 Million Years Ago*）』を擦り切れるまで読み、テキサス州の誰もいないこの地へのガイドブックとして持参していた。アーウィンは次のように書いている。

「マッキトリック峡谷の険しい断崖の下にいる人は、パーミアン盆地の大昔の海底に立ち、三五〇〇メートル以上そそり立つ裾礁（きょしょう）を見上げている。今、地球上の海水がすっかりなくなったとして、バハマ諸島沖などのいくつかのサンゴ礁を見上げているのと同じことになる。マッキトリック峡谷のハイキングでパーミアンリーフトレイルの上り坂を進むのは、太古の昔にサンゴ礁の表面を歩いて（泳いで、のほうが適切かもしれない）上っていくようなものだ」

そこで私は埃っぽいスニーカーを履き、このサンゴ礁の表面を一歩ずつ「泳いで」上りながら、イカに似たアンモナイト（＊37）になった自分を想像する——時代の終わりにはわが身に降りかかるであろう種の九七パーセント死滅という運命も知らずに、触手をめいっぱい伸ばし、渦巻き状の貝が並ぶ壁をひょいひょいと上っていくのだ。サンゴ礁は、花瓶の形をしたカイメン、ツノサンゴ、腕足動物やコケムシの群体でできており、表面を覆う藻類の力でしっかりと結びつき、固まっていた。ウミユリが壁に支えられて首を伸ばしながら海水を濾し、巻貝や三葉虫が、外洋にのしかかるようにそびえる壮観な生きた城壁の周辺を遠慮がちに出入りしていた。絵のような海の光景は今では動かない石灰岩となり、十分な飲み水とつばの広い帽子、そしてガラガラヘビに対する健全な恐怖心をもつ人なら、誰でも自由に探検することができる。アーウィンはグアダルーペについて、「ここに葬られているのはペルム紀の、絶滅前の最後の最後に見られた豊富な生きものの世界だ」と書いている。

隣り合ったニューメキシコ州のカールスバッド・カバーンズをはじめとしたグアダルーペ山脈の巨大な洞窟群は、この大昔の堡礁を地下水が削った跡であり、今ではペルム紀の海の世界の逆の光景を見せている。今から数千年前に――尖頭器石器とそれを残した最初の人類がこの世界に姿をあらわしてから、それほど長い時間がたっていないころ――これらの洞窟に棲んでいた巨大な地上性ナマケモノが、サーベルタイガー、サイ、マンモスとともに姿を消した。だが、この地質学的には最近の、人間によって引き起こされた根絶は、その数億年前に起きた古生代の大災害に太刀打ちできるものではない。

ここテキサス州西部では、健全な地球が暗い淵の上に乗って、今にも転げ落ちようとしていた。ペルム紀末までに地球上のほとんどすべての生命が息絶え、その大殺戮をきっかけにして、地上の生きものはまったく新しい方針を立てることになる。

古生代の旗頭をつとめていた三葉虫は、三億年にわたってすべての大量絶滅をかろうじて生き延びてきたが、ペルム紀末の大絶滅でついに屈し、地球上でのめざましい活躍に終止符を打った。三葉虫の精神生活がどれほど豊かなものだったかは知る由もないが、ペルム紀末の混沌のなかでこうしてついに終わりを迎えたのは、地球全体の経験だった。古生代の化石記録を豊かに彩るウミユリと腕足動物は、ペルム紀末の大絶滅であまりにも大きな打撃を受けたために、二度と立ち直ることはできなかった。ウミツボミは絶滅した。古生代の造礁生物だった床板サンゴと四射サンゴは、デボン紀の大量絶滅時のようなそれまでのサンゴ礁崩壊ほど大きな打撃は受けなかったものの、すべて絶滅した。

ペルム紀の悲惨な余波のなかで、サンゴ礁はドロドロした微生物の積み重なりに取って代わられた。

テキサス州グアダルーペ山脈にある、エルキャピタン。
この石灰岩の岬は、実際には2億6000万年前のペルム紀のサンゴ礁でできている。
この古いサンゴ礁を作り上げた大昔の生きものたち——カイメン、サンゴ、腕足動物、ウミユリ、フズリナ、アンモナイトなどの種——は、ペルム紀末までにほとんどすべて絶滅に追いこまれた。

それらはストロマトライトと呼ばれるもので、複雑な生命体が誕生する前の憂鬱な永劫の時間に堆積した、つまらない泥の山だ。退屈な数十億年の全盛期を過ぎてからはほとんど消滅していたのだが、史上最悪の大量絶滅の余波を受けて海は細菌の時代以降で最も生きもののいない空っぽの状態になり、時代を逆行したこの泥の山が束の間、数億年も場違いな動物の時代の真っ只中に不気味な復活を遂げたのだった。文献では、この微生物の層は「時代錯誤（アナクロ）」とされ、絶滅後の化石記録に見られる遍在ぶりは不気味なものだ。植物食動物が一掃されたために海全体が悲惨な状態になり、死んだように静まりかえった世界に、ごく初期の地球の原始の海が少しのあいだ戻って、きわめて時代遅れの細菌の王国が支配するようになった。

プランクトンは何百万年にもわたって雪のように海のなかをゆらゆら落ちていき、一〇〇〇年に一ミリメートル、また一ミリメートルと海底に降り積もって、その一部がチャートと呼ばれる硬い石になっている。チャートは数十億年分の単細胞の生きものでできた石だ。ペルム紀末の大絶滅のあとには、化石記録にこの生命の石がほとんど見られない「チャートギャップ」がある。このギャップは生命と地質学が、同じ素材の蓄積に対するふたつの説明だという真実を伝えてくれる。一方についているレバーを引けば、もう一方が反応し、その逆も同じだ。

地上には原始哺乳類の荒々しい世界があった――爬虫類のように見えるが、どことなくイヌや、別のものはウシに似ている生きものだ。これらの動物には鱗がなかったと思われるために、イラストレーターはたいていの場合、みすぼらしくてムラのある毛がはえた皮を描いていて、どう見ても哀れな印象を受ける。この薄暮の時代に生きた仲間はペルム紀末に完全に姿を消したが、私たちの祖先――おそらく小さくてイタチのような原始哺乳類――はまたしても、奇跡的に、どこかで生き残っていた。昆虫は、たいていの場合は大きな危機の影響を和らげる立場にあったのだが、ペルム紀末の大絶滅では唯一の個体激減を経験した。植物の世界は、この大災害で徹底的に破壊されてしまった。その結果、それまで細く曲がりくねった水路にとどまっていた川が蛇行をやめ、植物が川岸を支えるようになる前に何十億年もそうしていたように、岩を転がしながら何本にも分かれて勢いよく進む広大な流れに変わっていった。海のなかのチャートギャップとともに、陸上には「石炭ギャップ」もあって、この絶滅のあと一〇〇〇万年にわたって化石記録から木が消えている。古生代の背の高い針葉樹とシダ種子植物は足首ほどの高さの雑草――ミズニラ――に取って代わられ、そうした雑草が堂々とした森に代わって、くすぶり続ける地球に広がっていった。

ゾッとすることに、植物がほとんど消滅すると同時に、大量絶滅の岩の層には菌類が短期間だけ急激に増えている。世界中で死んだものが腐敗したせいだろう。

この大量絶滅は五〇〇〇万年続いたペルム紀だけでなく、動物の登場から続いてきた古生代にも区切りをつけ、その幕を下ろした。古生代は、三葉虫、腕足動物、なじみのないサンゴ礁が豊かに彩る古代の海によって特徴づけられる時代で、それに続く時代とは、恐竜の時代と現代の世界ほどの大きな違いがあった。おそらく最も不穏に感じるのは、古生代が――カンブリア紀、オルドビス紀、シルル紀、デボン紀、石炭紀、ペルム紀と――数億年にわたって続いたにもかかわらず、（地質学的には）ほとんど意識されないほどの短い時間のあいだに終わってしまった点ではないだろうか。マサチューセッツ工科大学の伝説的な地質学者サム・バウリングは、ペルム紀の海での大量絶滅を記録している中国の岩石を調べ、この悪夢のような出来事全体が六万年より短いという驚異的な短期間で起きたことを発見している。ペルム紀末の大絶滅は古い時代の地球に終止符を打ち、悲惨な回復期を経て、まったく別の地球の始まりをもたらしたのだった。

その数百万年後の世界を見ることができるのは、グアダルーペ山脈の北方数百キロメートル、ユタ州のサン・ラファエル・スウェルだ。目を奪う荒涼とした光景が広がる荒れ地を州間ハイウェイ七〇が横切っているが、このあたりは車で旅する人へのサービスが何もない、州間ハイウェイシステムのなかの最長区間になっている。ユタ州のこの地の光景は、あまりにも人を寄せつけない雰囲気を漂わせているから、NASAの研究者たちが火星の光景を知るためにやってきたほどで、その容赦ない不毛さは世界の終わりの記念碑としてふさわしいように思える。ここにあるのは生命史上最悪の大量絶滅から数百万年後の世界で、それ以前の――テキサス州のサンゴ礁で見ることができる――万華鏡のような多様性に富んでいたペルム紀の海は消え、岩を探って何らかの化石が見つかったとしても、ポツンと落ちている貝殻のかけらくらいしかない。スミソニアン協会のダグ・アーウィンは、この不毛の荒れ地について次のように書いている。「大学院生たちは三畳紀の初期を研究したがらないことが多い。種の数が少なすぎて、実地調査をしてもすぐに退屈してしまうからだ」

地球上のほとんどの生きものにとって、化石記録の上を死んだような静寂が過ぎていく。だがわずかないくつかの種が、大災害のあとの空虚な景色のなかで繁栄していた。パキスタンからグリーンランドまで、世界中の至るところで、ほとんど一種類だけの貝殻が広大な範囲に敷き詰められた絶滅後の地層が見つかっている。クラライアと呼ばれる、低酸素の環境に耐えられる華奢な二枚貝の貝殻だ。この貝は戦わずして、命を奪いにくるようなほかの生きものが何も残されていない静かな世界を手に入れていた。この機に便乗した軟体動物がぎっしり詰まった陰鬱で単調な層は、すっかり荒廃した世界の姿を伝えている。その世界の復興には、ほぼ一〇〇〇万年という月日が費やされることになる。

「生命の歴史でふたつの事変をあげるとするなら、カンブリア爆発と、ペルム紀末の大絶滅ですよ」と、スタンフォード大学のジョナサン・ペインは私に言った。

ペルム紀末の大絶滅の前と後に見られる生きものの断絶は、一八六〇年に見ても疑う余地がなかったので、自然哲学者のジョン・フィリップスはペルム紀末の廃墟から開花したまったく異なる世界を、神による創造の第二幕として説明するしかなかった。

動物が姿をあらわして以来、ペルム紀末の大絶滅はこの惑星をかつてなく不毛に近づけており、ほかの大量絶滅を圧倒すると同時に、地球上の生命の物語に「すべてを失う瞬間」の不気味な影を投げかけている。

「グレート・ダイイング」を追う古生物学者

ワシントン大学の古生物学者ピーター・ウォードは二〇〇七年に書いた著書『緑の空の下で（*Under a Green Sky*）』で、二酸化炭素の排出は官僚にとっての規制上の頭痛の種だけでなく、地球の歴史全体を通して実際に「絶滅の推進力」になってきたと論じている。

この本は、二〇〇六年にウォードがプリンストン大学で行なった一連の講義（ペルム紀末の大絶滅と現代の危機とを比較したもので、私はその録音を聴いた）とともに、私に計り知れないほど大きな影響を与えた（＊38）。技術的な解説にブラックユーモアをちりばめたウォードの話から、私は二酸化炭素による地球温暖化が政府のスーパーコンピューターにある気候モデル上のシミュレーションだけでなく、地球が遠い過去にすでに何度も行なってきた実験であることを教わった。さらに衝撃的だったのは、化石記録上で最も過激な絶滅に、地球温暖化がかかわっているかもしれないという事実だった。「それは再び起きているのだろうか?」と、ウォードは『緑の空の下で』で問う。「ほとんどの人はそう思っているのだが、遠い過去を訪ねて、それを現在および未来と比較する人は、まだほとんどいない」

私たちはまもなく地球の歴史の最悪の章を再訪することになるだろうという警告は、「怒りと悲しみに駆られて発してはいるが、大部分は恐怖によるものだ」と、ウォードは言った。

私は彼のさまざまな著書を何年にもわたって読んでいたが、ようやく米国地質学会の年次総会のセッションの合間を縫って、ランチを共にすることができた。ウォードは驚くほど陽気に不吉な予言を発し、心を和ませる笑顔を浮かべながら、つねに話題を脱線させずにはいられない性質だ。彼と話をしていると、オウムガイの貝殻の形態論からメキシコ料理店での大腸菌騒動の原因へと、話がポンポン飛んでいくのにすぐ気づく。この種の熱狂的な知的好奇心によって、ウォードは古生物学できわめて生産性の高いキャリアをたどって大陸から大陸へと——南極大陸からパラオ諸島へ、スペインからカナダのハイダ・グワイへ——飛びまわり、生命の歴史で最も大きな謎の答えを追い続けてきた。

彼が最初に熱を入れたのは古生物学ではなく、スクーバダイビングだった。子どものころ『海底二万里』に夢中になり、青年期にはジャック・クストーとカリプソ号の颯爽とした功績に羨望のまなざしを送ったことから、海に惹かれるようになった。

「ぼくにとっては、そういうのがヒーローだった」と、彼は私に言った。大学生のころ、「カリプソ号がシアトルに来た。ぼくはそのころダイビングインストラクターをしていて、二〇歳か二一歳のときだと思うけれど、きれいな女の子たちと一緒にパーティーで盛り上がって酔っぱらってたんだ。そこにちょうど、クストーの船の男たちが入ってきた。そうしたらほんの五分か一〇分で、女の子をみーんな連れて出て行っちゃった。二一歳くらいのときって、そんなことで一番やる気にさせられるだろう？　ぼくは、ふざけんじゃねえ、それは自分が人生でやりたいと思ってることだよって考えた」

太平洋とインド洋に点在する遠方の環礁で長いことスクーバダイビング三昧の暮らしをしたあと、ウォードは世界でも有数のオウムガイの専門家になった。オウムガイは華やかに見えるが内気な動物で、数学者が幾何学的な美しさを高く評価する殻をもって、サンゴ礁の壁際を上へ下へと泳いでいる。イカ、タコ、コウイカと同じ頭足動物の仲間だが、それらの動物とは異なり、あまり役に立たないピンホールカメラの目と、食べものをつかむより臭いを嗅ぎ分ける化学感覚の触角をもっている。

「あいつらは基本的には、単なる巨大な鼻だよ」と、ウォードは言った。オウムガイはおよそ二億年前からいて、それより古くからいるオウムガイ目の系統の唯一の生き残りだ。私たちはすでにシンシナティでオウムガイ目に出会った。それらは遠くカンブリア紀に誕生して、（ペルム紀末の悲惨な大惨事も含めた）五つの大量絶滅すべてを切り抜けてきた。だが現在では「生きた化石」と呼ばれ、過去の栄光の影を背負って絶滅へと歩みを進めている。動物の歴史に起きたおもな大量絶滅をすべて生き延びてきたのに、人間には歯が立たないのかもしれない。人間は好きなものをだめにする傾向をもっている。

「残念なのは、殻の見栄えがよすぎることだな。きれいなんだ」

オウムガイの殻のなかにはインターネットオークションに出すと二〇〇ドルで売れるものもあって、フィリピンやインドネシアの貧しい漁師たちにとっては魅力的な賞金になるから、ウォードはダイビングの仕事をしているあいだにどの環礁からも次々にオウムガイの姿が消えるのを目にしてきた。「つまり、人間にとってきれいなものは、運が悪いっていうことだよ」

ウォードの人生を方向転換させる悲劇が起きたのは、ニューカレドニアでこの進化の名残を追うダイビング旅行の途中だった。調査現場の助手が水深六〇メートルの海中で意識を失ったために、ウォードは命がけでこの仲間を水上に引き上げた。生命にかかわることもある潜水病（＊39）を防ぐためにダイバーにとっては常識になっている、途中での休止も無視して浮上したのだ。だがこの必死の救命努力は実らず、ふたりが水面に達したとき、パートナーはすでに息絶えていた。このダイビング事故は今もなお、ウォードの心と体――急浮上の途中に窒素が血管内で気泡化したために、壊死した腰骨を交換しなければならなかった――に深い傷跡を残している。

「むごい死に方だった」と、ウォードは言った。

この個人的な悲劇が自分の仕事の行方にどのような影響を与えたかについて、彼は次のように書いている。

「そのために私は現代の研究から遠ざかり、海から遠ざかり、もっと暗いことを対象とした陸地の研究、大量絶滅そのものの研究へと向かった。予期できない、説明できない死を理解するのに、最も陰鬱な死について調べるに勝る方法があるだろうか？」

こうした憂鬱な動機で心を動かされたことを考えれば、ウォードがペルム紀末に注目したのは当然だ。この生命史上最悪の大量絶滅は、「グレート・ダイイング」とも呼ばれている。

殺し屋は宇宙から？

一〇年ほど前に、ペルム紀末の大絶滅におなじみの容疑者が登場した。二〇〇四年、カリフォルニア大学サンタバーバラ校の地質学者ルアン・ベッカー率いるチームが、オーストラリアの海岸沖で巨大なクレーターを見つけたと発表したのだ。この発見は、白亜紀末に恐竜を全滅させた不幸と同様、ペルム紀末のさらに悲惨な大量絶滅も巨大隕石の衝突によるものだとする、数年前の彼女のチームの主張を裏づけるものだった。それでもまだ、ペルム紀の殺し屋が空からやってきたという主張では、恐竜の死の場合よりはるかに根拠が薄かった。恐竜を絶滅させた小惑星のおもな証拠のひとつは、絶滅期の地層にイリジウムが含まれていることで、イリジウムは地球の表面にはほとんどないが隕石には豊富に含まれている元素だ。多くの研究者はペルム紀末にも同様の証拠を簡単に見つけられると思っていたが、世界中をくまなく探してみても、どこの岩石にも多量のイリジウムを見つけることはできなかった。

それでもベッカーのチームは、空のかなたからやってきた別の地球化学的な証拠を見つけたと発表した。ベッカーはイリジウムではなく、中国、日本、ハンガリーの岩石試料からバックミンスターフラーレンあるいは「バッキーボール」と呼ばれる分子を見つけ、それは宇宙空間から飛来したと主張したのだ。この巨大な炭素分子は、炭素原子の織りなす格子模様がジオデシック・ドームと呼ばれるドーム状の建築物に似ていることから、そのドームの考案者であるバックミンスター・フラーにちなんで名づけられている。ベッカーは、この小さな炭素の籠のなかにはヘリウム3ガスが閉じこめられており、地球外に起源をもつとしか考えられないと断言した。だが多くの科学者が彼女の出した結果に殺到したとき、誰もその発見を再現できなかったばかりか、日本の試料は三畳紀のものであることが判明した。さらにその後、バッキーボールは一〇〇万年以上ヘリウム3を閉じこめておくことはできず、漏れ出してしまうこともわかった。クレーターとみなされたものについては、衝突の専門家が隕石との関係がきわめて疑わしいと考えはじめた。今ではほとんどの研究者が、もっと平凡な地球の地質的作用の跡ではないかと考えている。やがてどちらの発見――クレーターとバッキーボール――も信用を失ったが、すでに科学関連メディアには影響をおよぼしたあとだった。

「『ディスカバー』などの人気の科学誌はまだ、ペルム紀末の絶滅の原因として出版物では受けのよい衝突仮説を推しているが、研究している科学者のあいだでは拒絶された仮説だ」と、ウォードは書いている。

カルー砂漠の骨

ウォードが一九九一年の研究休暇(サバティカル)で南アフリカにいたときには、まだペルム紀末は眼中になく、アンモナイトの豊富な白亜紀の化石発掘現場を夢中になって調査していた。アンモナイトは有史以前のオウムガイの親戚で、数億年ものあいだ海を支配していた生きものだ。ウォードはアンモナイトによって、すでにある程度の専門的評価を得ていた。このらせん状の殻をもった生きものをスペインのスマイアにある海辺の断崖で調査し、恐竜を絶滅させた白亜紀末の大絶滅がどうにもならないほど不意に襲いかかったこと、そしてアンモナイトは(最後の)最後まで生き残っていたことをあきらかにしている。その発見は、白亜紀の世界が数百万年をかけて次第に衰えて消えたのか、それとも地質学的には瞬時ともいえる短期間に消滅したのかという長く激しい論争の終結に役立った。

その後、同僚のひとりから自分の大切にしている南アフリカのアンモナイト化石発掘現場を共有したくないという気持ちを聞かされたウォードは、さらに二億年古い、有名な砂漠の岩石群に注目することにした。そこには長いこと忘れ去られた動物の骨が、日光にさらされて眠っていた。ウォードはそれらの岩が、恐竜の時代を終わらせた災難さえも小さく感じさせるような、巨大絶滅に近い時代のものであることを知っていたのだ。

「ぼくはみんなに意見を聞きはじめた。『どの時代のもの？　絶滅境界にどのくらい近い？』ってね。いつもすることとさ。スマイアのアンモナイトでも同じことをしてきた。でも実際には、誰もまだ調べようと思っていなかったんだ！　当時、あの大量絶滅にみんなほとんど関心をもっていないことに、びっくり仰天だったよ」

南アフリカのカルー砂漠周辺に埋まっている骨は、私たち人間の系譜とは異なる道筋をたどったものだ。ここにはペルム紀の忘れられた世界があり、風変わりで恐ろしい私たちのいとこたちが暮らしていたが、次の時代を支配した伝説的な恐竜のせいで長いこと影が薄い存在のままだった。

私たちの親戚が二億五〇〇〇万年以上前の世界を支配していたという考えは、それからほぼ二億年後の大惨事によって恐竜が一掃されるまで哺乳類が大成功を収めることはなかったと教わって育った人たちには、驚きかもしれない。そして、これらペルム紀の動物たち――単弓類(たんきゅうるい)と呼ばれている仲間――が、真の哺乳類になるまでには遠い道のりがあるのだから、それはほんとうのことだ。単弓類のなかで最も有名なディメトロドンは、牙と背中の大きな「帆」が特徴的な爬虫類そっくりの動物で、自然史博物館を訪れる人たちからはよく恐竜とまちがえられる（＊40）。だが実際にはディメトロドンもその仲間のペルム紀の動物たちも、私たちの大昔のいとこにあたる。人間がディメトロドンと同じ単弓類だという事実は、独特の、よく似た頭蓋骨の構造によってあきらかだ。そのほかの初期の単弓類にはコティロリンクスがいて、ビヤ樽のような体をしたこの植物食動物は滑稽なほど頭が小さいので、適者生存という考えの信用を落とすように見える。私たちの拡大家族の一員であるこれら初期の単弓類が、あまりにも見慣れないように感じられるとするなら、それはペルム紀の残酷な剪定バサミのせいだ――この時代を終わらせた最後の審判の日を含めた一連の絶滅は、よく茂っていた進化の木をほんの一枝か二枝になるまで切り落とし、残った枝には私たちの祖先も含まれていた。

ディメトロドンと背中に「帆」をもつ仲間たちは、ペルム紀の終末を目にするまで生き延びることはできなかった。この動物たちは、オルソンの絶滅と呼ばれる謎に包まれた事変によって（＊41）、ペルム紀の早い時期に（おそらく幸いにも）姿を消している。だがペルム紀は概して単弓類が単弓類を食う世界であり、これらの死滅した単弓類は、系統樹の私たちの側に属するもっと多くの単弓類に取って代わられただけだ。この時代には、ディノケファルス類と呼ばれる別の恐ろしいグループもあらわれた。まるで戦車のように大きい動物で、なかにはシカの枝角のような奇妙なこぶをもつ頭を誇る仲間もいた。

最終的にはディノケファルス類もペルム紀末を待つことなく、また別の絶滅によって（子ウシの頭という意味の風変わりな名前をもつモスコプスなど、そのほかの無骨な単弓類たちとともに）失脚している。この絶滅事変は、それほど大きな謎に包まれてはいないように思える。海の生きものの大量死、また中国を切り裂く巨大な火山地域の壊滅的噴火と、ほぼ同時期に起きているからだ。地球を滅茶苦茶にしてしまうのに十分な地殻の激変をともなう噴火だった。科学者たちがこの絶滅の研究を進めるにつれて、地球史上で最悪の災害ランキングでの順位は着実に上がってきている。それでも、このようなペルム紀中期の危機でさえ――厳しいものではあったが――ペルム紀末にこの地球を待ち受けていた斬首の刑にくらべれば、単なるボディーブローにすぎない。

ペルム紀はこうしていくつもの災難に襲われたにもかかわらず、生態系は回復力に富み、すぐに再生していた。この地球上で究極の大量絶滅に至るまでのあいだ、世界が終わろうとしている兆しは見られなかった。そのペルム紀の末期を支配したのは、この時代に栄えた哺乳類の先駆者たちの最後のグループ、獣弓類（じゅうきゅうるい）だ。

獣弓類の仲間にはディキノドンがいる。イヌからウシくらいの大きさの植物食動物で、巨大な牙とくちばしをもち、おそらく群れをなして低木の多い土地を闊歩していたのだろう。花、果実、草が登場する前の時代、これらの植物食動物はひどい栄養不足の世界でなんとかしのがなければならなかった。実際には、地球上の大部分が棲めない場所だったと思われる。大西洋の前身にあたる海洋はオルドビス紀から少しずつ狭まって、ペルム紀までに大陸の融合は終わっていた。この惑星の陸塊は、数億年の分離状態を経たあと、再び結集して北極から南極まで届くほどのひとつの巨大な超大陸になった。超大陸が果てしなく続く内陸部は、とんでもない暑さと恐るべき寒さに襲われるうえに雨とはほとんど無縁の──世界中がノースダコタ州になったような──荒涼とした不毛の地だった。これがパンゲアだ。

地質学を一変させた大陸移動説

今では、大陸が地質学的時代ごとに移動するという考えは常識になっている。だが、マントルの対流で循環する目に見えない灼熱のコンベアに乗って大陸が漂流しているというこの考え方は、科学史のなかでも最大級の革命的着想だと言える。驚くことに、広く受け入れられたのは人工甘味料の普及と同じくらい最近のことだ。そしてほとんどの科学的革命の常で、最初は評判が悪く、常軌を逸した推測もどきとして扱われた。

大陸移動説を唱えた最も有名な人物は、ドイツの気象学者、アルフレート・ヴェーゲナーだ。二〇世紀が幕を開けた時代に科学的研究を目指す者の大半がそうしたように、ヴェーゲナーも自身の研究のために高緯度北極圏に足を向けた。そしてグリーンランドへの遠征中に、大陸は自分を取り囲んでいる巨大な浮氷と似ているのではないかという着想を得たのだった。大陸は長い時間のあいだに分離し、漂流し、互いに衝突して、過去のある時点ではひとつの超大陸を形成していたと考え、それを「すべての陸地」を意味するパンゲアと名づけたのだ。ヴェーゲナーがこの説を思いついたのは、地図を見ている六歳の子どもがよく考えるように、大陸の海岸線の形がよく似ていてジグソーパズルのように組み合わさることに気づいたからだとされる。さらに、化石の存在は海を飛び越えて帯状に続き、世界のバラバラな部分を先史時代の生物学によってつないでいた。だが、説得力のある主張を繰り広げたにもかかわらず、当時はまったく相手にされず、生きているあいだ正当な評価を受けることはなかった。ビクトリア時代のすぐれた探検家の例にもれず、ヴェーゲナーもまた氷上で勇ましい最期を遂げ、今もまだおそらく三〇メートルもの深さの雪に埋もれて眠っている。

大陸が漂流するというヴェーゲナーの残した考えは、やがて地質学全体を一変させた。二〇世紀前半の地質学の状態は、ガリレオとコペルニクスによる概念の革命が起きる前の天文学と似たりよったりで、地球の地質学的特徴の説明は、プトレマイオスの周転円と同じく誤った論理にもとづくものだった。だが、一九五〇年代の終わりから六〇年代のはじめにかけて海底の水深測量が進むと、巨大な海底火山帯がまるで野球ボールの縫い目のように世界を取り巻き、大陸を引き離していることがあきらかになる。これで地質学のすべてが、突如として意味をなした。火山、地震、弧状列島、山脈、深海の海溝、化石の分布。そして不思議にも組み合わさる大陸の海岸線は、数億年前に存在した地球規模に広がるひとつの超大陸として、かつては実際につながりあっていた——ヴェーゲナーが推測した通りに。この超大陸パンゲアはペルム紀に極致に達して、北極から南極まで続く遠大なCの形に広がり、その中央部を、北アメリカがアフリカおよび南アメリカとぶつかってできた途方もなく大きい東西に走る山岳地帯が遮っていた。超大陸はそれにふさわしい超海洋のパンサラッサに取り囲まれていた。

サイに似た植物食動物が魅力のないパンゲアの低木をむしゃむしゃ食べていた一方、超大陸の王と女王は、また別の私たちの遠い親戚で、あたりを威嚇するゴルゴノプスだった。オオカミにどこか似ているこの筋骨たくましい頂点捕食者は、巨大なホッチキス針リムーバーのような頭蓋骨と、ティラノサウルス・レックスより長い歯をもっていた。植物食動物ディキノドンの手足を引きちぎるのに使っていた恐ろしげなゴルゴノプスの歯には、門歯、犬歯、臼歯が揃い、この系統がわずかずつ哺乳類に近づいていることがわかる。ゴルゴノプスは、視線だけで人を石に変えられるギリシャ神話のゴルゴーン三姉妹(＊42)にちなんでつけられた、いかにもふさわしい名前だ。これら、遠い昔にこの世界から消えた私たちの親戚は——ディキノドンとゴルゴノプス、植物食動物も肉食動物も同じように——古生代最後の一〇〇〇万年にわたって世界を支配していたが、ハルマゲドンによってすべてが終わった。

ピーター・ウォードが南アフリカのペルム紀末の荒野で、秘密を明かそうと懸命に調べたのは、これら遠い親戚の埃っぽい骨だった。ウォードは助成金を得ると、南アフリカ博物館のロジャー・スミスとともに砂漠に戻り、この史上最悪の大量絶滅に取り組んだ。(ペルム紀には南極に近かったが今では南アフリカに位置する)カルー盆地では、少し歩けば、デボン紀に続いて訪れた一億年も続く大規模な氷河時代からペルム紀のパンゲアの乾ききった荒野への、衝撃的な変遷を目にすることができる。

「はじめは迷子石が目に入るから、そこにはまだ氷があったわけだ。でもそれが最後には、たったひとつの時代、ひとつの岩石の隔たりで、氷河時代から何もかもが狂ったように乾いている灼熱の砂漠に移ってしまう。それもわずか数百万年で、世界全体が逆転している」

ペルム紀末の大絶滅に関する最初の疑問は単純なものだった。何百万年ものあいだの疲弊によって地球の力がだんだんに消耗していった長期間の出来事だったのか、それとも地質学的には急に起きた壊滅的な出来事だったのか？　この疑問に答えるのは思いのほか難しく、何年もかけてカルー盆地で頭蓋骨や骨を集め続けてから、ようやくそのデータに統計という解明の光をあてることができた。ウォードとスミスは、陸上での大量絶滅が実際に壊滅的な早さで起きたことを突き止めている。

ペルム紀と三畳紀の境界と解釈できるところで、これまで考えられてきた通り、数百万年ではなく数千年と見える時間のあいだに獣弓類の世界がほとんど姿を消していた。凶暴なゴルゴノプスは絶滅してすっかりいなくなり、ペルム紀の後期から広く登場した植物食のディキノドンの三五の属のうち、この大量絶滅のふるいをくぐり抜けたのはふたつの属のみだった。カルー盆地で三畳紀の幕開けを知らせるのは、この勇気ある生存者のリストロサウルスのみが存在する環境だ。リストロサウルスは見栄えのしない、ブタに似た穴居性の動物で、荒廃した世界の硬い植物を刈り取るための牙とくちばしをもっていた。イラストレーターが描くリストロサウルスには、皆殺しの状況をどういうわけか生き残ってしまった動物の、途方に暮れた様子を見て取れるように思う。大量絶滅の余波のなか、思いもよらない生きものが地球全体を受け継ぎ、三畳紀初期の南極からロシアに至る全世界の化石記録でほかを圧倒している——二枚貝のクラライアがこの大惨事のあとの海底に敷きつめられており、まるでこの貝の単一文化になったかのようだ。

ウォードはアルバレス小惑星衝突仮説に触発されて、倒れたゴルゴノプスの時代と生き残ったリストロサウルスの世界とのあいだの不穏な層があるこの地で、名を成そうと考えた。そこでこの荒廃を説明できるような壊滅的な小惑星の衝突の残骸を追い求めた。イリジウムの層か、小惑星から降り注いだ放射性粒子か、何か生物圏の突然死を説明できるものはないか？　だが、何も見つけることはできなかった。

ウォードたちがその代わりにペルム紀末に見つけたのは、炭素循環の大きな揺れだった。

ロックハンマーが化石採集現場での地質学者の最良の友だとするなら、研究室に戻ってからのさらに心強い協力者は、少しかさばる質量分析計だろう。この機械は岩石を気化させることによって、試料の分子に関する詳細な事実をあきらかにする。ウォードと同僚のケン・マクラウドが化石土壌やリストロサウルスの牙までを分析計にかけると、それらの試料のなかの軽い炭素同位体の量が大量絶滅の時期に急増していた。おそらくその時期に、大気中の軽い炭素の量が急激に過剰な状態になったためだろう。カルー盆地の層位の解釈についてはまだ議論が続いているが、その結果は古代の海の跡を残す世界中のペルム紀末の現場での発見と一致しており、どの採集現場の試料も炭素循環の急激な変化を示している。

こうした大気中のとくに軽い炭素は、いったいどこから来たのだろうか？　その蓄積を増やすにはいくつかの方法がある。ひとつは、世界中の植物、プランクトン、動物を皆殺しにするものだ。植物は炭素をえり好みして、より軽い同位体を選んで世界中の供給量の膨大な部分を閉じこめる。プランクトンも同じだ。そして動物はこれらの植物を食べ、肉食動物は植物を食べる動物を食べるので、地球上の生物界は大量の軽い炭素を全体の仕組みから取り除いていることになる。そのため、世界中の植物と動物がほとんどすべて死んでしまえば、樹木やプランクトンの群れや動物の肉に閉じこめられていた軽い炭素は、大気中と海中に放り出されてしまう。そこでこのような大量死によって、岩石中の軽い炭素同位体の増加を説明することができる。だがペルム紀末の大絶滅時に起きている炭素同位体の変化は、生物圏の崩壊だけで説明するには急激すぎるというのが、科学者たちの考えだ。

一八世紀に産業革命が始まって大量の石炭層が英国の工場で燃やされるようになったとき、世界の大気中には炭素の軽い同位体が増えて、化石化した植物から大量の二酸化炭素が放出された結果を反映した。ペルム紀末の岩石で見つかる兆候を生み出すもっと簡単な方法がここにある。単純に大量の二酸化炭素を大気中に投入すればいい。

ウォードが言うには、二酸化炭素が「自動車（ボルボ）から排出されても火山（ボルケーノ）から排出されても」同じことだ。ペルム紀末には、後者が大気中にあふれた。

化石燃料を焼きつくしたシベリアの洪水玄武岩

二億五二〇〇万年前にロシアを、そして世界を荒廃させた噴火は、現代ではくらべるものがないほど大規模なものだった。一九世紀に提唱され、その後ずっと受け継がれてきた地質学の考え方に、「現在は過去を解く鍵」というものがある。「斉一説（せいいっせつ）」として知られ、地球の表面で現在活動しているところを私たちが目にできる地質学的な過程をたんねんに調べれば、地球の歴史を理解できるという考えだ。だがペルム紀末にシベリアで起きた破滅的な火山活動は、この古めかしい格言を拒絶する。ペルム紀の早い時期にあった大規模な中国の火山活動と同様、いわゆるシベリアトラップは私たちが知っている噴火とはまったく異なる形式の噴火によって、しかも想像を絶する規模で生まれた。富士山、ベスビオ山、レーニア山（あるいはオルドビス紀を通して継続的に噴火した山々）のような絵葉書で見栄えのする現在の成層火山とは異なり、シベリアトラップの噴火は「大陸洪水玄武岩」として知られるものだ。その言葉通り、溶岩の洪水が大陸全体を覆いつくし、驚くほど（地質学的尺度で）短い時間のうちに数千メートルの厚さに積み重なっていく。それらは動物史上で最も破壊的な力を誇る。幸いにも、そう頻繁に起こるものではない。

ペルム紀の末、洪水玄武岩がロシアの五〇〇万平方キロメートル以上の地域を覆い、しばらくシベリアを混乱状態に陥れた。現在のトラップは空に届くかと思えるほどの高さを誇る大地で、玄武岩を削った急峻な河川渓谷に彩られている――奥深いシベリアの未知の光景にまぎれていなければ、世界の不思議のひとつと言われてもおかしくないランドマークだ。ペルム紀末にはここから、米国本土全体を八〇〇メートルの厚さで埋めつくせる量の溶岩が噴出した。ロシアの一部では、溶岩が四〇〇〇メートル近い厚さまで積み重なっている。イエローストーンに噴火の可能性があって、もし噴火すれば米国の一部の州が七、八センチの厚さの火山灰で覆われるかもしれないという話は、このペルム紀末の溶岩の洪水と同じ本で論じる価値もない。

一九九一年にはカリフォルニア大学バークレー校の地質年代学者ポール・レンヌが、シベリアトラップの噴火はペルム紀末の絶滅とほぼ同時期に発生したと算定し、小惑星の衝突という説に夢中になっていた当時の研究者たちを驚かせた。

この溶岩の洪水は、少し意外な方法で生きものの命を奪っている。溶けた岩が噴き出し、地上の生きものに覆いかぶさって焼きつくしたという単純な話ではない。生物の世界では、溶岩に覆われた地からも確実に生命がよみがえる。遷移と呼ばれるそうした生物学的再生は、一九八〇年の噴火でこの世の終わりを思わせる灰の山と化したセント・ヘレンズ山の斜面の、現在の春の姿でもあきらかだ。そして、もし大陸が何かにすっかり覆われたことで無期限に不毛となるなら、カナダに現在の広大な北方林は生まれなかっただろう。ほんの数千年前、この国は厚さ一〇〇〇メートルを超える氷に閉ざされていた。

そうではなく、大陸洪水玄武岩が生きものの命を奪うおもな仕組みは、噴出する莫大な量の火山ガスにある。火山ガスの最も重要な成分は二酸化炭素で、これが全地球的な気候を狂わせ、海の化学的性質に大混乱を引き起こす。さらに、火山自体から放出される途方もない二酸化炭素の量ではまだ足りないかのように、シベリアのマグマは地球上で考えうる最悪な場所を通って噴出してきたようだ。

オスロ大学の地質学者ヘンリク・スヴェンセンは、シベリアトラップで実地踏査を繰り返してきた。現地に行くには飛行機、車、ヘリコプターなどを乗り継ぎ、最後は川をゆったりと下って、地図のない地域に足を踏み入れる。だが、彼のチームがどれだけ日常のわずらわしさから逃れても、ロシアのたくましい美食家たちがどこから姿をあらわすかは予想がつかなかったらしい。

「私たちは二時間もヘリコプターで飛んで、どこだかわからない、辺鄙な場所に降り立ちました」と、スヴェンセンはある調査旅行について話した。「ところが翌日キャンプをしていると、じつに奇妙な手作りの小型ボートが、まったく不意に川を下ってきたんですよ。ドラム缶の上に木の皿をのせてね。ロシア人が休暇を過ごしていたんです！　あんな場所で！」

トラップで噴出した古い溶岩の重なりに加えて、シベリアの地表下には奇妙な管状の構造物が荒野全体に散在していることを、スヴェンセンは耳にしていた。なかには一・五キロメートルもの幅をもつ管に粉々の岩が詰まっているものや、上部に巨大なクレーターがついているものもあった。そうしたクレーターと下に続く管は、空から降ってきたものの衝突でできたのではなく、地中の奥深くで煮えたぎる大釜の爆発によって生まれていた。

スヴェンセンが、ストロンチウムや磁鉄鉱の鉱石の探査を目的としてロシア人が採取した古い岩石コア〔訳註：掘削して採取した円柱状の岩石試料〕を探しに行くと、それらは森林の奥で見捨てられた保管施設に放り出されていた。だが「保管施設」とは名ばかりで、多くは焼き捨てられるか、そうでなくてもシベリアの厳しい冬にさらされて屋根も壁も失っており、中にあったものは野ざらしの状態だった。「幸運なことに、完全につぶれた建物のなかで無傷のコアを見つけることができました。私は、森のなかで見つけた山ほどの興味深い試料を、今でもまだ研究しているんですよ」と、スヴェンセンは言った。

彼が描き出した全体像は、ペルム紀末の火山活動に新たな脅威をつけ加えるものだった。シベリアトラップのマグマは、地球の奥深くから上昇してきたとき、ツングースカ堆積盆に貫入した。この堆積盆地は、エディアカラ紀から何億年もかけて積み重なってきたロシアの巨大な地層だ。そのためにこの盆地は、古代の森を起源とする炭酸塩、頁岩、石炭、さらに干上がった過去の海から生じた巨大な塩の層で満たされていた。場所によっては、これらの堆積物が一二キロメートル以上の厚さに積もっていた。ツングースカ堆積盆は世界最大の石炭盆地で、できればここに数百万立方キロメートルもの溶岩を送りこむのは避けたいところだ。マグマが上昇して塩の層にぶつかったとき、行き詰まって横に広がって大規模な溶岩のシル（地層面にほぼ平行な岩床）を形成し、それがペルム紀に地下に埋まっていた古代の石炭、石油、天然ガスに火をつけたと、スヴェンセンは言った。

そして――ドッカーン。

近くにいた動物たちは、あたり一帯が急に大爆発を起こしたところを目撃したかもしれない。それはペルム紀末の最初の爆弾で、この世の終わりのような大惨事の前触れだった。

スヴェンセンが調査した管には粉々に砕けた岩石がいっぱい詰まっていた。燃えるような高熱のガスが地下から急上昇して地表で激しく爆発し、直径八〇〇メートルにおよぶクレーターを残したあとの姿だ。

これらの大爆発は大気中に二酸化炭素とメタンを急激に放出したはずだ。メタンは二酸化炭素よりも強力な温室効果ガスで、分解して二酸化炭素に変化する。この化石燃料の燃焼こそが、絶滅と同時期に起きた炭素同位体の大幅な揺れを引き起こし、さらに絶滅そのものまで引き起こしたと、スヴェンセンは説明する。

「堆積物を熱すると、炭酸塩が二酸化炭素を発生させ、頁岩が有機物からメタンを発生させます。さらに当時のシベリアの蒸発残留岩［塩］には石油や天然ガスのような石油鉱床も含まれていて、それらもすべて、貫入してきたマグマによって熱せられました」

それならば、ペルム紀末の大絶滅と私たち自身に迫っている現代の破滅的状況の原因は、同じものではないだろうか。シベリアトラップは、古生代のあいだに何億年もの歳月をかけて蓄積された膨大な量の石炭、石油、天然ガスに侵入し、燃やした。マグマに経済的な動機はなかったにせよ、その結果はおなじみのものだった。わずか数千年という期間で、エンジンのピストンや発電所で点火される化石燃料と同じように確実に、とてつもない量の化石燃料の蓄えを焼きつくしたのだ。

スヴェンセンの説明を聞いて、私は以前にカリフォルニア大学アーバイン校の地球科学者で気象予報士のアンディ・リッジウェルと交わした、文明による現代の事業についての会話を思い出していた。

「基本的には世界経済全体が、どれだけ短期間に地中から炭素を掘り起こし、それを大気中に放出できるかにかかっている」と、リッジウェルは私に言った。「それは基本的に、世界全体としての事業だね。しかも、とっても大勢の人が参加している。地質学的に見るとじつに印象的な努力だよ」

シベリアトラップも同じだった。

現在、人類は一年に四〇ギガトンという信じられない量の二酸化炭素を放出しており、おそらくこの数字は地球史の過去三億年間――お気づきのごとくペルム紀末の大絶滅も含んだ期間――で最速のペースだろう。地球上にあるすべての化石燃料を、最後の一滴、最後のひとかけらまで燃やしつくすと、およそ五〇〇〇ギガトンの炭素が大気中に投入されることになる。もし私たちがそれを達成するならば、この惑星の姿はすっかり変わり果て、広大な地域が私たちのような哺乳類には棲めない場所になるだろう。（文明の多くを水浸しにしてしまう、六〇メートルを超える海水面の上昇は言うまでもない。）

だが、ペルム紀末の大絶滅時に放出された炭素の量も人類に負けず劣らず異例のもので、壊滅的な一万ギガトン――人類が燃やせる量の二倍――から、計り知れない四万八〇〇〇ギガトンまでの範囲と推定されている。その結果、ペルム紀末の大絶滅の時点とその後に推測される気温も信じられない高さだ。カルー砂漠では、河川の曲がりくねった流れが止まり、昆虫の羽音が消え、大量死が陸地を覆うにつれ、気温は最大で一六℃も上昇したと考えられる。パンゲアの内陸部では六〇℃の熱波も珍しくはなかっただろう。熱帯地域では、海水温が現在と同じくらいの二五℃から、四〇℃へと上昇した可能性がある。これは風呂のお湯と同じ温度で、ペルム紀末を専門とするポール・ウィグナルに言わせれば「とても熱いスープ」の温度だ。多細胞生物は単純に、このような地球規模のジャグジーでは生きていけない。生きものの複雑なたんぱく質が変性してしまう、つまり煮えてしまうわけだ。学術論文は、慎重でまじめな言葉を使って書かれるのがふつうだが、査読つきの科学論文でさえ、この史上最悪の大量絶滅に続く三畳紀の初期については、「世界滅亡後の温室」と説明する。

シベリアトラップの再現

シベリアトラップによってもたらされた荒廃は、地球温暖化だけではなかった。溶岩が、ツングースカ堆積盆にあった一五〇〇メートル以上の厚さをもつ塩の堆積層を焼却処分にしたとき、この爆発物のレシピは恐ろしい化学物質の毒入りカクテルを作り出しただろう。ハロゲン化ブタン、臭化メチル、塩化メチルをはじめとした物質が生じ、それらはオゾン層を破壊したと考えられる。スヴェンセンによればば致命的な紫外線Ｂ波の放射量も、もうそれ以上は死の要因など必要としない世界に追い打ちをかけていた。

さらなる証拠として、カリフォルニア大学バークレー校の古植物学者シンシア・ローイらが、イタリアからグリーンランド、南アフリカまでの広範囲のペルム紀末の地層から、風変わりな奇形の胞子と花粉粒を発見しており、それらは紫外線Ｂ波によって生じた変異の結果の可能性がある。私はローイと話をしたが、彼女は高温だけで植物の世界をすっかり殺すことはできないと考えていて、「植物を殺すのは、ほんとうに難しいのよ」と言った。異常な胞子と花粉は、新たにオゾン層をはぎ取られたペルム紀末の世界で、紫外線放射量が地上の生きものには耐えられないレベルになったことを示しているのかもしれない。

人類は、わずかここ数十年のあいだに、これと同じこの世の終わりのシナリオの再現に驚くほど近づいた。オゾン層を破壊する（臭化メチルのようなペルム紀末のガスも含む）フロンガスを段階的に排除することを定めた、一九八九年のモントリオール議定書は、これまでで最も成功している国際環境条約とされている。だが、失敗はけっして許されないところまできていた。ＮＡＳＡのシミュレーションは、これらの化学物質をそれまで通りに排出し続けると、二〇六〇年代までにはこの地球からオゾン層がほとんど消えることを示しており、もしそうなれば地表での紫外線放射量が二倍になって、世界中で致死的変異と癌を発生させるという、想像を絶する事態を生み出すからだ。

国際交渉によって、放射量が今世紀半ばまでに生命を脅かすレベルになる見通しをかろうじて回避はしたものの、コンピューターモデルのシミュレーションでは相変わらず気がかりな結果が見えているのに、大気中への温室効果ガスの放出を食い止める努力は情けないほど不足している。モントリオール議定書で規定されたハロカーボン類（一部はペルム紀末のロシアから噴出したであろう化学物質と同じもの）は工業用化学物質のなかではどちらかと言えばニッチなグループに属しているから、世界的な規制に適し、市場に対応できる実用的な大量の代替品に置き換えやすい。一方、世界経済全体は化石燃料の燃焼を基盤としており、その化石燃料こそがペルム紀末の断頭台のなかで最も重要な要素だった可能性があるのだから、ゾッとする。石炭、石油、天然ガスの燃焼は、産業革命以降の人類の繁栄を支えてきた。ビル・ゲイツが最近「アトランティック」誌に語ったように、「私たちの猛烈なエネルギー使用こそが、現代文明そのものだ」。

地球化学に関して私たちが今まさに進めている実験の結果は誰にもわからないが、ペルム紀末の場合、大気中への温室効果ガスの大量の投入は、墓場への一本道だった。

大気への二酸化炭素の大量投入が地球を急速に温暖化することは、地球化学における議論の余地のない概念であり、すでに一世紀以上にわたってこの分野の基礎をなしてきた。だが、二酸化炭素急増の成り行きは温暖化だけにとどまらない。二酸化炭素は地球を熱するだけでなく、海水と反応して酸性度を高め、海から炭酸塩を奪う。多くの動物が——サンゴ、プランクトン、またアサリやカキのような殻をもつ生きもののように——骨格を形成するために狭い範囲の水素イオン濃度（ｐＨの値）と豊富な炭酸塩を必要としているから、短期間で大量の二酸化炭素が海に投入されれば命取りだ。現代の海洋のｐＨの値は急速に低下していて、産業革命の開始時期にくらべると海水の酸性度がなんと三〇パーセントも高くなっている。地球温暖化の山ほどの証拠には動じない人たちも、海洋の酸性化に反論の余地はない。わかりやすい化学だからだ。

私たちの世界にとって最も恐ろしいのは、スタンフォード大学の古生物学者ジョナサン・ペインの考えによると、ペルム紀末の海で最も重要な死の要因が海洋の酸性化だった点だ。このとき、簡単に言えば、ほとんどすべての生きものが死んだ。

大量絶滅の専門家には、一九八〇年代と九〇年代に起きた恐竜絶滅論争と、その議論から生じた人間関係や専門分野への影響で、苦労してきたベテランが多い。だがペインは、恐竜の運命がほとんどの人たちにとって満足のいく結論に達したころ、まだ大学にいた。彼は若い世代の古生物学者の一員で、その世代は埃にまみれた遠方にある岩石の露頭を訪ねるのと同じくらいの頻度で、大量のデータからも地球の生命の物語を拾い集めるようになっている。私はペインに会うためにスタンフォード大学の研究室に行ったが、彼はペルム紀末の海中の（ほぼ全滅に近かった）大量絶滅を調査するために中国遠征を繰り返しており、研究室にはその合間にときどき顔を出すだけだ。

ペインにとってペルム紀末の地獄のような光景は、地球の気候・海洋システムの範囲内で起こり得るギリギリの限界をあらわしている。それは絶対的に最悪のシナリオだ。とはいえ、私たち人類が直面している課題と、気の滅入るような関係をもっているかもしれないのだ。

ここで、ペルム紀末の狂気の混沌について、前後関係を整理しておくことにしよう。

気候科学は長いあいだ難解な分野だったものの、現在ではその基本知識が、地球市民にとっての責任ある市民教育の根幹として求められている。とくに、これから何世紀かのあいだに人類が直面する課題についての会話には、ひとつの数字が欠かせない——ｐｐｍであらわした大気中の二酸化炭素濃度だ。ここ数百万年の地球上の二酸化炭素レベルは、氷河時代の二〇〇ｐｐｍからはるかに温暖な時代の二八〇ｐｐｍまでのあいだを行き来してきた。これはまだ産業革命が起きる前の、驚くほど安定した気候が保たれたなかで人類の文明が築かれた時期にあたる。環境活動家のビル・マッキベンが350.orgというウェブサイトを開設したのは、三五〇ｐｐｍを超えると、人類が経験したことのない真に危険な領域に踏みこむことを強調するためだった。二〇一三年に地球全体の平均濃度が四〇〇ｐｐｍを超えたときには、世界中の科学者たちが恐怖の反応を示した。

この地球規模の化学実験は、放置されるなら、文明の安定を脅かすことはほぼまちがいない。大気中の二酸化炭素濃度が前回四〇〇ｐｐｍを超えたとき、海水面は現在より一五メートル上昇した。だがペルム紀末の場合、350.orgは桁数を大幅に増やす必要があったようだ。

「現在の海に、ペルム紀末のように四万ギガトンの炭素を加えたとしたら、二酸化炭素濃度は三〇〇ｐｐｍから三万ｐｐｍになりますね」と、ペインは言った。

ふたりで笑ってしまった。理解しがたい数字だ。大気中に三万ｐｐｍの二酸化炭素があれば、それはもう地球とは呼べない。

「実際に三万ｐｐｍになったとは、考えていないんですよね？」と、私は尋ねた。

「ほんとうのところはわかりませんね。それが途方もない数字なのか、そうでないのか、私にはわからないんですよ」と言いながら、ペインは詳しく説明してくれた。「私はこんなふうに考えています。白亜紀末の大絶滅では「小惑星の」衝突によって、これまで地球上で爆発したすべての核兵器のエネルギーを合わせた五〇万倍くらいのエネルギーが生み出されたという事実を考えてみましょう。それで直径二〇〇キロメートルのクレーターができました。ここ「スタンフォード」からロサンゼルスまでの半分に届く大きさです。想像もつきませんね。それでも、生物圏にはペルム紀末ほどのひどい影響は与えませんでした。だからペルム紀末は、どんなものであっても、ほんとうに極限の状態だったのです」

「海の種の九〇パーセントを絶滅させるには、何らかの原因が必要です……乱獲もしないのにね」と言って、ペインは笑った。「そのことも肝に銘じておくのが大事ですよ、いいですか？　私たちが過去二〇〇〇年のあいだに見てきた絶滅の大半は、気候変動のせいじゃなくて、人間による直接的な影響のせいなんです——魚や獣の乱獲、生息環境の破壊が原因で、気候変動や海の化学的性質の変化が原因じゃありません。でもペルム紀末には、そうした後押しはありませんでした。つまり、原因のすべてが気候と海の化学的性質です。だから……三万ｐｐｍの二酸化炭素を除外できる証拠はないと思っています。もし、どちらかを主張しなければならないなら、大気中の二酸化炭素濃度は三〇〇〇ｐｐｍより三万ｐｐｍに近かったと主張しますね」

（今のところ、ペルム紀末の大気中の二酸化炭素濃度はおよそ八〇〇〇ｐｐｍとする予測が代表的で、それでもなお滑稽に思えるほど高い値だ。）

この追加の二酸化炭素が十分に短い期間のうちに投入されると、これまで見てきたように気温が異常な高さになるだけでなく、海も完全に破壊されてしまう。海水が二酸化炭素を吸収して、海洋の水素イオン濃度（pH）が急落する――現代の海では、確実にその状態が始まっている。

だが重要なのは、それにかかる時間の長さだ。長期的に見れば、海は大気中の二酸化炭素の大幅な増加にも、十分にゆっくりと進む限り対応できる。ゆるやかな風化作用が陸上の岩を少しずつ削って海に洗い流していくと、胸やけの薬が胃の調子を整えるのと同じように、酸性に傾いた海が中和される。そして大気中に二酸化炭素を投入すればするほど、岩石の風化は早まっていく。ペインは次のように説明してくれた。

「大気中の二酸化炭素の増加は、ふたつの理由で風化を早めます。ひとつは雨の酸性度が高まることです。でも多くの地球化学者が考えているのは、実際にはもっと大切な点として、単に地球が温暖化すれば蒸発量が増えて、流れる水も増えるという点です。システム全体で循環する水が増えれば増えるほど、化学的風化作用［訳註：水などが関係した化学反応によって岩石が分解して砕ける風化］も促されますからね」

それでも、岩石の風化には時間がかかる。じつに長い時間だ。一羽の鳥が山肌をつついてくちばしを研げば、やがて山はすっかりなくなるというような、格言の世界のような時間が流れる。だから、岩石が風化するよりも短い時間の尺度で大気中の二酸化炭素が急増すると、海洋酸性化のレシピができあがるわけだ。ペインはさらにこう続ける。

「つまり、時間の長さがとても大切です。こうした事態に対する海の反応は、かかる時間によって決まりますからね。長い目で見れば、システムに余分な炭素をたくさん加えても、ほとんどの炭素は石灰岩（炭酸カルシウム）として地質学的にシステムの外に出ます。だから長い時間がたてば、私たちが燃やしている石炭、私たちが火をつけている石油はすべて、最終的に海のなかの石灰岩を増やすことになります。問題は、そのために必要な時間は一〇万年単位だということです。人間が関与できる長さではありません。だから、現在の海について考えると、私たちは基本的にはただ燃やして二酸化炭素を出しているだけで――海に炭素を加えてはいますが――カルシウムを加えてはいないわけですね？　カルシウムを燃やして大気中に送り出している人はいませんよ」

古生物学者は、自分自身の立てた仮説が現実に起きるところをその目で見ることなどめったにないが、人新世［訳註：完新世に続く新しい時代区分として、ノーベル賞受賞化学者のパウル・クルッツェンが提唱したもので、「人類の時代」という意味をもつ］の現代の海は、ペインとその仲間にとってありがたくない概念実証のようなものになっている。今では海で暮らす種の四分の一を支えているサンゴ礁は、控えめであっても二酸化炭素排出のシナリオが続けば、絶望的な状況に陥りそうな気配だ。だが食物連鎖の最下層はすでに、新たに人間が出した二酸化炭素のあふれる海で悪戦苦闘している。現在、南氷洋の海水の酸性化が進み、南極の食物連鎖の底辺の一部を担う翼足類（よくそくるい）（「カタツムリ」に似た形で水中をヒラヒラと浮遊する小さくて半透明のプランクトン）が殻に穴のあいた状態で見つかっている。二〇〇八年に、米国海洋大気庁（NOAA）の科学者ニーナ・ベドナーシェクが南極周辺の調査航海で、殻をむしばまれたこの生きものを発見した。二〇五〇年までには、海水の酸性化によって南氷洋全体が翼足類の棲めない場所になり、生態系は破滅的状況に陥るだろう。南極周辺で最初にこの動揺する発見をしてから、ベドナーシェクはシアトル沖でもやはり殻が損なわれた翼足類を見つけた。シアトル沖では、米国太平洋岸北西部のサケの稚魚が食べる餌の最大半分を、翼足類が占めている。

「もし翼足類が消えていったらとか、もし翼足類が危うくなったらとかいう問題じゃない――そうなるのは確実なのよ」と、ベドナーシェクは私に言った。

この話題は今のところほとんど注目されていないが、今後数十年間の海洋酸性化の予測は、確実に世界を変える可能性がある。

ビックリハウスのようなペルム紀末の数字を知ると、私たちが地球システムに投入しようとしている炭素の量は少なく見えてしまうが、だからと言って人類が助かるわけではない。二酸化炭素排出の絶対量ではなく、排出のスピードがすべてであることがわかっている。そのために、二億五二〇〇万年前にはオランダの鬼才ヒエロニムス・ボスが描いたような光景が地上を覆ったが、ペインとその同僚、カリフォルニア大学サンタクルス校のマシュー・クラパムは真顔で、「海洋でのペルム紀末の大絶滅――古代における二一世紀の類似物か？」という題の論文を発表した。

現代のサンゴ礁が二一世紀の末にどうなっているかは誰にもわからないが、グレート・ダイイングが何らかの参考となるならば、それは陰惨な光景かもしれない。

そこで私はペインに尋ねてみた。グアダルーペ山脈を作り上げたような、ペルム紀にまばゆいばかりのサンゴ礁があった場所では、もしもペルム紀末の大絶滅の真っ只中にスクーバダイバーが訪れたとしたなら、どんな光景が見られたのだろうか？

「たぶん、緑色のドロドロしたものがたくさん見えるでしょうね。クラゲが大発生していたかもしれません。よくわかりませんが」と、彼は答えた。

私はまた、人類にとって最悪のシナリオは何かとも尋ねてみた。

「最悪のシナリオは、私たちが海を酸性化させて、そこに棲んでいるサンゴやもっと大きいほかの動物たちを皆殺しにして、最後には、そう、ドロドロしたものに覆われた世界になることだと思いますよ」

大量絶滅の「オリエント急行殺人事件」理論？

ペルム紀末の大絶滅の最も奇妙な特徴のひとつは、オーストラリアから中国南部、そしてカナダのブリティッシュ・コロンビア州までの世界中で、海底堆積物にイソレニエラテンと呼ばれる色素が見つかることだ。この色素は、不快な浮きカスに見える緑色硫黄細菌が光合成に利用するもので、この細菌が繁殖するには風変わりな海の条件の組み合わせ——無酸素状態、有毒な硫化水素、そして最も重要な日光——が必要になる。日光が届いていることが条件なら、この不快な細菌は浅海で繁殖していたことになる。だが水面まですっかり酸素を失った海など、海洋学的にはあり得ない。海水面はつねに空気と混じりあい、風と波によって絶え間なくかき混ぜられて、海の最上層には酸素が送りこまれるからだ。

「斉一説はまったくのまちがいだ」と、ピーター・ウォードは言った。「完全にまちがっている。誤った方向に導く考えだね。現在を過去の鍵に使うことはできないよ。なぜなら過去には、ぼくらには概念化すらできない、まったく異なった時代があったからだ。有光層（海や湖沼で太陽光が届く層）にいて、そこでは大気中の酸素が混じるのに、たった二メートルか、五メートルか、一〇メートルの水深で無酸素だって？　そんなのはおかしい。根本的な違いがあったんだ」

「ほんとうの問題は、カンプがどれだけ正しいかってことだ」と、ウォードは続けた。

リー・カンプはペンシルベニア州立大学の研究チームを率いる地球科学者だ。彼は、ペルム紀末に地球上の生きものが死滅した原因には、異常な高温だけでなく、硫化水素を含んだ毒ガスもあったと考えている。そして部屋の装飾に、ちょっと変わったアドバイスもする。

「ステーキの料理に使う岩塩でできた、ランプを買えるのを知ってますか？」と、ペンシルベニア州ステートカレッジにある研究室でカンプは私にそう質問した。「買うべきですよ。ほとんどがペルム紀末の岩塩鉱床からとったものだから」

ペルム紀末にパンゲアの内陸部が乾燥しきって、超大陸地獄となるにつれ、世界中の内海は干上がって、あとに巨大な（現在では経済的に重要な）岩塩鉱床を残していった。私が住んでいるボストンでは、冬になると道路の凍結を防ぐために、アイルランドから輸入されたペルム紀の塩がまかれる。

「バーベキュー用品の売り場に行ってきたところですが、こんなものを売っています——ヒマラヤ岩塩プレートで、網焼きの料理に使えますよ。だからひとつ買ってきました。ちょっとした飾りに、家に置くランプも」

ペルム紀末の大絶滅の原因としては、極度な高温、破壊的な海洋酸性化、オゾン層の破壊に加えて、火山ガスに含まれた二酸化硫黄による強い酸性雨の森林破壊、硫酸塩エアロゾルが太陽光を遮ったことによる短期間の寒冷化、火山から噴出した大量の有毒な（第一次世界大戦の戦場で使われたものに似た）ガスによる呼吸困難、あるいは二酸化炭素の直接的な中毒、水銀中毒などがあげられている。あまりにもたくさんの候補が次々に登場するので、ダグ・アーウィンはペルム紀末の過剰なまでの容疑者を、大量絶滅の「オリエント急行殺人事件」理論とユーモラスに名づけている。

「この世界を真に正しく評価できるのはダンテだけだ」と、アーウィンは書いている。

「そうです、たしかに犯人候補があふれています」と、カンプは言った。

この推理小説には、容疑者がさらにふたりいる——恐ろしい海の酸素欠乏状態と、酸欠の仲間の有害な硫化水素で、後者は酸素がない場合にのみ細菌によって作られるものだ。

腐った卵の臭いを嗅いだことがあるなら、それが硫化水素の臭いだ。わずか一ｐｐｍで、空気中にまちがいようのない悪臭を漂わせはじめる。そしてそれは実際に起きている。硫化水素は「糞尿ガス」としても知られ、七〇〇～一〇〇〇ｐｐｍで即死を意味する。肥溜めで作業中の農業従事者が高い濃度のものを吸いこんで、無数に命を奪われてきた。またテキサス州のパーミアン盆地をはじめとした油井やガス井の周辺でも、掘削作業をしていた人が地下の岩から漏れ出したガスによって死亡する事故が起きている。

カンプは二〇〇五年に、この不愉快なガスがグレート・ダイイングの原因だった可能性があるという説を提唱した。硫化水素を発生させるためには、まず酸素欠乏状態が必要になる――それだけでも十二分な容疑者だ。実際にほかの大量絶滅と同様、息ができなくなった海に特有の生きもののいない岩石が世界中で見つかっている。パキスタンのソルトレンジ、北イタリアのドロミテ、中国南部、米国西部、グリーンランド、さらに北極海のかつての捕鯨基地、スピッツベルゲンなどで、海の酸素欠乏はペルム紀末の世界的な兆候だったらしい。そしてその状態は絶滅から数百万年たっても完全にはなくならず、おそらく残酷なまでにゆっくりした回復の様子を物語っているのだろう。

このように息ができなくなった海を説明しようとして、科学者たちはまず――シベリアトラップによる大量の二酸化炭素投入が引き起こしたにちがいない――地球温暖化によって、極地と熱帯地域との温度差が縮まり、地球規模の海洋循環が止まったのではないかと推測した。私が今これを書いているあいだにも、北極の一部で一か月にわたっていつもより一六℃も気温が高い状態が続き、グリーンランド氷床が急速に溶けるにつれて海洋循環が遅くなっているようだ。ペルム紀に海洋循環がすっかり止まってしまったとすれば、深海から酸素が失われて嫌気性細菌が急増し、海を硫化水素で満たしたのではないかと、古海洋学者たちは思いをめぐらせた。

だがその後のモデリングによって、このように海洋循環を止めるのはほとんど不可能であることがあきらかになっている。海底火山、地域ごとの塩分濃度のちがい、そして海洋学の気まぐれで、やがてゆっくりではあっても循環が始まる。

「停滞した海は、実際にはあり得ません」と、カンプは言った。

これはよいニュースだが、それならば、世界的な酸素欠乏状態と硫化水素の兆候はどのように説明できるのだろうか？

カンプは、酸素欠乏を促したのは海の停滞ではなく、極端に高い温度そのものだったと考えている。単純な物理学で、水の温度が高くなるにつれて、含まれる酸素は減ることがわかっている。一方、動物の生理学の残念な偶然で、温度が高くなるほど動物が必要とする酸素は多くなるから、海水温が上昇を始めると酸素の不足が急速に問題になる。だが、ペルム紀末に酸素欠乏を駆り立てたもうひとつの要因は、おそらく、ここでも、陸上の風化作用だった可能性がある。デボン紀の危機と同様に、風化作用によってリンなどの栄養塩が急激に海に流れこんで、プランクトンの爆発的な増加と、不快な窒息とをもたらしたのかもしれない。

「私たちは温室気候の環境をシミュレーションしましたが、陸上での風化が激しくなり、リン酸塩が海にもたらされ、それが栄養塩になります」と、カンプは話した。「ある意味、汚染された池みたいなものですね」

「でも池とはちがい、海には硫酸塩もあるので、硫化水素が発生しはじめるのです」

海に不気味な緑色硫黄細菌が存在しただけでなく、世界中のペルム紀末の海の露頭で黄鉄鉱（おうてっこう）の微小な粒がみつかっており、それは水塊が有毒な硫化水素でいっぱいになっていたまぎれもない証拠だ。

　だがカンプの考えはさらに飛躍し、硫化水素が海にいた動物を殺しただけでなく、陸上での大量死の原因にもなっていた可能性があるとする。二〇〇五年に書いた論文では、硫化水素の毒性をもった大きな泡が浮上して海面を漂い、悪臭を放つ有毒な煙霧が陸上にも広がって地球を覆いつくし、ほとんどすべての生きものを殺したと論じた。

　その後のコンピューターを利用したモデリングで、海からのそうした壊滅的なガス発生は起こりそうもないことがわかると、カンプは考えを棚上げせざるを得ず、そのほかの原因が前面に出た。だが彼は、悪夢のようなそのシナリオをすっかり捨ててはおらず、こう言った。

「わたしの最新のホラー映画のコンセプトを教えましょう。アメリカ国立大気研究センター［NCAR］には空想のモデルがあって、それを一日周期、一年周期で計算し、ペルム紀の条件を使うと、ハイパーケーンが生まれるんですよ」

　おっと。

　ハイパーケーンは大陸ほどの大きさにもなる超巨大なハリケーンで、風速は毎秒二二〇メートルにも達し、海水温が未知の領域まで上昇すると大気モデルに突然あらわれる。海水温四〇℃、風速二二〇メートルは、ほとんど想像を絶する領域だ。最も強力な竜巻の内部で生じる最速の風より、風速が九〇メートルも速い。核爆発で直接生まれる瞬間風速のような風になる。

「北極圏をそっくり包むような巨大ハリケーンです――巨大な力をもっている。大陸がすっぽり入る大きさです。それほど大きくて、信じられないほどの広がりをもっているから、陸上を突き進めます。私がNCARの人に頼んだのは、硫化水素を含んだ海を横切って進むモデルですよ。ハイパーケーンなら海の水を吸い上げるのでね」

ホラー映画がはっきり見えてきた。

「こういうハリケーンが、風速二二〇メートルの風だけじゃなくて、硫化水素も運んでくる」――彼は声を上げて笑いだした――「それに二酸化炭素も。こういう有毒なハイパー・ハリケーンが、陸上を横切ってくる」

カンプは笑い続けた。それは、正気とは思えない恐ろしいことを……そしてもしかしたらほんとうかもしれないことを……言っているのがわかっている人間の、神経質な笑いだった。

まとめてみよう。急激に酸性化している海があった――地球上の広大な範囲にわたって、ジャグジーのように熱く、完全に酸素を失った海だった。二酸化炭素と硫化水素が、どちらの毒もそれだけで十分に殺し屋になれるほどめいっぱい含まれた、不快な潮の満ち干があった。大噴火を起こし、何千メートルもの深さに積もった溶岩で息苦しいロシアの光景があった。これらの火山から流れてくる神経毒と致命的なスモッグが混じった霧があり、上空ではオゾン層がハロカーボンによって滅茶苦茶に破壊されて、致死的な紫外線が地上まで届いていた。森林を破壊する酸性雨が降り、陸地は荒れ果てて川は蛇行をやめていた。二酸化炭素濃度があまりにも高く、地球温暖化があまりにも激しかったために、地球上の大部分は昆虫にとってさえ暑くなりすぎていた。そして今、毒性を含んだガスでできた、この世のものとも思えないカンプの超巨大ハリケーンがやってくれば、天まで届くほどの高さで荒れ狂い、大陸のすべてを完全に破壊してしまうだろう。

これらのペルム紀末のシナリオのなかには、あまりにも乱暴なものもあるが、私は現代との比較が実際に妥当かどうかをカンプに尋ねてみた。

「そうですね。今、私たちが大気中に二酸化炭素を投入している速さは、最も軽く見積もってもペルム紀末の一〇倍になります。その速さが問題です。だから私たちは今、生きものが適応するにはとても難しい環境を作り出していて、その変化を、おそらく地球史で最悪の事変の一〇倍の速さで強いているのです」

「そのことを覚えておいてほしいですね」

彼はもう一度クスクスと笑った。

「私は悲観的な人間というわけではありませんよ」

第5章　三畳紀末の大絶滅【二億一〇〇万年前】

故障した地球のサーモスタット

地球にまだ大量絶滅があるというのは、むしろ明るいニュースだ。ペルム紀末の想像を絶するクライマックスを不幸にも目撃した者にとっては、それはたしかに地球最後の姿に見えたにちがいない。だが、地球上のありとあらゆる礁湖(しょうこ)、洞窟、隔離された池、深海の峡谷から、最も貧弱でぱっとしない住民までが完全に撲滅されなければ、この惑星は生き残ることができる。実際、おもな大量絶滅のあと、地球は生き残り以上の成果をあげている。いつも心機一転して繁栄しており、三畳紀にもやがて（文字通りに）それを実現した。地球史の最悪の時期から数千年を経て、戦いに疲れ果てた超大陸はまた活気を取り戻し、神秘的な爬虫類の時代を築いていた。だが、楽しいときは長くは続かなかった。ペルム紀末と同じように、地球は三畳紀末にも再び大きな口を開き、生物圏をすっかり飲みこんでしまう。

何かを保存する場合に時間は並外れて残酷なもので、化石記録が残されているだけでも奇跡に思える。地球史の大半は消滅し、かき混ぜられ、年月とともに破壊されていく。だが二億年前の三畳紀の殺し屋の場合、そのようなあいまいさとは無縁だ。三畳紀末に地球上の生きものの四分の三を消し去った大量絶滅の原因は、マンハッタンのウェストサイドにあるほとんどすべてのビルから、驚くほどはっきり見える。

だが、大量絶滅が起きるためには、まず殺される生きものが必要であり、世界が再び破壊されるためには、史上最悪の事態から立ち直っている必要があった。これは簡単なことではなかった。それでも、当初は見る影もなく荒廃して生息可能な場所を見つけることもままならなかった三畳紀も、終わるころまでには新しい自信に満ちた世界ができあがっていた。ペルム紀末に起きた破滅的状況がピークを過ぎたあと、この惑星は最後の哀れな日々を過ごしているように見えたにちがいない。生きものが残った場所も、どこにでも姿をあらわす二枚貝のクラライアのような、災害時に侵略的に繁殖する日和見種によって占領されており、樹木などは不思議なことに一〇〇〇万年ものあいだ姿を消していた。かつては、こうした回復の遅れはペルム紀末の大惨事の前例のない激しさの結果であるとみなされていた。誰かの顔にパンチをお見舞いすると、その人がヨロヨロと立ち上がるまでに少しだけ時間がかかるだろう。だが誰かに時速一六〇キロメートルの車で突っこんだりすれば、その人がもう一度立ち上がるのはずっと難しくなる。

ところが最近の研究により、グレート・ダイイングのあとで地球がしばらく動けなくなったのは、ペルム紀末の絶滅が強烈だったからだけでなく、三畳紀に入ってもかなりのあいだ続いていた、容赦なく厳しい、別世界のような状況のせいではないかと考えられるようになった。近年の科学論文は、この最悪の地球の状態を遠回しに表現したりしない。「三畳紀初期の温室だったころの致命的な高温」と、二〇一二年の「サイエンス」誌に掲載された論文は宣言している。また、中国地質大学の地質学者ヤドング・スンらは、ウナギに似た小さな生きものの化石の歯に含まれていた酸素同位体を分析し、熱帯地域では海水面の温度が四〇℃に近い状態が続いて、海のほとんどの部分は数百万年にわたって生きものを寄せつけなかったことをあきらかにした。陸上では、生命の気配がすっかり消えた大陸の中央部で、この世のものとは思えない最高六〇℃という気温が続いた。この極度な熱波は、三畳紀初期には地球の比較的緯度の低い全域で大型の魚の化石が見られないこと、また陸上では熱帯付近のどこにも同様に動物の化石が見つからないことに対応している。イクチオサウルスと呼ばれるイルカに似た爬虫類の意外な進化など、この時期の回復はほとんどが極地に追いやられていた。

スタンフォード大学のジョナサン・ペインは岩石のウラン同位体を分析し、海の酸素欠乏状態も絶滅から五〇〇万年のあいだ慢性的に継続して、生物にストレスを与えていたことをあきらかにしている。だが残酷にも、グレート・ダイイングの騒ぎが収まってからわずか二〇〇万年後、ペルム紀末を生き抜いたわずかな生きものたちに、またもや大きな絶滅の波が襲いかかった。

おそらく、複雑な生命体の歴史で最も長々と悲惨な状況が続いた時期と、陸塊が超大陸としてひとつにまとまっていた唯一の時期とが重なっていたのは、単なる偶然ではないだろう。パンゲアの独特な形状は、大気中の二酸化炭素を調整する機能を奪って、地球のサーモスタットを壊してしまったのかもしれない。超大陸の周辺部では風化作用が起き、二酸化炭素を引き下げる役割を果たしていたかもしれないが、乾ききった広大な内陸部には、事実上まったく水はなかった。水がなければ風化は起きず、風化が起きなければ、二酸化炭素を引き下げるための地球で最も信頼性の高い仕組みが機能しなかった。カンプは私に次のように説明してくれた。

「気候モデルに超大陸を組みこむと、内陸部の乾燥で落ち着くことになります。だからその時点では、地球の炭素循環にまったく寄与しません。岩石を風化させる水がないからですよ。だからパンゲアのように大陸度が高い時代に火山の噴火が起きると、二酸化炭素の調整機能が狂うと想像できますね。二酸化炭素が急に、グングン増え続けるわけですから」

その結果、三畳紀初期は耐えがたいほど暑くなった。

二酸化炭素のおもな集積場には、そのほかにサンゴ礁と浅海の大陸棚があり、サンゴ（または絶滅の余波が残っているあいだは微生物）が石灰岩として炭素を閉じこめる一方、炭素を豊富に含んだプランクトンが海底に沈み、やがて岩石になる。小さい大陸が数多くあるほうが、巨大な超大陸がひとつあるより海岸線の長さが増えるというのは、幾何学の単純な事実だ。そして海岸線が長いほど、浅海の生きものに炭素を埋められる大陸棚も広くなる。だがペルム紀と三畳紀には、大きくなりすぎた超大陸の周辺で大陸棚が不足し、単純な幾何学が生物学の炭素ポンプの働きを妨害した。その結果、大気中の二酸化炭素が増えて、地球全体で気温を下げることができなくなった。そのうえ、ペルム紀のあとに続く一〇〇〇万年ものあいだ、樹木と森林という巨大な二酸化炭素吸収源がほとんど姿を消していたから、余分な二酸化炭素が行き来する場所もなかった。

それでもやがて、どんなにゆっくりだとしても、地球は少しずつ冷えて、生きものが断続的に回復していく。だが三畳紀初期の地球は概して衰弱した世界で、熱帯にあったパンゲアの荒れ地は生命のない不毛の地だった。

その後、グレート・ダイイングから二〇〇〇万年が過ぎたころに、すばらしいことが起きた。雨が降りはじめたのだ。

雨が降り、また降り、いつまでも降り続いた。

恐竜が姿をあらわした。ほどなくして最初の花が咲いた（＊43）。ワニの祖先が続き、最初の真正哺乳類も登場する。

この地球規模の大雨は「カーニアン階多雨事象」として知られ、あまり研究されてはいないが地球史のたぐいまれな事象であり、天の水門が開いて乾燥しきった世界に待望の水をもたらした。これは「三畳紀地球の緑化」と呼ばれてきた。

だがこの「緑化」は、それほど恵み深いものではなかった。実際にはまた別の小規模な大量絶滅さえともなった可能性があり、動きの鈍い多くの爬虫類やペルム紀末からの陸上の生き残りが姿を消して、新しい世界に道を譲ったようだ。海ではタラットサウルスというほっそりした海生爬虫類がこの事象によって消滅する一方、アンモナイトが再び打撃を受けた。（ただしこれはたいした驚きではない。シカゴ大学の古生物学者デヴィッド・ジャブロンスキーは私に、頭足類のめまぐるしい繁栄と衰退の移り変わりついて、「ちょっとおかしな見方をするだけで絶滅する」と言った。）気候のこの劇的な変化は、また別の、もっと小規模な洪水玄武岩によって始まったらしい。三畳紀の海底から噴出したもので、今ではその痕跡をブリティッシュ・コロンビア州の海岸山脈地域で見ることができる。パンゲアがわずかに北方へ移動したことも、地球に大雨をもたらした要因かもしれない。

三畳紀の後半までに、新たな秩序が確立された。巨大なシャベル型の頭をもつ両生類が、沼地になった氾濫原の土手に上がって日光浴をし、倒れて水浸しになったソテツを引き抜いた。このころにはカメが登場し、飛翔する小ぶりな翼竜もいた。そしてもちろん、新たなキャラクターも二本足で森を駆けめぐっていた。恐竜だ。ただし、ほとんどが小さく、その姿はまれにしか見られなかった。恐竜の順番はまだまわってきていない。力を失った単弓類や、その新しい親戚である哺乳類の時代でもない。哺乳類が頂点に立つ機会を手にするまでには、まだ一億年以上もの時間がかかる。

三畳紀の世界を牛耳っていたのは、今日まで生き残っている系統だ。退陣させられたこの王族は、今でも湿地の端に出没し、ゴルフコースを苛立たしげにブラついている——三畳紀の世界では、ワニの親類が地球を支配していた。

回復した生きものの世界

私はバージニア州とノースカロライナ州の境を走る舗装されていない道を順調に進み、「危険　鉱山操業中　立入禁止」の看板を過ぎて、三畳紀に作られた新しい世界を探していた。前を走るピックアップトラックは錆がひどく、バージニア自然史博物館による長いあいだの酷使であちこちへこんでいた。私たちは、背の高さ九〇センチほどの獣脚恐竜（別名、シチメンチョウ）をよけるために一瞬だけ道をそれたあと——この動物は羽根をフワフワさせながらトラックの前を必死で横切ったのだ——ソライト採石場の小屋の前に車を止めた。小屋の外には採石場から掘り出された石が置いてあり、そこには控えめな（シチメンチョウの足跡とたいして違わない）三本指の恐竜の足跡がついていて、化石記録にスーパースターが登場し、三畳紀にここでつつましいスタートを切ったことを伝えている。

この採石場の所有権が最近になって創造論者に移ったため、バージニア自然史博物館はこの世界的に有名な二億二五〇〇万年前のラーゲルシュテッテン（化石鉱脈）に残されているものを、新しい地主が（博物館の仕事と古い地球との密接な関係に少しも動じることなく）岩を砕いて道路の材料にしてしま

ノースカロライナ州とバージニア州の境にあるソライト採石場。
世界有数の重要な三畳紀の化石採集場で、地溝帯がノースカロライナ州からニューヨーク市へと延びて米国の東海岸がアフリカ西部とつながっていた大昔の、湖底に埋もれていた地層だ。

う前に、大急ぎで回収していた。数週間前には化石発掘のボランティアが、世界の主要な宗教を象徴するシンボルをデザインした「共存（COEXIST）」のバンパーステッカーを張った車で採石場にやってきた。それはこの採石場の福音主義の所有者を激怒させ、博物館はもう少しで立ち入りを禁止されるところだったらしい。

「彼らが私たちに協力してくれて、ほんとうに運がいいと思うけれど、いつ爆破してしまうかという不安が大きなストレスになっているよ。いつ爆破するつもりなんだろうね?」と、博物館の理事をしているジョー・ケイパーが、安全帽をかぶってこの産業用の採石場を調べながら言った。

「ちょっとハラハラしているんだ。うしろの区域では、ここ数週間のうちに岩屑をぜんぶ片づけている」。水圧式の大型機械が発掘現場のそばを威嚇するようにゴトゴト通り過ぎるのを見ながら、ケイパーは続けた。「こっちの現場の準備をしているってことだな。あと一日だけあるのだから運がいいね。あと一日、あと一日、まだここで作業できる」

ケイパーは午前中ずっと岩からシーラカンスを削り取るのに集中し、そのあいだ私とほかのふたりの古生物学者はロックハンマーとのみを使って、古代の湖の底に堆積した数千年分もの層をはがしていく。植物、無数の小さい淡水エビ、ときには長さ三〇センチメートルもある、泳ぐ爬虫類が姿をあらわす。何年か前に博物館はこの採石場でメキストトラケロスを発見した。じつに奇抜なこの小型の爬虫類には、腕の下に皮のような翼がついていて、肋骨でできた腕を外に広げると水かきでつながっている（＊44）。おそらく、かつては三畳紀の静かな湖のほとりだった場所を滑空しながら、虫をつかまえていたのだろう。食べられる虫はたくさんいた。この粘板岩の六〇センチほど下にはいわゆる昆虫層があり、世界屈指のみごとな保存状態だ。ここではペルム紀末の荒廃から数百万年後、すっかり回復した昆虫の世界を垣間見ることができる。
「この昆虫たちは二億二五〇〇万年ものあいだ地下に埋まっていたんだが、研究室にもち帰ると、触角の節の数をちゃんと数えられるし、触角の節についている毛の数だって数えられる——保存状態は奇跡的だ」と、ケイパーは言った。

　三畳紀の後期には、ここにあったような穏やかな地溝帯湖がノースカロライナ州とバージニア州から北方のニュージャージー州とニューヨーク市へと延び、はるかコネティカット州や、ノバスコシアにまで続いていた。その地域は現在の東アフリカ大地溝帯に似ており、そこでは東アフリカがアフリカ大陸の残りの部分から離れていく継ぎ目の部分に、タンガニーカ湖とマラウイ湖ができている。「地溝帯」の「地溝」がここにある。三畳紀には、現在の米国東部海岸線とアフリカの西海岸にあたる場所に並んだ湖が超大陸パンゲアの中央部をミシン目のように縦に走り、やがてこの線に沿って超大陸が分裂していく。米国の東側の海岸線地帯とアフリカの西海岸が、これらの湖の化石を共有しながら現在の場所に位置している理由は、そこにある。超大陸が裂けはじめると大地溝帯に水が流れこんで湖を形成し、熱帯気候をもつこの三畳紀の安全地帯の水辺には、見慣れないワニの親戚が集う奇妙な新世界が生まれた。

　それらの動物のほとんどは、現代人が見てもワニとは思わないだろう。実際、ワニではないからだ。それは恐竜を「鳥」と呼ぶようなもので、大昔の祖先になる。たしかに、現代のワニのように歯が生えそろった先細りの吻(ふん)をもち、四本足でドシドシ歩いているものもいれば、ニューメキシコのエッフィギアのようにすばしこくて柔軟で歯がなく(!)、前足はずんぐりしてほとんど役に立たず、二本足で疾走するものもいる。またポストスクスのように、映画「ジュラシック・パーク」で活躍した大きすぎるヴェロキラプトルと戦ってもひけをとらないと思われるものもいた。さらに、デスマトスクスは風変わりな鎧で身を包み、ブタに似た鼻をもった、アルマジロそっくりな植物食動物だ。トゲトゲした鎧の両肩から飛び出した角のような突起がよく目立つこの動物は、テキサス州の最北端にある回廊地帯で氾濫原や川をうろついていた。恐竜のステゴサウルスに夢中になっている六歳児の空想に、これらの動物が登場しないのが不思議なくらいだ。

三畳紀の世界を支配していたワニの親戚たちはこれまで長いこと――化石記録のほかのすべての種類と同じく――恐竜の影に隠れて目立たなかったが、少しずつ注目を浴びはじめている。私たちが採石場で化石を発掘した前の週には、近くで作業をしていたノースカロライナ州立大学の古生物学者グループが、「カロライナ・ブッチャー」を発見したと発表した。カロライナ・ブッチャー、つまりカロライナの肉屋と呼ばれているのは、全長一メートルほどのワニの親戚で、後ろ足で歩き、南北カロライナ州地域の最上位の肉食動物として熱帯の湖周辺を恐怖に陥れていた。イラストレーターが描く姿は恐ろしく、あきらかにワニと見えるこの動物は前かがみになり、殺意のあるうなり声をあげながら口を大きくあけている。科学の世界にはこれまで知られていなかった別のワニの親戚も、最近になってノースカロライナ州の州都ローリー付近で発掘された。こちらは甲冑に覆われ、周囲を威嚇するようなトゲトゲの襟を備えている。これらの動物はすべて、この広大な古代の湖群周辺に集まっていた。この湖群は当時のパンゲアの――世界が引き裂かれて離れはじめるまでは――果てしなく続く内陸部の奥で、海から限りなく遠い場所にあったのだ。ここはパンゲアの奥地の遅れた場所だったかもしれないが、その足の下では地球の新たな地勢が広がりつつあった。大西洋だ。

三畳紀の末、パンゲアの王国がついに分裂を始めたころ、世界はまたもや終わりかける事態に陥った。

疑わしいクレーター

マンハッタンで生まれてニュージャージー州で育ったコロンビア大学の古生物学者ポール・オルセンは、十代のとき、高くそびえるパリセイズの断崖絶壁を見上げながらハドソン川の岸辺を探検した。そそり立つ玄武岩の城壁は、対岸の摩天楼に石をもって堂々たる答えを返していた。ここは現在、大西洋を貫いて赤道の両側まで網状に続く巨大なマグマの裂け目の一部になっていて、この裂け目は三畳紀の末に突然姿をあらわした。パリセイズの地下には、三畳紀にあった平穏な地溝帯湖の堆積物（ノースカロライナ州と同様のもの）が数多く埋まっている。ジョージ・ワシントン・ブリッジの鋼鉄の橋桁から絶え間なく響く車の往来を告げる低音を耳に、オルセンは失われた世界の名残を探す。誰から教わるわけでもなく化石の発掘技術を身につけたこの学者は、威圧する断崖の足元で、大都会の川岸から遠い昔の爬虫類と魚類の遺物を掘り起こすのだ。

一九七〇年、まだ高校生だったオルセンは、その早熟な古生物学で注目を集めはじめた。ニュージャージー州の自宅近くにたくさんの化石が見つかったまま放置されている採石場があり、その開発をやめて保護してほしいと当時のリチャード・ニクソン大統領に手紙を書くキャンペーンを実行して成功させ、一七歳のとき「ライフ」誌に紹介されたからだ。現在ではウォルター・キッド恐竜公園として知られる採石場の史跡指定には、ニクソン顧問団の一部が反対し、ティーンエージャーになどかかわらないようにと大統領に求めたらしい。

それから四〇年が過ぎて、オルセンの髪には白いものが混じり、口髭もすっかり似合うようになったが、青春時代のじっとしていられない性格は健在だ。そして想像もつかないような化石発掘現場を見つけ出す才能は衰えを知らない。（私が訪れたバージニア州とノースカロライナ州の境目にあるソライト採石場の豊富な化石も、オルセンが発見した。）そして気が遠くなるような時間のものさしと大量絶滅を扱っているのに、気軽な様子で研究に取り組んでいる。地球史の時間の流れを説明するのにも、楽しそうに一パイントのビールを指さす――動物の姿は、一番上の泡の部分だけにしか見えない。

若いころのオルセンは、ほかの古生物学者と同じく、三畳紀の末に絶滅があったことさえ確信をもてずにいた。化石記録があまりにもあいまいだからだ。三畳紀のワニの世界が敗れ去ったのなら、その前に互角の争いが繰り広げられ、（次の時代を支配するようになる）恐竜の力がかろうじてまさったということではないかと、多くの古生物学者は考えた。だがやがて、陸上と海中で大量の種が絶滅しただけでなく、その絶滅が圧倒されるほど急激に起きたことを立証する論文が次々に発表されて、オルセンもようやく納得した。一億三五〇〇万年後に地球を引き継いだ哺乳類と同じく、恐竜がこの世界を支配するためには、それまでの支配者――この場合はワニの一族――を三畳紀末の騒乱状態のなかで手荒く打倒する必要があった。

この大量絶滅があきらかに急激に起きていることから、オルセンは一九九〇年代から二〇〇〇年代はじめにかけて、犯人は天空からやってきたとする人気の説を提唱する論文を数多く発表した。そしてたしかに、大いに疑わしい容疑者は存在した。それはカナダのケベック州にあるマニクアガン湖で、直径一〇〇キロメートルのほとんど完全な円形が国際宇宙ステーションからもはっきりと見える。このクレーターは、実際に破壊的な小惑星の衝突によってできたものだ。だがその後、衝突は三畳紀末の大絶滅より一四〇〇万年前に起きたことが判明している。恐竜を一掃したものと同じくらいの大きさをもつ小惑星が、地球上の生きものに事実上まったく影響を与えなかったかもしれないという発見は、大量絶滅の「アルバレス小惑星衝突仮説」の長い論争が続く中で育った世代の古生物学者には衝撃的なものだった——地球上の生きものが地質学的な時間のものさしで少しずつ絶滅するのではなく、空からやってくる数分間の出来事で一掃される可能性があるというこの考えは、以前はあきれた説として相手にもされなかった。

「大規模なクレーターがあり、それは……かつて、地球上のすべての種の四分の一から三分の一を絶滅させるだけの大きさをもつ小惑星によってできたにちがいないと推定されていたが、何も見つからなかった！」と、ピーター・ウォードは書いている。「何も起きなかったのだ！　小惑星衝突による影響の大きさは、過大評価されていたのかもしれない」

オルセンはほかの場所で三畳紀の死神を探しはじめた。そのあいだ、ニューヨーク州パリセイズにある（若いころ探検をしていた断崖の上に位置している）ラモント＝ドハーティ地球観測所の研究室で、彼は文字通り、つねにとらえどころのない地球の殺し屋の真上に座っていたのだった。

再び火を噴いた大地

三畳紀のニューヨーク市には何百万年ものあいだ、爬虫類に支配されて夢見がちな思春期を過ごす惑星の、ゆったりしたリズムを刻む生きものの世界があった——行く手に問題が起きる気配はみじんもなかった。全長六メートルほどのワニに似たルティオドンがニューアークから水に滑りこむ。ルティオドンは長くて機敏な吻をまるで箸のように使って、熱帯地域の湖に棲む魚や淡水性のサメを食べていた。

午後のひと休みにはモロッコの泥だらけの土手に押し寄せたから、臆病な恐竜の一団は湖畔のトクサのあいだを二本足で逃げ惑ったことだろう。すべての動物がそんなに簡単に場所を譲ったわけではない。頭に平らで幅広なフライパンをのせたような、大柄で短気な両生類は一歩も引かず、しわがれた唸り声で苛立ちを表明してから、岸辺を分け合うことに渋々同意した。黄昏（たそがれ）が迫るにつれて、腕の下に翼をもった小型の爬虫類が湖畔のソテツから滑るように舞い降り、湿地の淵から湧き出てくる昆虫の群れを狙う。ニュージャージーの高地の険しい峰の向こうに太陽が沈むころには、食パンの塊ほどの大きさの、コオロギに似た昆虫の羽音が耳をつんざくように針葉樹の森に響きわたり、水面にこだまする。

この印象的な情景の足下にある地殻は、パンゲアの裂け目が少しずつ広がるにつれて、キャラメルの両端が引っ張られるようにどんどん薄くなっていた。地球のマントルの可塑性をもった巨大な塊は、地球で暮らす動物の大半を殺すべく、必然的に生まれた軌道を抜けて地表へと急上昇していた。パンゲアが分裂を始めてからすでに三〇〇〇万年以上経ち、これまでは何ごともなく過ぎてきたが、何かがひどく悪い方向に向かおうとしていた。

私がオルセンの研究室を訪ねると、彼は錆びついたトヨタのピックアップトラックに私を乗せ、フルスピードで走りはじめた。オルセンは一〇〇万年がまったく取るに足らない時間に感じられる分野で研究しているというのに、まるで時間切れが目の前に迫っているかのように運転する。

「この車はじつに手がかからない」と、パリセイズパークウェイでどんどん追い越しをかけながらオルセンは話し、やがて断崖のすぐ下に車を止めた。遠くに見えるワンワールドトレードセンターの最上部でクレーンが忙しく動き、くぐもったような低音が川面を渡って響いてくる。だがハドソン川によって大都会の輪郭から切り離されたこちら側には、のどかな時間が流れている。私たちの前にそそり立つ玄武岩の大建造物は、人々から顧みられることもなく、侵入してくるニワウルシの枝やウルシの葉、そして恋人への愛や若いギャングへの忠誠心を告げる色褪せたスプレー落書きに覆い隠されている。私はこれまでニューヨーク市まで出かけたとき、川の反対側から幾度となく、この火山岩の高い壁を目にしてきた。切り立った断崖はいつも遠くから私の胸を打ち、壮大な風景を前にした人なら誰でも感じるような、ごくありふれた表面的な畏敬の念を生み出していた。だが地質学をめぐる過去の思いがけない事実は、眺めの雄大さをうまく説明しようとするどんな言葉よりも、目眩(めまい)がするような美しさを風景に加える。その美しさは、まわりじゅうでウロウロする人間の群れを堂々と無視することでさらに威厳を増し、崖を彩るのだ。

「この世界的な意味をもつものが都会のすぐ隣にあることを知って、みんな、いつもびっくりするんだよ」と、オルセンはバスタブの枠のようにハドソン川を縁取る巨大な断崖について話した。パリセイズはこれまで長いあいだ、ハドソン・リバー派の画家［訳註：ロマン派の影響を受けてハドソン川を舞台に風景画を描いた一九世紀中期の米国の画家グループ］や打算的な開発業者のような人々を引きつける場所になっていたが、今では大量絶滅の研究の聖地だ。

米国立科学財団から研究助成金を受けていない人（または休暇を過ごすための手作りの小型ボートをもっていない人）で、ペルム紀の世界を破壊したシベリアトラップの最も印象的な露出部を目にする人は、ほとんどいないだろう。メキシコで何百万年もかけて生み出された海洋石灰岩の下に埋もれた、恐竜を一掃したクレーターを目にする人の数は、さらに少ないだろう。だが三畳紀の世界を一掃した大陸洪水玄武岩は、それほど遠く離れているわけでも、それほど見えにくくなっているわけでもなく、不動産開発業者の人気まで集めている。そのため二〇一四年には、ニュージャージー州の四人の知事経験者たちがニューヨークタイムズ紙に「パリセイズを脅かすもの」というタイトルで論説を書き、都市近郊の過剰な広がりが火山の噴火で生まれた断崖を飲みこむ可能性を指摘している。（二億一〇〇万年前なら、この論説のタイトルはまちがいなく「パリセイズの脅威」だっただろう。）

この断崖は、かつて地下にあった巨大なマグマの流れで、この流れは少し西寄りの場所で白熱する噴流となって地上にあらわれ、ニュージャージー州北部で現在のワチャング山地として積み重なった。それは州全体を厚く覆いつくすほどの、集中的な玄武岩の波を形成した。グーグルマップで地形表示をオンにして見てみてほしい。地面からあふれ出す溶岩の最前線を、ほぼ正確に想像することができるだろう。現在では、これら大昔の溶岩の山には豊かな樹木が茂り、郊外型分譲地がまだら模様を描いていて、わずかに州間ハイウェイ八〇に向かうドライバーがニュージャージー州パターソン付近で傾斜地形を実感しながら、眼下の大型小売店やオフィス地区、駐車場を眺めるだけだ。噴火活動が鎮まると、この大規模な噴火にマグマを供給していた地下の通り道は冷えて固まり、やがてパリセイズで斜めにせり上がって浸食された。そして、自分が何を見ているかを知っているすべての人に、三畳紀末に起きた火山活動の途方もない規模を伝えている。

これをはじめとした激しい噴火活動は、分裂が進行中の超大陸を溶岩で埋めつくし、月の表面の三分の一に等しい範囲にまで広がっていた。それは中央大西洋マグマ分布域（ＣＡＭＰ）として知られ、三畳紀のシベリアトラップに相当する。この火山活動によって生まれたパリセイズに似た光景は遠くフランス、ブラジル、モロッコにも存在しており、それらはすべて、その昔ニュージャージー州に隣りあっていた場所だ。現在では、北アフリカのアトラス山脈に積み重なっているものと同じ玄武岩が、高くそびえる断面を誇る光景を生み出している。

二〇一三年にオルセンと、当時はマサチューセッツ工科大学で博士号取得を目指していたテレンス・ブラックバーンの率いるチームが、オルセンの青春時代の化石発掘の舞台となった絵のような断崖絶壁が形成された年代を推定し、三畳紀末の大絶滅と同時期だったことを突き止めた。モロッコおよびカナダのファンディ湾で採取した岩石コアと、ニューヨーク市からジョージ・ワシントン・ブリッジを渡った先の賑やかなハイウェイ分岐点の下で採取した岩石コアを分析し、この大量絶滅が中央大西洋マグマ分布域の噴火と同時に起きただけでなく、地質学的な時間でほとんど瞬時に起きたと断定したのだ。それまでになく正確な放射性炭素年代測定法を用いたチームは、最初の大噴火が二億一五六万年前に起きたと判断し、それは世界的な絶滅の時期とぴったり一致していた。この大陸洪水玄武岩は当時、六〇万年をかけて四回にわたって噴出した。

オルセンは、自分がもつ天体物理学の知識を独創的に化石記録に応用し、この破滅的状況をさらに詳しく解明した。天空でつねに変わらぬ位置を保って北の標(しるべ)となる北極星は、地軸がわずかに揺れ動くにつれて移動するので、数千年が過ぎると別の星にその立場を譲る［訳註：現在はポラリスが北極星だが、たとえば一万二〇〇〇年後にはベガが北極星になると計算されている］。このようにゆっくり地球がぐらつくことで、地上のさまざまな部分に届く太陽光の量が変化する。熱帯に近い場所では、その影響でモンスーン気候が乾燥した気候に変わることもある。その結果、湖はおよそ二万年の周期で何度も深くなったり浅くなったりを繰り返す。そして湖が浅い時期の岩石――動物の足跡と樹木の根が見つかる赤い泥岩――は、湖が深い時期の岩石――魚の化石がみごとに保存された黒い粘板岩――と大きく異なっている。

「湖の堆積物は、色分けされた雨量計みたいなものだ」と、オルセンは言った。

三畳紀末のこれらの地溝帯湖でできた堆積岩は、まさに赤と黒のきれいな縞模様を描いていて、この惑星が周期的に揺れ動いていることを証明してくれる。

オルセンは、最初の最も壊滅的な絶滅の波が、これらの層のちょうどひとつだけの範囲内で起きていることを確認した。それはおそらく二万年以内の、地質学にとってはほんの一瞬の出来事だったことになる。タイムトラベルが可能にならない限り、これは地質学者が古代を覗くことのできる、ほぼ最高の解像度をもった窓になるだろう。この事変は驚くほど短期間のうちに地球の動物の四分の三を絶滅させて三畳紀の幕を閉じ、古代のワニの系統をあっという間に退けて、その短い治世を切り上げさせた。

オルセンと一緒にパリセイズに現地調査に赴いたことで、私は三畳紀末に起きた火山活動の想像を絶する規模を、心の底から理解することができた。それからは、いつ、どこを見ても、玄武岩に目が行くようになった。コネティカット州のニューヘイブンを車で通過していたときには、街のはずれに姿をあらわしたイーストロックの樹木のない急峻な崖が、玄武岩そっくりに見えることに気づいた。それは実際に玄武岩で、当然ながら三畳紀とジュラ紀の境界ごろに生まれていた。

カナダのファンディ湾でタイセイヨウセミクジラの調査に参加したときには、表向きは海中で起きていることをレポートするためにそこにいたのだが、船が通り過ぎるグランドマナン島の見上げるような断崖に目を見張らずにはいられなかった。その切り立った壮大な姿は、パリセイズとほとんど同じ感動を私に呼び起こした。帰宅してすぐグーグルで検索をかけてみると、案の定、その巨大な崖は二億年前のマグマでできていた。

ペンシルベニア州のゲティスバーグでは、その歴史的戦場のおもな地勢を——また重要なことに、決定的な戦いそのものの進み方を——大量絶滅の地質学的特徴と関連づけることができる。ピケットの突撃が恐ろしい運命をたどったセメタリーリッジのゆるやかな斜面は、三畳紀末の火山活動を引き起こしたマグマの地下通路によって生まれたものだ。玄武岩でできた大規模な敷居のような地形が戦場の輪郭を描く。

さらにリトルラウンドトップは古代のマグマの山で、ここでは北軍のジョシュア・チェンバレン大佐が、四五〇メートルほど先にある三畳紀末の玄武岩でできたデビルズデンで銃を構えた南軍を撃退した。戦場に縦横に設けられた石垣はマグマでできた丸石を積んだもので、一八六三年七月三日、その上に銃弾を撃ちこまれた兵士たちが折り重なるように倒れこんだ。戦場北側のマクファーソンリッジを横切る線路に沿って歩くと、戦いの前の平和な世界は、東海岸に沿って南北に散在した静謐な湖の堆積物を三畳紀末の火山活動が一変させたものであることがわかる。また、戦いの二日目に真っ赤に染まったことから「ブラッディラン」とも呼ばれるプラムランの流れにかかる橋では、その地域から切り出された砂岩の石材に、三畳紀の恐竜のつつましい足跡が残っている。人間の手ほどの大きさしかない。火山岩が豊富な情景は、米国北東部だけでなく、北アフリカ、ヨーロッパ、アマゾンの特徴でもある。それらを合計すると、三畳紀末の大陸洪水玄武岩は現在の一〇〇〇万平方キロメートルを超える地域を覆っている。

「地球規模の火山活動だった」と、オルセンは言った。

三畳紀の末には地が裂けて溶岩が谷を埋めつくし、ニューアークの穏やかな湖畔の風景は火の海に姿を変えたことだろう。ロングアイランド湾からケベック、モーリタニア、モロッコ、さらにアマゾン川の下を三〇〇キロメートル以上も続く、途方もない長さの地面の割れ目に沿って、溶岩の間欠泉が一〇〇〇メートルを超える高さまで噴き上がり、あとには真っ黒な岩がくすぶる荒れ地ばかりが残った。ただし、ペルム紀末の大絶滅と同様、地球を真に荒廃させたのはこうした――どんなに激しくても――地域的な混沌ではなく、地殻変動によって放出された火山ガスだった。
「絶滅に関連した要素として浮かび上がるのは、二酸化炭素の飛躍的な増加だ」と、オルセンは言った。また同じことの繰り返しだ。

気候変動で傷ついた生きものたち

化石の植物が二酸化炭素の急増を証明する。植物は葉の表面にある小さな気孔を通して二酸化炭素を吸いこんでおり、気孔の数が多いほど吸いこみやすくなるが、その半面、乾燥して枯れやすくなる。だから植物は気孔の数を最小限に保っていて、吸いこむのに足りるだけの数を用意し、必要以上には増やさない。二酸化炭素濃度の高い時代には、気孔の数を少なくしても二酸化炭素を豊富に含んだ空気を吸って十分に生きていける。ユニバーシティ・カレッジ・ダブリンの古植物学者ジェニファー・マッケルウェインは二億年前の化石植物を調べ、古代の葉にある気孔の数が三畳紀末の大絶滅を境に急減していることを発見した。火山ガスによる二酸化炭素の氾濫に対応するためだったにちがいない。ペルム紀末にも大量絶滅を境に炭素同位体が急に増え、同様に大気中への炭素の急激な投入があったことを示している。

「二酸化炭素が増えた速さは恐ろしいくらいだ。じつに恐ろしい速さで増えた」と、オルセンは言った。「二倍、おそらく三倍になったことがわかっている。二酸化炭素が二倍になるごとに、気温が平均で約三℃上がると考えられている――それほど高い数字には聞こえないかもしれないけれど、氷河時代と現在の気温差だよ。とても大きな違いで、それによって最高気温は大幅に変わる。昨日のデスバレーの気温が北アメリカで六月に記録されたこれまでで最高の気温だったことも、偶然の一致なんかじゃないだろうね」

つまり、三畳紀の生きものにとって、三℃の気温差はすでに十分に温暖化が進んでいた地球上では生死の境目になった可能性がある。ちなみに、「気候変動に関する政府間パネル（ＩＰＣＣ）」の旧態依然とした二酸化炭素排出シナリオは、今世紀末までに五℃以上の気温上昇を予測している。

たとえばニュージャージー州クリフトンの老人ホームの背後にある岩石で見つかるような大量絶滅の地層では、オルセンをはじめとした古生物学者の手で、植物の世界がこうした気候変動に攪乱されたことを示す古代の植物の化石や花粉粒が見つかっている。花粉のような儚げな存在が何億年ものあいだ残っているのは意外に思えるかもしれないが、じつは、花粉は地球上で有数の耐久性をもった生物学的構造物なのだ。古植物学者のアラン・グラハムが書いているように、「もしもハンマー、自転車のチェーン、プライヤー、花粉を白金のるつぼに入れ、フッ化水素酸を混ぜて一週間温めておいたなら、金属のものは分解するかひどく腐食するだろうが、花粉の細胞壁はほとんど変化せずに残るだろう」。

「大量絶滅と同時にさまざまなことが起きるが、そのひとつは、熱帯地方の植物から多様性が大幅に失われることだ」と、オルセンは言った。

オルセンの説明によれば、三畳紀のニュージャージー州で多様性に富んだ熱帯植物の世界が破壊されたとき、それに置き換わって何百万年ものあいだ植物の世界を支配したのは、短くてゴワゴワした葉をもつイトスギに似た一種類の木だった。

「おそらく、とても暑い状況下で生きるスペシャリストだった」

だが、この先史時代の気候変動で傷ついたのは植物の世界だけではない。部屋中に化石がゴロゴロしているラモント゠ドハーティ地球観測所の研究室に戻ると、オルセンは動物界を襲った不運の痕跡を私に見せてくれた。調査のために中国西部まで足を延ばしてはいるが、隣接した三州には世界で最も恵まれた三畳紀の化石採集現場がある。その地元で見つけた豊富なコレクションをくまなく探り、ようやく取り出して示したのは、彼の一二歳になる息子と一緒に研究室から近いハドソン川の川岸で見つけた一連の化石だ。それらは、絶滅の前後で大昔のワニの親戚と恐竜が経験した、進化の運命の驚くべき逆転を実証していた。大量絶滅の前には、凶暴なラウスキアの五本の指をもつ特大の足跡があった。この巨大で筋骨たくましいワニの親戚は、ワニというより鱗をもったトラのような体格で、当時の最も有力な捕食者だ。

「そのころいたほとんどの恐竜にくらべて、大きさが三倍くらいあるのがわかるね」と、オルセンは言った。

大量絶滅のあとにはこの割合が逆転し、その代役を務める恐竜の三本指の足跡がまたたくまに勢力をもって、人々の想像の世界をも席巻する。そしてそれから一億三五〇〇万年以上にわたって、そのままの状態が続いていく。一方、おとなしいワニだけがジュラ紀まで生き延びており、小型の系統が絶滅の境界を切り抜けた。オルセンは次のように説明する。

「絶滅のあと、これらワニの親戚の一部はまったくかわいらしくなった。正直なところ、じつに魅力的で、ほとんどイヌみたいだ。でも、私たちにとっては、ワニが境界を生き延びたという認識じゃない。それらの動物はジュラ紀になって生き方を徹底的に考え直す必要があったからね」

ペルム紀末ほど極端ではなかったにせよ、三畳紀末の大絶滅は「グレート・ダイイング・ジュニア」

と呼べるほどのもので、火山から大気への膨大な炭素投入と、その結果生じた致命的な超温室効果が原因となった。だが三畳紀末の大絶滅は、私たちがこれから経験する数世紀にとって、ずっとするような鋳型の役割を果たしているのかもしれない。

「このときの噴火による変化のペースは、現代の地球温暖化と海洋酸性化のペースによく似ている」と、オルセンは言った。

謎の生きもの、コノドント

三畳紀の末には、地上を熱波が襲っただけでなく、海も同様に荒廃したという証拠が見つかっている。グレート・ダイイングのあと、海中では二枚貝（アサリ、ホタテ、カキのような生きもの）が腕足類にほとんど取ってかわり、地味ではあるが画期的な海洋生態系の移行を実現していた。だが、三畳紀の末には二枚貝の半数が絶滅する。また、貝殻をもつイカのような姿をした親戚のアンモナイトが、再び化石記録からほぼ消え去っている。新しく登場した派手なイクチオサウルスも大きな打撃を受けた。

だが、三畳紀の末の大絶滅というボトルネックを切り抜けることができなかった多くの海の生きもののなかで最も変わっているのは、なんとも謎めいたコノドントだろう。コノドントはおもに小さくて奇異な形の歯で知られており、かつて「ニューヨーカー」誌のライター、ジョン・マクフィーは「オオカミの顎に似ているものや、サメの歯、矢じり、ギザギザしたトカゲの背骨によく似ているものがある——見た目に不快さはなく、左右非対称の、何かの忘れもののような魅力がある」と説明した。

この小さな牙はふたつの点で人間の関心を集めている。第一に、石油会社にとって欠かせない存在だ。

熱されると変色するため、石油を生み出す条件が整っている岩石中の「オイルウィンドウ」を教えてくれるからだ。そして第二に、この小さな飾りのようなものがいったい何なのか、一五〇年ものあいだ誰にも見当がつかなかった。あまりにも不可解だったので、科学史家のサイモン・ネルは（皮肉などではなく）コノドントのアイデンティティーは古生物学者にとって「神話の対象――やってくる者すべてが自分の知性を試す、石のなかのアーサー王の剣」になったと書いた。最近の復元図では、このトゲのある小物はウナギに似た生きものの口のなかに収まり、まるで特殊メイクの達人スタン・ウィンストンの工作室からそのまま出てきたかのように、おぞましい雰囲気を醸しながらピタリとはまっている。コノドントも三葉虫と同じように真の生き残りとして幅広く成功したグループで、グレート・ダイイングさえも切り抜け、およそ三億年にわたって化石記録に着実に姿を見せている。だがやがて三畳紀の末になると、あれほど長いあいだ成功を誇りながら突然姿を消し、あとには奇妙な顎だけが残された。

「コノドントは神のようだ」と、ドイツの古生物学者ウィリ・ジーグラーはかつて考えをめぐらせた。

「彼らはどこにでもいる」

いなくなるまでは。

消えたサンゴ礁

それでも、三畳紀末の海中での絶滅で最も顕著な特徴は、サンゴの大量死だった。オルセンは次のように話す。

「サンゴ礁はほぼ全滅した。正確に言えば、この絶滅によって基本的に地球からすっかり姿を消したということだ」

テキサス大学オースティン校の古生物学者ローワン・マーティンデイルの研究室は、世界中から集めた古代のサンゴ礁の塊で飾られており、そのなかにはグアダルーペ山脈から切り出してきたペルム紀のカイメンの塊もある。彼女の研究は地球史全体を通したサンゴ礁の運命をたどるもので、それは途方もない成功と激変による崩壊の両方が揃った物語だ。三畳紀にはその両方があった。サンゴ礁は五大絶滅のそれぞれで大きな打撃を受けているが、三畳紀末の崩壊は、地球史上で最も華々しい造礁活動が行なわれたあとの出来事だったために、なかでも際立っている。

「三畳紀の末期、サンゴ礁はじつに豊かに栄えていて、その典型的な例はオーストリアアルプスとドイツアルプスです」と、マーティンデイルは話す。彼女はこのおとぎ話のような場所で博士号の研究をしたのだが、これらの山脈を作りあげているサンゴ礁は、ヨーロッパがまだパンゲアの東海岸にあった熱帯のテチス海を囲むように集まっていたころに形成されたものだ。ザルツブルクを囲む丘は「サウンド・オブ・ミュージック」の歌詞のように音楽で生き生きと輝いているかもしれないが、三畳紀末の大絶滅の最終的な犠牲となって死んでもいる。マーティンデイルは次のように言った。

「三畳紀とジュラ紀の境界に達したあと、およそ三〇万年ものあいだ、岩石記録にはサンゴ礁もサンゴのかけらもありません」

それは二億年前の出来事だが、三畳紀の末にサンゴ礁の姿が消えた事実は、不気味にも二一世紀にこだまする。

「三畳紀とジュラ紀の境界に起きた事変の注目すべき点は、現代のサンゴに対する過去最大の打撃だったことです。だから重大なんです」

それ以前の、地球史上のもっと古いサンゴ礁系——デボン紀の広大な礁や、テキサス州にそびえるペルム紀の石灰岩——は、カイメン、腕足動物、巨大な方解石の出っ張り、ハチの巣状の構造が、石灰化する藻類によって奇妙につながりあっており、地球がまだ異なる惑星のころの遺物だった。だが三畳紀には現代のサンゴ礁が誕生している。フロリダからシドニーに至るまでの現在のサンゴ礁を形成している種類であるイシサンゴは、三畳紀にはじめて出現したものだ——それは化石記録から永遠に消えそうになったが、かろうじて生き残ることができた。

ペルム紀末が再現されたかのように、とくに恐ろしいのは、この大量死の原因だ。そのころニュージャージーなどから噴出していた二酸化炭素の大気への大量投入に呼応して、融通の利かない化学的な反応が生じ、海では水温の上昇、酸素の欠乏、海水の酸性化が起きていた。

「基本的に何が起きたかといえば、サンゴ礁の途方もない規模の崩壊です。もし三畳紀末にサンゴ礁の上で暮らしているとすれば、絶滅する可能性がとても高いですね」と、マーティンデイルは言った。

今後数十年の推移によっては、現在も同じことが言えるかもしれない。そしてこう続ける。

「私は今年のはじめに、タークス・カイコス諸島にあるカイコス島のサンゴ礁に行ってきました。『アメージング・リーフス』と呼ばれていたサンゴ礁に行ったのに、ホテル用の船を通すために新たに水底をさらったばかりで、何もかも死んでいましたね。最悪でした」

三畳紀末の海で何が起きていたかを理解するためには、現代のサンゴ礁系を見ておくことが役に立つ。それは一九八〇年代初期にくらべて、おそらく三〇パーセントは縮小してしまった（地質学的に見れば驚くほどの短い時間で、一瞬の落雷のようなものだ）。またサンゴの成長速度はここ二〇年間で二〇パーセント落ちていて、大規模な白化現象——海水温の上昇によって、サンゴが栄養分を得るのに頼っている体内の藻類を失うことで白く見える現象――が日常的になっている。人類は現在、一年に二ｐｐｍずつの割合で大気中の二酸化炭素濃度を高めていて、ある画期的な研究によれば、この傾向が続いて海洋の酸性化がさらに進めば、世界のサンゴ礁は今世紀半ばまでに「急速に崩壊してがれきの山になる」。三畳紀末の大絶滅のあとにサンゴ礁でダイビングをしたなら、今という未来にタイムスリップしたように、かつては色とりどりの生きものが群れ遊んでいたサンゴが崩壊し、見る影もないネバネバした残骸に変わり果てた光景と直面したことだろう。

すでに書いたように、産業革命が始まって以来、現代の海はもう大気中の二酸化炭素に反応して、酸性度が三〇パーセントも高まった。貝殻、サンゴの骨格、さまざまな種類のプランクトン、そしてイカの頭のなかの平衡石のようなものも、炭酸カルシウムでできている。炭酸カルシウムには胃薬やチョークでなじみがあるという人もいるだろう。そして小学校の理科の時間には、酸にチョークのかけらを入れて何が起きるかという実験をしたことがあるかもしれない。だが、過度の二酸化炭素は海水の酸性度を高めるだけでなく、化学的性質の変化によって炭酸塩を生物の利用できない重炭酸塩に閉じこめて海から奪い、動物が貝殻や骨格を作れなくしてしまう。政治家は過剰な二酸化炭素の影響について決断をためらっているが、このような変化はすべて、つねにとても単純な化学の法則だ。

酸性度が高く、炭酸塩の少ない海水のなかでは、サンゴの石灰化は難しくなる。そのためにサンゴの骨格の密度が低下し、より砕けやすく、嵐の被害や捕食に対して脆弱になる。そしてどんどん弱くなる骨格を作るのに注ぐエネルギーが増え、ふつうなら生殖に注ぐはずの資源が吸い取られてしまう。二〇〇七年の調査によれば、クイーンズランド大学のオーブ・ホーグ＝グルトベルク率いる研究者たちが、

「四五〇から五〇〇ppmの［二酸化炭素］濃度で、サンゴ礁の破壊が石灰化の速度を上まわるようになる」と推定した。言い換えれば、これがサンゴ礁とその存在に依存している動物たちの崩壊が本格的にはじまる濃度になる。現在の炭素排出の傾向がそのまま続けば、今世紀半ばまでにはこの濃度に達しそうだ。憂鬱なことに、ホーグ＝グルトベルクとその仲間たちは、「気候変動に関する政府間パネル（IPCC）」による二酸化炭素排出予測のうちで最低の数字を用いていた。つまり、気候に関する国際的な政治折衝で真剣に提案された、最も楽観的なシナリオでも、おそらく今世紀半ばまでには世界のサンゴ礁が破壊されてしまう。ホーグ＝グルトベルクは、五〇〇ppmを超えればサンゴは成長をすっかり止めると指摘するとともに、今世紀末までに六〇〇から一〇〇〇ppmになるというもっと悲観的な排出予測については、示唆をこめ、考えることを拒否すると書いている（＊45）。

それに加え、サンゴは温度の変化にきわめて敏感だ。多くの種は冷たい水のなかでは生きられないが、水温が上がりすぎると生死にかかわる白化現象を起こしやすい。造礁サンゴには褐虫藻と呼ばれる植物性プランクトンが共生しており（サンゴはこの共生生物を三畳紀になってはじめて体内に取りこんだ）、サンゴはこのプランクトンの光合成に頼って栄養をとっている。ところが水温が異常に高くなると、褐虫藻との関係が崩れはじめ、サンゴは苦しまぎれに褐虫藻を体外に追い出してしまうと考えられている。これが「白化現象」と呼ばれているのにはもっともな理由があり、白化現象が起きたあとのサンゴ礁を訪れると、砂漠に放置された骨のように真っ白な炭酸カルシウムがどこまでも広がった光景を目の当たりにすることになる。白化現象はサンゴにとって医学的な緊急事態で、まれにその事態を生き延びるコロニーがあったとしても、たいていは以前の色彩豊かな輝きを失い、その後の危機に対しても傷つきやすくなる。

何世紀も続いているサンゴのコロニーの中心部を見ると、過去数十年のあいだにサンゴ礁を消滅させてきた世界的な白化現象の波――たとえば二〇一五年にフロリダのサンゴ礁やハワイ島を叩きのめした恐ろしい白化現象――が、少なくともこれまでの数千年では前例のない規模であることがわかる。そのうえ、今後はますます激しくなるばかりだ。海水面の上昇が、サンゴを事実上「溺れさせる」可能性もある。サンゴは長く続くストレスで衰弱しているうえに、高い場所に移動することもできず、栄養を頼っている共生生物は深くて暗い場所では光合成ができない。こうした脅威を魚の乱獲と海洋汚染による脅威と組み合わせてみれば、ある生態学者が――海で暮らすすべての種の二五パーセントが集う――世界のサンゴ礁を、「ゾンビ・エコシステム」と呼んだ理由を理解することができる。

「これから五〇年のあいだにサンゴ礁がどんなふうになっていくかについて、研究者のあいだには、とても大きな不安があります」と、マーティンデイルは言った。「組織の冷凍を始めるべきだと話す人までいます」

残念ながら、サンゴ礁がなくなったあとに出現するであろうものは、写真映えからはほど遠い。クイーンズランド大学の生物学者ジョン・パンドルフィが言うように、世界のサンゴ礁は「急速にヘドロへと向かう」途上にあり、行きつく先は生命のない荒廃した膨らみが、緑色の泥に覆われてどこまでも続く光景だ。マーティンデイルは次のように続ける。

「すでに、肉づきのよい藻類に変わりはじめたサンゴ礁があります。だから重要なことは、温度の変化やpHの変化について将来にどんな見通しを立てるかによっては、すでにサンゴ礁がもちこたえるのが難しい時期に突入しているという点です」

ただしこれまでのところ、世界のサンゴ礁破壊の大半は侵入種や汚染や乱獲によるもので（「フロリダのサンゴ礁はすでにかなりの部分が消失している」と、マーティンデイルは言った）、次の世紀に訪れる海の化学的変化とその後の世界的なサンゴ礁崩壊は、地球史における真に稀有な苦難になるだろう。海洋酸性化のゾッとするような現実が科学者たちのあいだで詳細に理解されるようになってきたのは、まだここ一〇年あまりのことだ。地球温暖化もさることながら、化石記録をよく理解している人たち、また海の未来を考えている人たちは、海洋酸性化を最も悲観している。

もしも生命の樹の別の枝からいつの日か地質学者が生まれることがあれば、彼らは私たちの完新世と人新世の境界でサンゴ礁が奇妙にも急に消滅していることに気づき、その二億年前にあたる三畳紀とジュラ紀の境界と比較するかもしれない。遠い未来のこれらの地質学者たちがどれだけ賢いかによっては、岩石のなかで炭素同位体と酸素同位体が同じように激しく変動していることにも気づいて、両方の絶滅と同時に大量の炭素投入と急激な温暖化があったことも指摘するだろう。私たちがサンゴ礁を消滅させるのにはたった数十年しかかからないかもしれないが、三畳紀末の大絶滅が何らかの指針になるとすれば、これらの生態系がもとに戻るには数十年や数百年、数千年でもなく、数百万年という年月を必要とする。エネルギー産業とそれを規制する政府による今後数年間の決定が、数億年にわたって消えない記録を岩石に残していく。

私たちがすでにサンゴ礁を破壊するようなことをどれだけやってきたかを考え、そうした傾向をこれまでの類似した地質時代にあてはめてみれば、今進行していることを地球史上最悪の大惨事と比較するのが妥当である理由は明確になる。

三畳紀末と現代の相違点

ラモント＝ドハーティ地球観測所の駐車場にあるオルセンの車に向かって歩いているとき、見えないところからガンガンという大きな音が鳴りはじめた。

「掘削プロジェクトが始まったんじゃないかな」と、オルセンは言った。「おかしな話だが、炭素隔離計画に関係しているんだ。ああ、しまった、まだその話をしていなかったな」

驚いたことに、かつて複雑な生命体の歴史上で四回目の大量絶滅を引き起こしたと思われる、オルセンの研究室の下にある断崖（パリセイズ）が、今では六回目を避けるために採用されようとしている。もしオルセンとコロンビア大学の同僚であるデニス・ケントおよびデイヴ・ゴールドバーグが正しいならば、三畳紀の世界を破壊した激しい炭素噴出の原因である玄武岩が、いつの日か人間が原因の二酸化炭素を貯留する広大な場所として役立つかもしれない――断崖とそれが地球に犯した大昔の罪に対する、奇妙な自己犠牲だ。この二酸化炭素隔離の秘密は、以前に二酸化炭素による極度の温暖化から地球を救った風化作用を、大幅に加速する方法にある。オルセンは次のように説明してくれた。

「パリセイズと溶岩流は、現代の二酸化炭素を廃棄する場所としての可能性ももっている。玄武岩は二酸化炭素と急速に反応して、石灰岩を作るからね。だから、近いうちに現実になるかもしれない二酸化炭素隔離の方法では、発電所で大気中に排出される前に二酸化炭素を回収して、それを破砕玄武岩に注入する。そうすればとっても急速に石灰岩に変わるだろう。だから私たちはここ［コロンビア大学］で実際にそれを示す実験をやってきた。去年はハイウェイの一四番出口のところに調査用の穴を掘ったし、今度はここ［ラモント＝ドハーティ地球観測所］に調査用の穴をあけて、これが実際に可能かどうかを判断するんだ」

こうした人間の創造力は、地球化学的なあらゆる傾向が行く手に示す崖っぷちを、私たちが避けて通れるだろうという楽観論の理由のひとつになっている。三畳紀の終末と現在には、不安を呼び起こすいくつかのあきらかな類似点があることは疑いようもない――積極的な気候変動対策をしなければ、地球の気温は、今世紀末とはいわないまでも次の世紀のあいだに最大で六℃上昇し、海水の酸性化は数千年という単位ではなく数十年単位で進むと予想されている。

だが、これらの地質学的記録の悲惨な事象からでさえ、なんらかの希望を抱く理由は見つかる。結局のところ、イシサンゴは三畳紀末の絶滅を生き抜いた。さもなければ今ではどこにもないはずだ。同じように最悪の見通しが現実になったとしても、サンゴがすべて死に絶えることはまずないだろう。地質学的記録には、遠く離れた待避地(レフュジア)で耐えぬいた勇気ある生存者が山ほど残っている。そのような場所では、固有の条件によって最悪の事態が過ぎるまで待つことができた。おそらく一部の優秀なサンゴは極端な条件にも適応でき、進化が絶滅からの出口を用意するだろう。もし地質学的記録が少しでも指針になるならば、生存した者が大規模なサンゴ礁の骨組みや、現在なじみのある生態系を再び確立するまでには、数百万年という歳月がかかると思われるが、この惑星は信じられないほど回復力に富んでいる。勇気あるアンモナイトを例にとってみれば、三畳紀末の火山活動が地球を荒廃させてから何百万年も化石記録で沈黙を守った末、やがて恐竜の時代に再びこわごわと姿をあらわし、それからは目もくらむような新しい形と大きさで爆発的に増えている。

慰めを見出せるもうひとつの理由は、三畳紀末に存在したかもしれないそのほかの殺し屋が、短期的には人間を脅かさないように思えることだ。三畳紀末の地球温暖化では、海底に蓄積されていた膨大な量の凍結メタンが不安定になって、海面に湧き出してきたと考えられている。メタンは非常に強力な温室効果ガスで、大気中で分解すると二酸化炭素になる。三畳紀には海底からの壊滅的なメタンの放出が、すでに異常になっていた気候の状況と組み合わさったらしい。現在、同じような凍結メタンの蓄積は海底の冷たい暗闇に隠れている。シカゴ大学の地球物理学者デヴィッド・アーチャーは、これら深海に眠る炭素の破壊的な潜在力について、次のように書いた。

メタンハイドレートに含まれているメタンのわずか一〇パーセントが数年以内に大気中に達すると、大気中の二酸化炭素濃度が一〇倍に増えるのと同じことになり、想像を絶する気候ショックを生み出すだろう。メタンハイドレート貯留層は、たった二、三年のうちに地球の気候を「極度な」温室状態に変える潜在力をもっている。したがって、メタンハイドレート貯留層によってもたらされる荒廃の可能性は、核の冬または彗星や小惑星の衝突による破壊の可能性に匹敵すると思われる。

だが、もしこうしたメタンハイドレートが三畳紀の脅威だったならば、今のところ――大惨事を引き起こす潜在力にもかかわらず――現代の海底にあるメタンハイドレートはこのような壊滅的放出に対してかなりの耐久性をもっているように思われる。さらに、三畳紀が幕を開けた時代の地球では、現在よりもはるかに気温が高かった。それならば、ほんのちょっと押しただけで、地球は致命的な悪循環に傾いたのかもしれない。

三畳紀末の大絶滅が現代の難題を説明する最高のたとえにはならないかもしれないと思える理由は、ほかにもある。ラトガース大学の地球化学者モーガン・シャラーは、洪水玄武岩の噴出によって、一日にピナツボ山を三つ噴火させるのと同じだけの太陽光を遮る硫酸塩エアロゾルが出ると計算している。ピナツボ山は一九九一年に噴火したフィリピンの火山で、この噴火によって三年にわたり地球の気温が〇・五℃下がった。今では硫酸塩エアロゾルを成層圏に投入するという方法が、地球温暖化に対する地球工学的な解決策として売りこまれ、議論を呼んでいる。（議論の的になっている理由のひとつとして、海洋酸性化への対策としては何の役にも立たない点がある。）三畳紀末には硫酸塩が二酸化炭素の影響を一時的に弱めることで、同様に短期間だが気温を下げる役割を果たしていたのかもしれない。シャラーは、その結果として当時の熱帯の世界に火山の冬がもたらされたはずだと主張している。硫酸塩は大気中でわずか数年しかもちこたえられなかったのに対し（それが化石記録に寒冷化の証拠を見つけることができない理由かもしれない）、二酸化炭素の超温室効果はそのころ一段と高まり、その後も数千年間続いた。実際には、もし地球が少しのあいだ寒冷化したのなら、風化の速度が遅くなり、その期間に二酸化炭素濃度は一段と上昇しただろう。結果的には、硫酸塩がやがて雨によって大気中から洗い流されたとき、さらに極端な高温に逆戻りしたはずだ。

大量絶滅のあいだに短い寒冷期があった可能性によって、オルセンは恐竜の選択的な生き残り——そして支配的だったワニの絶滅——を説明できるとも提唱し、すべての恐竜に羽根があったという考えをますますもっともらしく感じさせている。この断熱材と特有の生理機能の組み合わせによって、恐竜はつかの間の寒さにも、それに続く厳しい高温にも耐えて、生き残ることができたのかもしれない。今のところ、化石記録に短い火山の冬を示す証拠はなく、ただ二酸化炭素濃度の上昇による温室効果が数千年続いたことだけがわかっている。とはいえ、地球を破滅に追いやったのはこのときも、火と氷のあいだを行き来した気候の急激な変化だった可能性がある。

次の時代の主役

一〇〇万年ほどのつらい過渡期を経て三畳紀からジュラ紀へと時が移ると、生命は再び花開いた。恐竜は、いなくなったライバルが放棄した生態的地位に定着し、やがて最も神話的な時代の地球で、堂々たる管理人になる。

私はニューヨーク市からボストンに車で戻る途中で、州間ハイウェイ九一沿いでこれまで何度となく目にしてきた看板の近くを通りかかると、今回ばかりは我慢ができなかった。その看板には「ダイナソー州立公園」とある。

現実とも思えないこのランドマークはコネティカット州ハートフォードを出てすぐの場所にあり、周辺には郊外型分譲地や、木々の茂るコネティカット・リバーバレーのオフィス地区が見える。私はダイナソー州立公園の駐車場に車を止めながら、きっとがっかりするだろうと予想し、財政的に余裕のない意地悪そうなコネティカットの恐竜がラケットボールでもしているにちがいないと、皮肉っぽく思いをめぐらせていた。

だが閉館間際に三角形を組み合わせたジオデシック・ドームに足を踏み入れ、この公園の呼び物のアトラクションを目にしたとき、私の顔から笑いは消えた。そこにはまた別の地溝帯湖の石化した水辺があり、砂岩の地面をブラブラ歩く恐竜の足跡が何百と残っていた。裂けている最中のパンゲアの中心で、まだ内陸深くの地ではあったが、このときは大量絶滅を過ぎたばかりの時代だった。ジュラ紀の夜明けだ。噴火活動は鎮まり、つい最近に起きた大惨事の証拠はこうして新たに登場した動物の存在のみであり、それらの動物はまるで何ごともなかったかのように自信をもって地球を支配していた。巨大な玄武岩の広がりは風化して消えて二酸化炭素の濃度を引き下げたので――それによって、いつものように地球は冷えてもとの気温に戻ったので――パンゲアの地溝帯を埋めた溶岩の湖は粉々になるか、地質の貯蔵庫にしまいこまれた。この惑星はすっかり落ち着きを取り戻し、ここコネティカット・リバーバレーでは、またゆっくりしたリズムが刻まれるようになっていた。ただ、新しい支配階級として、恐竜が登場した点だけが変わっていた。

足跡は長さが三〇センチメートル以上あり、大量絶滅の前にいた小型の恐竜にくらべると巨大なものだ。誰が残したものかはわからないが（足跡を保存するのに適した状態は、死体を保存するのには適さない）、古生物学者の予想によれば、全長六メートルを超える巨大な恐竜、ディロフォサウルスのものだ（映画「ジュラシック・パーク」では、どういうわけか、イヌの大きさで毒の痰を吐くエリマキトカゲに変わっていた）。これらの巨大な三本指の足跡は湖畔全体に散らばっていたが、三畳紀の殺し屋だったワニの足跡はどこにもなかった。

巨大な恐竜の足跡を前にして、私はたったひとりだった。低い角度からの光に照らされて足跡の輪郭がくっきりと浮かび上がり、見えないスピーカーからは原始の湿地の刺激的な音――ブーンという昆虫の羽音に、ゴロゴロという遠雷――が響く。熱帯のソテツが並んだ湖畔の壁画が通路を囲み、六メートルのディロフォサウルスの模型が二つ、展示場を大股で歩いている。かつて目的をもって通った場所をよく見ようとして、その巨大な足が湿った砂にくいこむ。

私は自分でもとまどうほど、足跡のついた石に深く心を動かされていた。化石の足跡には妙に親近感があり、たぶん動物たちが永遠に残していく骨よりも、その感覚は強かった。たいていは恐竜が恐ろしげなポーズをとって体をよじっている博物館の石膏製の復元像とはちがい、ここにある足跡はまったく劇的なものではなく、むしろ単調だ。足取りに特別な存在感があるわけでもない。当の動物は生命史における自分の位置など少しも気にしてはいない。これはジュラ紀の暮らしの情景ではなく、きょうというありふれた午後の場面なのだ。

ここで足跡が止まる。そこで別の方向に歩き出す。ここで大股の早歩きを始め、そこで歩幅を狭めて止まる。心を決めかねているほんとうの瞬間が石に記録されている――ここに見えるのは、湖畔をうろついている言語に絶する古代の動物の、頭に浮かんだ気まぐれと、もう消えてしまった一連の考えだった。足跡はそれぞれの恐竜そのものであり、そのそれぞれに個性と生活史があることが私の心を打った。ほんの短い時間にせよ、私は期せずしてここでこれらの個性と出会っていた。動物たちが何も考えずに陽気に過ごしていたその時間は、永遠に残される。恐竜とのあいだにある埋めることのできない時間と空間の隔たりなど、私の頭からすっかり消えていた――とそのとき、駐車場で急に鳴り出した車の盗難防止警報器のくぐもった音で、はっと我に返ったのだった。

私の隣にやってきた女性とそのボーイフレンドも、同じように予期しない畏敬の念をもって、展示に近づいた。女性が手にしたピカピカのｉＰｈｏｎｅと、身に着けたインセイン・クラウン・ポッシー［訳註：米国で子どもに聞かせたくないグループの一位にも選ばれた、ダークなラップを聞かせるヒップホップ・デュオ］のＴシャツからは、（私のまちがいかもしれないけれど）博物館の収蔵品から標本を抜き出す人生を送っているようには見えなかった。だが、ここにある永劫の時を前にしたときの謙虚な気持ちは、人をうっとりさせた。

「私たちのあとには、どんなものが残る？」と、彼女は栄養ドリンクを一気飲みしているボーイフレンドに尋ねた。彼は缶を口から離して、不思議そうに彼女を見た。彼女はもう一度聞いた。

「私たちは何を残せるのかな？」

第6章 白亜紀末の大絶滅【六六〇〇万年前】

もし彗星が軌道に乗って地球に衝突すれば、即座に地球を粉々にしてしまうだろう……だが安心してよいが、宇宙を創造した偉大なる神は、ご自身の摂理をもってそれを差配しておられる。そしてそのような恐ろしい大惨事は、起きるべき最適のときが来るまで、起きることはないだろう。一方、われわれは自分自身の価値を高くみなしすぎてはならない。神の差配のもとには無限の数の世界があって、もしこれが消滅したならば、それが宇宙で見過ごされることはほとんどないはずだ。

——ベンジャミン・フランクリン（一七五七年）

恐竜の華々しい支配を称賛せずに、その消滅についてくだくだと並べたてるのは、公正を欠くように思える。恐竜は栄え、適応し、多様化し、支配し、最も印象的な点としては、わたしたちの理解を超えるほど長いあいだ持ちこたえた。現生人類が地球上にあらわれてから、まだ一〇〇万年よりずっと短い時間しかたっていない。恐竜はこの地球に二億年以上いた。この壮大とも言える時間が相手では、年表をきちんと把握するのはなかなか難しい——白亜紀の象徴的な頂点捕食者であるティラノサウルス・レックスが生きた時代は、ジュラ紀の人気者ステゴサウルスの時代よりも、私たち人間の時代にずっと近い（＊46）。推定されている恐竜の滅亡でさえ、一般に考えられているものとはまったく違っていて、現代の鳥類は議論の余地もなく恐竜（ティラノサウルスと同じ獣脚類）で、哺乳類よりもはるかに多くの種がいる。これについてポール・オルセンは次のように話す。

「鳥類の種の数は、哺乳類の種の数の二倍だ。だから私たちはまだ恐竜の時代を生きているんだね。哺乳類は、いまだかつて恐竜ほど成功したことはないんだよ。今でも、まだ」

人間は、動物がより高度な生きものへと必然的に発達してきた末の、最後の顔ぶれだと思っている人がいるかもしれない。その考えに元気づけられはするが、おとなしい哺乳類が一億三六〇〇万年ものあいだ、恐竜に脅かされながら虐げられて過ごしてきた厳しい現実とは一致しない――そのような状況が逆転したのは、信じられないような大災害が起きたからだ。

ウォルター・アルバレスが書いているように、「[中生代は] 安定した世界だった。もし平穏が乱されなかったならば、いつまでも続き、少しだけ進化した恐竜の子孫が人類の出現していない世界を支配してきたはずだと確信できる十分な理由がある」

恐竜は、陸上動物の長い歴史の主役の座にいる。人間の物語についている、ちょっと変わった序章などではない。生きた時代のはじめから終わりまで、捕食者と被食者、肉食動物と植物食動物というあらゆる生態的地位を占めるとともに、ハトのようなアンキオルニスから飛行機の格納庫ほどもあるアルゼンチノサウルスまで、あらゆる大きさ（＊47）の仲間を生み出した。アルゼンチノサウルスをはじめとした竜脚類はあまりにも巨大だったので、そのおならに含まれていたメタンが、中生代の気温を大きく上げる要因のひとつになったのかもしれない。

恐竜たちは、灼熱の太陽の下で熱帯の海岸に群がり、虹色に輝くオーロラの下で生い茂る極地――北極地方と南極地方――の森を駆け抜けた。

こうしてこの惑星を完全に支配していたからこそ、白亜紀末の絶滅は神話的な事変となり、地球史のなかでも一、二を争うほど徹底的に研究されている。そして彼らを死に追いやった出来事はそれにふさわしくセンセーショナルなもので、恐ろしいほど不意に、衝撃を受けるほど華々しく襲いかかってきた。白亜紀の末、五億年のあいだに太陽系のいずれかの惑星に衝突したことがわかっているなかで最大の小惑星が、地球に衝突した……。

そしてそれとほぼ時を同じくして、過去最大級の火山の噴火が起き、インドの一部を厚さ三〇〇〇メートルを超える溶岩で埋めつくした。

恐竜とともに絶滅した生きものたち

「絶滅したのは恐竜だけじゃなかったようだね」と、ニューメキシコ自然史科学博物館で学芸員をしている古生物学者のトム・ウィリアムソンは言った。ウィリアムソンと私はニューメキシコ州北西部の砂漠で一日じゅう化石を探したあと、キャンプ用のコンロで焼いたメキシコ料理のファフィータとメキシコビールのテカテを楽しんでいた。その砂漠はウィリアムソンの第二の家のようなもので、その夏は米国立科学財団から助成金を得たネブラスカ大学、エジンバラ大学、ベイラー大学の一流科学者たちのチームに加わって、発掘を進めていた。地球化学者、古生物学者、磁気層序学者、地質年代学者が集まったこの近代的なチームの目的は、地球史上最も有名な大量絶滅の直後に荒廃した世界がどのように立ち直っていったのか、この砂漠の岩石からあきらかにすることだ。

「ものすごい量の哺乳類が死んだんだ」と言いながら、ウィリアムソンはエンジェルピーク・シニックエリアの縞模様を描く断崖と渓谷を見渡した。「有袋類はほとんど絶滅だ。鳥類も山ほど」

ウィリアムソンの言いたいことは、よくわかった。つまり、恐竜の絶滅は白亜紀末の大絶滅の物語の一部にすぎないということだ。その前の週、私はアラバマ大学の古生物学者ダナ・エレットと一緒に、アラバマ州セルマ郊外にある海洋性石灰岩をくまなく調べながら、白亜紀の海を支配していたモササウルスという全長一八メートルもの海の怪獣の骨を探した。モササウルスも全滅した。この凶暴な爬虫類は当時の海を巨大なアンモナイトと並んで泳ぎ、ときにはつかまえて食べていた。アンモナイトは触手と堂々とした螺旋状の殻を誇るように、デボン紀から数億年ものあいだ海を泳ぎまわった。そのアンモナイトも全滅した。白亜紀の海底には、バケツやブーメランのような形をした厚歯二枚貝と呼ばれる巨大な二枚貝がいて、大規模な礁を築いていた。それらが作り出した広大な礁を、今では南フランスの白亜の断崖や、ピレネー山脈に何キロにもわたって続く太い層で見ることができる。厚歯二枚貝も全滅した。さらに遠い海の沖では、鉛筆のように細くて長い首のプレシオサウルスが水中をゆっくりと進み、キリンほどの大きさの体に飛行機に似た翼をもった翼竜が波間をかすめるように水上を滑空していた──生体力学的なモデリングを駆使してもその姿の再現は難しそうだ。海中と海上で暮らしていたこれらの生きものすべては、大昔の地球が最も奇異で、熱にうなされながら最高の夢を見ているような時代を象徴している。そのすべてが、地質学的に見れば一瞬のあいだに、死滅した。

そして陸上では、恐竜と、そのほかに生きていたあらゆるものが、同じ運命をたどった。

ニューメキシコ州エンジェルピーク・シニックエリアで暁新世の岩を掘る。
古生物学者は、植物と動物の化石記録、さらに大昔の気候変動を示す岩石に残された地球化学的シグナルを合わせて洞察し、地球が白亜紀末の大絶滅の余波からどのように立ち直ったかを再現することができる。

太陽がニューメキシコの空のかなたに沈むにつれて、砂漠と化したバッドランド——荒れ地——は物憂げな夕日で赤く染まった。その光景はあまりにも美しかったので、ウィリアムソンは渓谷を見つめながら思わずこう口にした。

「信じられないよね？　ほかの場所だったら、これは国立の景勝地だよ。それなのにここにあるのは油田だ。ニューメキシコのグランドキャニオンだと言ってもいいのに、誰にもまったく知られていない」

眼下に見えるバッドランドには、地形を縫うように舗装もない道が切り開かれていたが、石油を組み出すポンプに続いていることはまちがいなかった。大昔の太陽の光を地中から絞り取るポンプだ（＊48）。遠くには、黄色味を帯びたくすんだスモッグが地平線から空へとうっすら立ちのぼるのが見えた。

「あれはフォー・コーナーズ［訳註：ユタ州、コロラド州、ニューメキシコ州、アリゾナ州の四つの州の境界線が一点に交わる場所］で石炭を燃やしている発電所のスモッグだよ」と、ウィリアムソンは言った。「ニューメキシコ州で掘った白亜紀の石炭を燃やしている——恐竜が食べていた木をね」

恐竜が食べていた木から出た煙は空高く漂っていたが、足下の石に恐竜の姿はなかった。灰色、紫、黄褐色、黒、赤の横縞模様に彩られたバッドランドは、遠くサンフアン盆地の南部の地形とよく似ていて、サンフアン盆地ではもはや神話となったティラノサウルスとティタノサウルスの大腿骨がたくさん見つかる。だがこちらの渓谷にあるのは、白亜紀末の大絶滅直後の時代のもっと地味な化石で、それらは爬虫類の時代が終わってしまった大きな失望感のなかで眠っている。この丘陵の一等賞は、遊園地の自動車ほどの大きさをもつティラノサウルスの頭蓋骨ではなく、大量絶滅を生き残ったイタチに似た動物の小さな歯だ。私は目を細めて埃っぽいバッドランドを見つめ、ゆるやかな川の流れ、三日月湖、森林、湿地を想像しようとした。そこでは臆病な哺乳類が自分たちの新しい世界を主張しながら、これまでになく大きくなり、どんどん自信をつけていった。

夜の帳(とばり)が降りると、パチパチ音を立てて燃えるキャンプファイヤーの居心地のよさに元気づけられて、日焼けした参加者たちは冗談を言い合い、スポーツ談議に花を咲かせた。エジンバラ大学の古生物学者スティーヴ・ブラサットはイリノイ出身で、英国にいると大好きなシカゴ・ブルズのバスケットボールとシカゴ・ブラックホークスのアイスホッケーの試合を見るのが難しいと嘆きながら、スポーツの話に夢中になった。だが結局のところ、話題は砂漠に埋まっている動物の話に戻っていく。

残念なことに、参加者の大半は――子どものころ夢中になったものの――年齢とともに恐竜への関心を失っていたが、ブラサットだけはいまだに情熱を失っていない。彼は最近の研究で、ティラノサウルスの台頭に焦点を当てている。ティラノサウルスは地球に存在した一億年という歴史の大半を人間ほどの大きさで過ごし、食物連鎖の頂点に君臨していたアロサウルスなど、より原始的なほかのグループによって脇に追いやられていた。ところが白亜紀の途中で何か非常に不都合なことが起きたらしく、突然、ティラノサウルスが頂点に上り詰める道が開けた。有名な大量絶滅の約二〇〇〇万年前のことだ。

海底では、カリブ海から、インドと分裂の途上にあったマダガスカルから、そして太平洋の真ん中の深海で噴出した巨大火山地域、世界最大の洪水玄武岩として知られるオントンジャワ海台から、膨大な量の溶岩が脈打つように流れ出していた。この噴火は再び海の広大な水域を酸素欠乏に追いやって、数多くの海の生きものを絶滅させ、陸上では気候変動を引き起こしてアロサウルスを王座から転落させたようだ。アロサウルスに何が起きたにせよ、そのあとを受けて北アメリカとアジアにいた小型のティラノサウルスが頂点に立つと、まもなく地球上を歩いたことのある最大で最悪の動物になったのだった。

ブラサットは必ずしも公平無私な立場とは言えなかったが、私はティラノサウルスがその最高の評判に値する存在かどうかを彼に尋ねてみた。すると次のような答えが返ってきた。

「わかっている限りでは、ティラノサウルスはこれまで陸上で暮らしたことのある最大の捕食者だ。現代の最大の捕食者はホッキョクグマだよ。ティラノサウルスなら、ホッキョクグマを踏みつぶして殺せるだろうね」

「捕食者でティラノサウルスくらいの大きさになった恐竜はほかにもいたけれど、縦も横もあそこまで巨大なのはいない。あれはほんとうに象徴的な存在で、たしかに名声に値するよ――なにしろ全長一三メートル、重さは七トンだからね」。彼はそう言うと、そのばかばかしいほどの大きさを笑った。そして「今生きている動物で、あんなのはもういないよ」と、次のように続けた。

「人間と同じように両眼視ができたらしい。脳に大きな視葉があった。大きな嗅葉もあったから、鼻もものすごくよかったはずだよ。低周波の音が聞こえる内耳ももっていた。頭のいい動物でもあったんだ。脳がとっても大きいからね。ただ筋骨たくましいだけじゃなくて、賢くもあったわけだ」

私はティラノサウルスが敵を襲うときの姿を想像した。きっとサメのような無表情でぼんやりした、おざなりの視線を向けるのではなく、その目には冷ややかで断固とした威嚇の表情が宿り、私たちを殺そうとする巨大な鳥のように完璧な決意をあらわにしたことだろう。ところがブラサットにとってティラノサウルスの最も興味深い点は、ターボチャージャーがついているかのような力強い生態ではなく、白亜紀の後期になって流星のように急速に頭角をあらわしたこと、そしてそれよりもっと急に、（むしろ文字通り）流星のように滅びたことにある。

「ティラノサウルスについて、大勢の人が必ずしも気づいているとは言えない点がひとつある。それは、ティラノサウルスが恐竜の最後の生き残りだったという点だ」。ブラサットは物憂げに言った。「ティラノサウルスは小惑星が衝突したとき、その場所にいたんだよ。ティラノサウルスほどの支配的で偶像視されているようなものが、あっと言う間に消えてしまう。原因が火山だったとしても、まだ信じられないほど突然だった。こんなにすばらしい恐竜がいて、それがただいなくなる。しかもそれからわずか数万年のうちに、新しい哺乳類の信じられないほどの多様性が生まれている。ティラノサウルスの大きさとはくらべものにならないけれど、地質学でいうナイフエッジ、切り立った尾根を越えられた。この巨大な恐竜が支配する世界、ティラノサウルスが食物連鎖の頂点にいる世界から、今ここに見えている世界に進むわけだ。ティラノサウルスが究極の恐竜、究極の捕食者だと考えているだけじゃあ、白亜紀末に起きたことを理解することはできないよ」

では、白亜紀末にはいったい何が起きたのだろうか？

化石が皆無の粘土層

「白亜紀・第三紀境界の絶滅における地球外の原因」という論文が科学界に与えた衝撃は、どんな言葉を用いて形容しても大げさとは言えないだろう。一九八〇年まで、恐竜の死は多かれ少なかれ絶望的な無知に包まれていた――その終焉に関して、まさに正気を失ったいくつもの理論が広まったことで、無知が浮き彫りになったとも言える。ロンドン自然史博物館の学芸員アラン・チャーリッグは、自身の在任期間中に提唱されたことがわかっている八九の原因をまとめたことがある。次のようなものが含まれていた。

「病気、栄養上の問題、寄生生物、内輪の争い、ホルモンおよび内分泌系のアンバランス、椎間板ヘルニア、種族としての老化、哺乳類による恐竜の卵の捕食、気温の変化で誘発された胚の雌雄比率の変化、恐竜の脳の小ささ（それによる愚かさ）、自滅的な精神障害」

まじめさの程度は異なるが、そのほかにも宇宙空間からもたらされたＡＩＤＳによる死や、繁茂しはじめた顕花植物を食べたために致命的な便秘が蔓延したことが原因だという説もある（＊49）。

一九八〇年、地質学者のウォルター・アルバレスと、その父親でノーベル賞受賞経験をもつ物理学者のルイス・アルバレスは、一五〇〇年間続いた地質学の常識を覆す発見によって科学界（そして無意味な大量の憶測）に一大旋風を巻き起こした（＊50）。消滅寸前だった天変地異説の精神をよみがえらせるかのように、アルバレス親子は恐竜の時代の終わりに驚異的な破壊があったことを示す証拠を、岩石記録で発見したのだ。

風光明媚なアルプス山脈の、絵葉書をそのまま現実にしたような中世のイタリアの町グッビオ郊外で研究を進めていたウォルター・アルバレスは、海底から隆起した石灰岩の露頭で、白亜紀と第三紀のあいだにプランクトンが突然、ほとんどすべて絶滅している岩石があることに当惑した。それらふたつの地層のあいだには、不思議にも化石が皆無の粘土層があり、アルバレスは地球上の生命を一変させたように見えるこの間隔がどれだけ長く続いたのかを知りたいと思った。岩石中のこの興味深い断絶は、地質学では白亜紀・古第三紀（Ｋ－Ｐｇ）境界――少し時代遅れではあるが、まだ広く使われている用語では白亜紀・第三紀（Ｋ－Ｔ）境界――として知られている（＊51）。

地質学では、岩石層の厚さは堆積の速さを示すという誤解を招くことも多いが、この変質を示す間隔は複数の時代にまたがっていることはまちがいなかった。有名な初期の地質学者チャールズ・ライエルは、もう一世紀以上も前に、白亜紀と第三紀の層の間には生命の完全な断絶があることに気づいたが、数百万年分の岩石が見つからないせいだとして言い抜けた。

この難問をはっきり解決するために、アルバレスとその父親は不毛な粘土の層の堆積にどれだけの時間がかかったかを判別する巧みな方法を考案した。父親のアルバレスは、死を招く小惑星が関与しているなどとは思ってもみなかったものの、害のない流星群から落ちてくる塵は、わずかずつではあるが数百万年のあいだ、つねに一定の割合で地上に降り注いでいるのではないかと考えた。そうだとすれば、この地層で流星塵に含まれている微量元素のイリジウムの量を測定すれば、ひとつかふたつの事実はあきらかになるはずだ。イリジウムがまったく見つからなければ、白亜紀と第三紀のあいだに起きたことはとても短期間もので、災害を示す地層が堆積するあいだに地球外から一定速度で降ってくる塵の積もる時間もなかったことになる。その逆に、この希少金属が少しだけ蓄積されていれば、非常に長い時間が経過したことを意味し、白亜紀末の変化がゆっくりと起きたことになる。ふたりはイタリアで採取した試料をローレンス・バークレー国立研究所に送ると、核化学の第一人者であるフランク・アサロに手元の原子炉での分析を依頼して、結果を待った。

だが見つかったものは意味をなさなかった。試料にイリジウムがあるにはあったのだが、その量は予想の一〇〇倍に近かったからだ。最も妥当と思われる説明は、宇宙の塵が長い時間をかけて少しずつ降り積もったのではなく、一度に壊滅的な量が天から叩きつけられたというものだった。

アルバレス親子がグッビオの調査を続けていたころ、オランダの古生物学者ヤン・シュミットも、スペインのカラバカにあった石灰岩のK－T境界でプランクトンの突然の変化に興味を抱き、独自にイリジウムの層を発見していた。アルバレス親子が最初に論文を発表したので、それは地質学の歴史で最も数多く引用された論文として不朽の名声を手にしている。ヤン・シュミットについてはウィキペディアの記事もない(＊52)。

恐竜が隕石によって滅ぼされたとする考えには、理にかなった科学的な疑念から知識不足の不可解な声明文まで、ありとあらゆる反応が寄せられた。たとえば「ニューヨークタイムズ」紙の編集委員は、「地上の出来事の原因を星で探す仕事なら、天文学者は占星術師にまかせておくべきだ」と、嘲るように書いた。これに対してウォルター・アルバレスは編集者への投書欄に、「科学的疑問を解決する仕事なら、編集者は科学者にまかせておくのが一番だと提案させてもらってよかろうか?」と返答している。

それでも、イリジウムの層だけではあらゆる人を納得させるには不十分で、一九八〇年代の大半は白熱した、多くは辛辣な論争の繰り返しで過ぎていった。なかでもライエルの斉一説のなかで育った古生物学者たちは、自分たちの愛する化石を味方につけたかのように説明する生意気な物理学者と天文学者を鼻もちならない集団とみなし、激しくやりあった。こうした古い時代の対立の多くは、今もなお続いている。私がインタビューしたある地質学者は、K－T以外のすべての大量絶滅に関する質問に答えて協力することを了承し、K－Tの絶滅は「政治的要素が強すぎる」と言った。ウォルター・アルバレスは、議論のとげとげしさの大部分をスキャンダルに飢えた低俗な新聞の記者のせいにしたが、不適切な言葉の引用の一部については、父親からのたび重なる揶揄をはじめとして、彼の仲間に責任があった。「まったく軟弱な男だな」と、ルイス・アルバレスが「ニューヨークタイムズ」紙に語ったのは、絶滅の別の原因として火山活動を提唱した学会のライバルについてだった。「野球の試合に負けて、消えたかと思っていたよ。もう会議に彼を呼ぶ者は誰もいないからね」。父アルバレスが同じインタビューで次のように横柄な態度で嘲笑したのは、有名な話だ。「古生物学者の悪口は言いたくないけれど、彼らは実際にはあまり上等な科学者とは言えないよ。どちらかと言えば切手収集家に近い」

「この議論の相手は中傷に終始するようになった」と、ある科学者は嘆いた。

「白亜紀・第三紀境界の絶滅における地球外の原因」の発表から一一年ものあいだ、小惑星を疑う声は「クレーターはどこにある?」と問い続け、衝突賛同派は世界中で衝突を示す構造を探しまわった。K－T境界で衝撃石英が発見され、それは激しい衝突(そうでなければ恐竜が実験した核兵器)によってしか生まれないものであっても、疑い深い人たちの声をしずめる効果はほとんどなかった。むしろクレーターは結局見つからないかもしれないという、イライラをつのらせた。もしかしたら小惑星は海に落ち、それが地殻に残したクレーターは、地球のプレートの端に沿った沈み込み帯でかみ砕かれてしまったのかもしれない。沈み込み帯では、海底の地殻が休みなく地下の溶鉱炉に押し戻されて、リサイクルされている。

やがて、研究者たちがだんだんクレーターに近づきつつあることを示す手がかりが、現場のあちこちから少しずつ見つかりはじめた。

謎めいた無秩序な岩石

私は古い地質学論文の細かい活字にざっと目を通して地図の座標を探してから、テキサス州ウェーコの郊外にある長角牛(ちょうかくぎゅう)の牧場主に連絡をとった。彼の敷地内をウロウロして、恐竜を殺した小惑星の衝突で生じた津波の残骸を探してもいいかと尋ねるためだ。ちょっと意外ではあったが、彼はいいと言ってくれた。テキサス州の中央部では、これまでに地質学者たちが大災害を示すさまざまな変わった岩石を発見しており、私はそれを自分の目で確かめてみたいと思っていた。

テキサス州南東部の土地は広くて平らで、海岸に近づくにつれて時代の新しい地層になっている。ヒューストンの近くを通ってから海に注ぐブラゾス川は、地球史を通りすぎるステュクス川［訳註：ギリシャ神話で生者と死者の世界を分断する川］のような役割を果たし、この川でカヤックを漕ぎ、ときどき川岸に飛び降りれば、時代順に化石を集めることができる。川にかかったハイウェイの橋の下で、私は五〇〇〇万年前の貝殻とサメの歯を見つけた。もっと海辺に近づいて行けば、より最近の生きものの遺物と遭遇し、マンモスの歯や巨大なアルマジロの骨板が砂州でテキサスの日差しにさらされているのを目にすることになる。でも私は上流に向かい、時間をさかのぼることにした。

テキサス州グレンローズの「創造の証拠博物館」が、それほど遠くない場所にある。501(c)(3)というNPOが率いており、ウェブサイトで所長の経歴を読むと、これまでずっと近代的な科学の言葉を石器時代に起源をもつ神話と調和させたいという奇抜な考えを抱いて過ごしてきたという。そして如才なく聞こえる「クリスタルキャノピー理論」というもので、世界が六〇〇〇年前、天地創造の第二日にどのようにして作られたかを技術的に説明しているようだ。テキサス州の経済は地質学的な真実の上に成り立っているが、その住民の多くは地質学の魅力に頑固にも抵抗を続けている。

私は電流の流れている牧場の門で、牧場主のロニー・マリナックスに会った。マリナックスは口数の少ない、テキサスの独立心の象徴のような男で、カウボーイハット、ブーツ、デニムの服、ラップアラウンドのサングラスを身につけ、腰には私がこれまで見たこともないほど大きい拳銃を下げていた。社交的な挨拶はほとんど通用しなかったが、私が奇妙な要求を携えて彼の敷地に押しかけたにもかかわらず、惜しみなく時間を割いてくれた。そして親切に、私と私が誘ったテキサスA&M大学のふたりの科学者を自分の四輪バギーに乗せて、K－Tの現場まで連れて行ってくれることになった。私たちは小川や草地を横切って一直線に進み、ときどき止まっては彼の飼っている受賞歴をもつ牛たちに感嘆の声をあげながら、敷地の遠い端にある森にたどり着いた。彼は私たちに車を降りるように言ってから、すばやく銃身の長い拳銃をホルスターから抜く。

「ヘビ用にね」

そう言って私たちをひと安心させ、先に立って森に入ると、小さな峡谷へと下った。これまで見たこともない奇妙な岩の混じった小さな露頭を、のどかな小川がさらさらと流れ落ちている。ここはウェーコとカレッジステーションのあいだに位置し、森のなかの小さな滝を越えると、中生代が唐突に新生代になった。私は見るものを理解する助けになると思って古生物学者と地質学者を誘ってきたのだが、彼らも岩石の謎めいた無秩序を目にして、私と同じくらい当惑していた。

これらの混乱した状況が、近くのどこかに巨大な小惑星が衝突したあと、メキシコ湾周辺を襲った桁外れの大波の副産物だと最初に言い出したのは、またヤン・シュミットだった。森のなかの小さな滝の一番下には、石灰岩の壊れた断片がごちゃ混ぜになって固まった、滅茶苦茶に見える層があった。これは津波による最初の徹底的な破壊の結果で、波が海底を根こそぎにして、衝突によって押し出された土の塊を上から叩きつけるように落としたせいだと、シュミットは主張した。この混乱した岩石の上にある厚い砂岩の層は、海岸から洗い流されたり地滑りで緩んだりした砂を含んだ海がまだ大きく揺れ動きながら、津波のあとの数時間か数日間をかけて海底に落ち着いたものだ。そしてこの砂岩の上にある鉛筆のように細い層は、金のように輝いており、劇的な出来事が静まって海が再び静けさを取り戻したあと、もっと細かい粒子が沈降してできた。

ハイチ系アメリカ人の地質学者フロレンティン・モーラスは、もとは海底でできた岩石をハイチのベロックで調査し、K－T境界で同じように奇妙な砂の層を見つけた。キューバとメキシコ北東部でも、まもなく別の津波による層が発見された。あきらかにメキシコ湾のどこかで、何かとても大変なことが起きていた。K－Tの研究者たちは興味をかきたてられながら、衝突の場所に少しずつ近づいていた。

衝突クレーター発見の物語

ユカタン科学研究センター（ＣＩＣＹ）の地質学者マリオ・レボレドは、白亜紀末に地上の生きものをほとんど全滅させた巨大クレーターを親密な気持ちで熟知している。彼は六六〇〇万年前の構築物を仕事として研究しているだけでなく、その内側で暮らしてもいるからだ。メキシコのユカタン州の発展を続ける州都メリダで、私はレボレドに会った。この百万都市は、スペイン人が築いた植民地時代の町並みを中心として放射状に広がっており、その中心部には魅力的なパステル調の屋敷、丸石を敷き詰めた道、カテドラルが並ぶ――そしてそれらは、爬虫類の時代を終わらせた直径一七〇キロメートルの衝突クレーターの内側にすっぽり収まっている。そのクレーターは、浸食され、何百万年分もの海洋石灰岩に埋もれて、地表からは見えない。ただ、ユカタン半島の基盤岩体に複雑な同心円状の傷を残し、その傷跡は遠くメキシコ湾の沖にまで届いている。過去一〇億年にできたことがわかっているなかで地球最大のこのクレーターは、恐竜、泳ぐ巨大な爬虫類、翼竜、アンモナイトをはじめ、地球上の生きものの大半が絶滅した時期と同じ地質学的瞬間に生まれた。私たちはメキシコ料理のモーレ・ポブラーノを食べながら、恐竜の終末について話し合った。

レボレドは、ありふれた風景のなかに何十年も隠されていたクレーターの発見について、風変わりな物語を詳しく話してくれた。一九五〇年、メキシコ国営の石油会社ペメックスで油田探索の仕事をしていた地球物理学者たちが、ユカタン半島の真下で、巨大な円形の構造を発見した。コア試料を採取してみると溶けた岩石があったことから、古い溶岩とみなし、構造全体が埋もれた大きな火山か何かだろうと考えた。火山からは石油産出を期待できるとは言えないために、この不思議な構造体は何十年ものあいだ無視されることになった。

一九八〇年にアルバレス親子が独創的な論文を発表すると、世界中で熱心なクレーター探しが始まった。一年かける必要もなかったというのに、実際にはそれから一〇年以上も探索が続く。

一九七〇年代の終わりに、やはりペメックスで働いていた地球物理学者のアントニオ・カマルゴとグレン・ペンフィールドがユカタン半島地域の重力調査を行なった際に、地下にある構造を再検討し、埋もれた火山には見えないことに気づいていたのだ。K－Tの研究者たちが一九八一年にユタ州スノーバードで会議を開き、クレーターはどこにあるのかと思いをめぐらせていた一方、ペンフィールドとカマルゴはヒューストンで開かれた石油業界の会議で論文を発表し、メキシコの海岸の町チクシュルーブから放射状に広がったクレーターのような構造は実際にクレーターで、恐竜を殺したものである可能性が高いと主張していた。「ヒューストン・クロニクル」紙の記者カルロス・ビヤーズはこの発表を会場で聞き、ふたりの発見を特集する記事を書いた──だがそれから一〇年ものあいだ、古生物学者たちの目にとまることはなかった。そして一〇年後、ビヤーズは再び地質学の学会に聴衆として参加し、地球科学者たちが驚異的なクレーターの場所について、ブラゾス川などで津波の証拠が見つかっているからメキシコ湾のどこかにあるにちがいないと、あれこれ議論するのを耳にする。

「ビヤーズは議論を聞いていて、実際に立ち上がると、『私はどこにあるかを知っている！』と叫んだんですよ」と、レボレドは言った。「みんな、『おやおや、頭のおかしい人がいる』という顔で彼を見ました。そこで新聞社に電話をかけ、一〇年前の自分の記事をファックスしてもらい、会場にいる人たちに見せたわけです」

一〇年もかけて探しまわったあと、小惑星の衝突を研究する人々はようやくクレーターを手にしたのだった。

「カルロスは功績にふさわしい評価を得ていないと思いますね」と、レボレドは言った。「どこかで、誰かが、彼をもっと評価しなければいけません」

私は同じジャーナリストとして、その願いを喜んで聞き入れるとレボレドに話した。だが、こうして見つかった岩石の傷跡は、どんな大惨事を物語っているのだろうか？　レボレドは次のように説明してくれた。

「隕石そのものはあまりにも巨大で、大気の影響をまったく受けませんでした。秒速二〇キロから四〇キロメートルで落ちてきて、直径は一〇キロメートル——もしかしたら一四キロメートル——もあり、大気を押しつけて信じられないほどの圧力をかけたので、目の前の海はただ、どこかに吹き飛びました」

これらの数字は正確なものだが、災害の規模を伝えるにはちょっとわかりにくい。要するに、エベレストより大きい岩が、銃弾の二〇倍の速さで地球に衝突した、ということになる。あまりにも速かったから、ボーイング七四七の巡航高度から〇・三秒で地面に着いてしまった。そして小惑星はあまりにも大きかったから、地上に衝突した瞬間でさえ、てっぺんはまだ七四七の巡航高度より一六〇〇メートル以上高くそそり立っていた。ほとんど一瞬のうちに落下してしまったから、下にあった空気を激しく圧縮し、その温度は一時的に太陽の表面より何倍も熱くなった。

「小惑星の前にあった大気の圧力が、地面に着く前からクレーターを掘りはじめました」と、レボルドは言った。「それから隕石が地面に接触したときには、［隕石は］まったく無傷だったのです。あまりにも大きくて、大気によって傷ひとつつかなかったんですね」

ハリウッド映画の実写にCGを織り交ぜた小惑星の衝突場面では、地球外からやってきたダークグレーの塊が煙を上げながらゆっくりと空を横切って落ちてくるが、ユカタン半島のうららかな日は一秒で世界の終わりに変わった。小惑星が地球に衝突した瞬間、上空の大気に大きな穴があき、宇宙空間の真空状態がもたらされた。天空が急いでこの穴を閉じようとするにつれて、大量の土砂も吸いこまれるように巻き上がり、地球をめぐる軌道に乗った——そのすべてが衝突の一秒か二秒以内に起きたのだった。

「それなら、恐竜の骨のかけらが月に届いているでしょうね」と、私は尋ねた。

「ええ、たぶん」

テキサス大学オースティン校とインペリアル・カレッジ・ロンドンの研究者たちとともに、レボルドは深度八〇〇メートルほどの地下からコア試料を採取する一〇〇〇万ドルの遠征に加わっている。それだけの深さを掘れば、新生代に静かに降り積もった石灰岩の層を越えて、この大惨事によって生まれた混乱した岩石にまでたどり着くだろう。なかでもレボルドのチームは、クレーター内部のいわゆるピークリングにドリルを打ちこむことになっている。ピークリングというのは、クレーターの中央部にできた環状の盛り上がりで、並みの衝突では生まれない。

クレーターは、とても単純な現象のように思えるかもしれない。宇宙で迷子になって落ちてきた直球が地表にあけた、大きくて整然とした円形の窪みが目に浮かぶ。だが、軌道をはずれた小石によって表面にあばたを刻まれるだけでなく、小型の世界と呼べるほどの規模をもつ小惑星によって破壊されると、それによって地球に残される傷はより興味深いものになる。メキシコや太陽系のいくつかのまれな場所に残されたような真に巨大なクレーターでは、もろい岩石でできた地表全体がほとんど液状化し、あたり一帯がハロルド・エジャートンによってはじめて撮影された「ミルククラウン」のように舞い上がる。チクシュルーブでは、小惑星が一瞬にして地面に深さ三二キロメートル以上の穴をあけた。それだけの深さがあれば、なんと地球のマントルにまで達する。そしてその穴の直径は二〇〇キロメートル近かった。次の想像を絶する数秒間、地球は石を投げ入れた直後の池の水面のような動きをし、複雑な盛り上がりや波紋がユカタン半島全体で共振した。そしてそのままその場で固まって、既製品の山脈が並んだような奇妙な地形を形成した。できあがった山々は、クレーターの底からヒマラヤ山脈ほどの高さにそびえ立った。

レボレドは仲間たちとともに、衝撃が示す興味深い物理学と地質学、そして打撃を被った光景での思いもよらない生命の回復の両方に、光を当てたいと考えている。この地獄の苦しみを生んだ衝撃後の世界に関する興味深いヒントは、二〇〇〇年代はじめに近くのヤクスコポイルで採取されたこの地域の別のコア試料から、少しずつあきらかになってきている。五〇〇メートルを超える石灰岩の層の下に、衝突そのもので粉々に砕けた岩石の、突然の混乱があった。だがこの混乱状態の真っ只中からは、深海の熱水噴出孔でおなじみの奇妙なミネラルの混合物も見つかった。熱水噴出孔は、海底火山や中央海嶺の近くからブクブク泡立っており、薄い地殻の下で対流による移動を続けている地獄のような世界に海水が混じりあえる場所だ。恐竜のクレーターのなかでも、衝撃による差し迫った混乱が収まり、新しくできたメキシコの死者の国に海水が轟音とともに押し寄せると、それと同じ攪拌される世界が始まった。地上では、姿を消した巨人の幽霊が住む世界を哺乳類が徐々に受け継いでいったが、ユカタン半島に生まれたこの途方もない規模の溝は、絶滅から二〇〇万年にわたって高温のままの状態が続き、中生代の荒れ狂う墓石の役割を果たしていた。

ウッズホール海洋研究所のチームが一九七七年にガラパゴス沖の海底ではじめて熱水噴出孔を見つけたとき、生命の源である日光から遠く離れた場所に――真っ白なカニからチューブワームまで――ひと揃いの生態系が整っているのを見つけて啞然とした。そこを支えていたのは太陽ではなく、地球から噴き出す金属分豊富な醸造物を栄養源とする、化学合成細菌だった。この画期的な海底探査以来、熱水噴出孔は地球上で生命が誕生した場所の候補とみなされるようになっている。レボレドが参加するコア試料採取の遠征では、衝突直後の被災地で暮らしていた極限微生物の化石を探す予定で、それはもしチクシュルーブで実際にこのたくましい生命が生きられたのならば、おそらく類似したクレーターで何十億年前にも類似した生命が生きられ、そこは地球の原始の生命を育む場所になったであろうという、ワクワクする考えに動機づけられたものだ。

四〇億年前、太陽系がまだ十分に落ち着いていないころには、ユカタン半島を直撃したような衝突は日常茶飯事だっただろう――最大の衝突体の大きさは、キロメートル単位などではなく、ほかの天体との比較であらわされる。初期の地球の海は生きものを寄せつけない荒涼たる広がりだっただろうが、巨大な小惑星によって削られた熱水の噴出する窪みの奥は、その例外だった可能性がある。衝突が生み出した巨大なクレーターは、大量死にかかわる犯罪の現場ではなく、生まれたばかりの生命のゆりかごだったのかもしれない。

一瞬の出来事

それでも、私は衝突そのものの影響について、もっとよく知りたいと思った。実際に恐竜を死に追いやった激突は、どんなものだったのか？　メキシコでの生きものの大量死がどれほど陰惨なものであったとしても、地上にあいた直径一七〇キロメートルの穴だけでは、地球上の残る四億四〇〇〇万平方キロメートルがほとんど不毛の地となった理由を説明することはできない。そこで世界屈指の衝突モデリングの研究者、パデュー大学のジェイ・メロシュに電話をかけて尋ねることにした。メロシュにとって、そのつながりは明確なもので、次のように語った。

「基本的に地球上のすべての種、たしかにほとんどすべての動物が死にました。そしてそれは、衝突当日のことだったのではないかと考えています」

その場合、恐竜がどんなふうに死んだかについて、細かいことや複雑なことは何もない。

「ほとんどの恐竜は、その場で文字通り焼かれてしまいました」と、彼は言った。

衝突に関する最初の、一見して意味のある質問のひとつは、どんなふうに見えたのか？というものだ。しかしそれはほとんど意味のない質問だ。衝突を目にできれば死んでいる。それでもメロシュは次のように説明してくれた。

「衝突から数千キロメートルの範囲内にいたなら、まず見えたのは火の玉です。そしてすぐに目が見えなくなり、あたり一面が火に包まれます」

二〇一三年に宇宙からやってきた岩の使者がロシアのチェリャビンスクに到着すると、窓ガラスが砕け、何十という車載カメラがとらえた映像がユーチューブで流れ、隕石が引き起こした被害は多くの人々を驚かせた。

「チェリャビンスクでも、火の玉を見ていた人たちは一時的に目が見えなくなりました。大量の紫外線を出したので、その紫外線で日焼けもしました。しかもそのとき大気中にエネルギーをまき散らしたのは、直径二〇メートルという小さい物体ですよ」

チェリャビンスクで放出されたエネルギーの量は、二分の一メガトンのTNT火薬に等しかった。チクシュルーブで放出されたエネルギーは一億メガトンだ。

「その数字を現実的に理解する方法はありませんね。ひとつの山を地球脱出速度で宇宙に押し戻せるくらいのエネルギーであることはたしかです」

アラバマ州の海岸地方にいた恐竜にとっては、話は早かったはずだ。奇妙な火の玉が音もなく地平線上にあらわれた瞬間に、もう死んでいたことになる。だが、この致死的な光のカーテンから守られるだけの十分な距離を確保していた恐竜たちにも、衝突の知らせはすぐに届いた。

「まず火の玉からの放射エネルギーが届き、それは非常に高熱で、ほとんど光として目に入ります。でも次に噴出物が届きます」

驚異的な量の土砂がクレーターから掘り起こされた。噴出物と呼ばれるのは、文字通り、噴出して軌道に乗るからだ。一瞬だけ地球との恒久的な結びつきが緩むと、岩石は大陸間弾道ミサイルの軌道に乗り、地球の隅々に向けて飛び散る。そして地表に戻るときには大気中で燃え、世界中に隕石の嵐を巻き起こす。小惑星理論が地球全体で死を招く襲撃となる仕組みのひとつが、ここにある。

「噴出物は約一時間以内に地球の全体を覆いました。そして落下を始めると、空は真っ赤に染まり、耐え難いほど暑くなったでしょう。そしてそれからは、もっと暑く、もっともっと暑くなっていったはずです」

メロシュとその同僚たちの計算によれば、落下する岩石は地表に一平方メートル当たり一〇キロワットのエネルギーをもたらすことがわかった。そこでメロシュは手持ちの電化製品を使って、それが正確には何を意味するかを理解しようとした。

「オーブンの設定をいろいろに変えて、エネルギー量を測定してみました。そうしたら、『網焼き（グリル）』の設定で一平方メートルあたり約七キロワットになったんです。これで、どんなふうだったかの感覚がつかめますね」

網焼きの状態が、二〇分間は続いただろう。

「避難所を見つけられなかった動物はすべて、文字通り焼かれたでしょう。それで、生き残った動物もたくさんいた説明がつきます」

メロシュは最初、たとえば鳥類のようにいくつかの系統が生き残ったことは、理論の反証になるのではないかと心配した。生き残った哺乳類は穴にもぐって炎を避けることができたかもしれないが、現代のように空中で活動していた鳥類は、焼却処分をまぬかれなかっただろう。

「でも、現代の鳥類はすべて水鳥の仲間の子孫であることがわかりました。現代の水鳥の親戚は巣を土手の穴のなかに作ります。だから、そうやって生き延びることができたのだと思います。隠れることのできる巣穴があったわけですね。衝突は六月から七月にかけて起きたので、おそらくその時期には巣作りをしていたでしょう」

ちょっと待って――何？

地質学者は、何かが起きた時期を数十万年という単位の時間枠で特定できれば、詳細な地質年代学の勝利とみなす。小惑星の衝突が何月だったかなんて、どうすればわかるというのだ？　するとメロシュは、古植物学者ジャック・ウォルフの研究を引き合いに出した。ウォルフはワイオミング州ティーポットドームでK－T境界の地層に残されていたスイレンとハスを研究し、その地層にはスイレンの種が見つかったものの、もっと遅い時期に花を咲かせるハスの種は見つからなかったので、衝突は六月のはじめに起きたと主張している。

「次に地震の揺れが続くはずです」と、メロシュは言った。

「マグニチュード一二の地震に相当するでしょう。まあ……マグニチュード一二なんていう激しい地震は起こり得ないんですがね。［地殻の］弾性ひずみでは、それほどの大きなエネルギーに耐えられませんから。それでも、恐ろしいほどの衝撃であることはたしかです」

海洋学者は両カロライナ州沖の海底にあるブレイクノーズなどの場所で、大陸棚の端の堆積物が沈下した大規模な大昔の地滑りを発見しており、それらは白亜紀末に起きている。ウッズホール海洋研究所、テキサスA&M大学、エジンバラ大学の古海洋学者チームは、これについて次のように述べている。

「北アメリカの東側の海岸線の多くは、［K－T］衝突事変のあいだに壊滅的に崩壊し、地表で起きた過去最大級の海底地滑りを生み出したにちがいない」

その地震は地球の裏側でも十分に感じられるものだったはずだ。ある地球物理学者はのちに、マグニチュード一一とか一二の地震は、どこで起きたとしても地球上のほかのすべての場所でマグニチュード九程度に感じられるだろうと話してくれた。

「そして最後に、衝撃波です」と、メロシュは言った。

衝撃の大きさ

一九〇八年に、直径六〇メートルの隕石がシベリアの（ありがたいことに）人里離れた場所に落下したとき、爆発による衝撃波によって二〇〇〇平方キロメートルにおよぶ森林の樹木がなぎ倒された。メロシュも衝撃波をまったく知らないわけではなく、アリゾナ州レイクハバスシティ郊外の米陸軍施設に招待されて、比較的近くで経験したことがある。そこでは軍が衝撃波の影響を研究していて、メロシュは高性能爆弾五〇〇トンの爆発を一キロメートル離れた場所で見学する機会を得た。

「じつに印象的でしたね。空気中に実際に衝撃波が見えるんですよ。きらめく泡のようなものが、まったく無音で広がっていきました。とても速く広がって私たちの場所まで来ると、ドカーン！という音が聞こえます。でも音が聞こえる前に、足で揺れを感じました。地震エネルギーのほうが、空気中を音が伝わるより速く伝わるからです。つまり、足で揺れを感じてから、チラチラする泡が――ちょうどシャボン玉のように――急速に広がっていくのが見えて、それからドカーンです。耳栓をしていたので鼓膜が破れた人は誰もいませんでしたが、近くに置いてあった車の窓ガラスは粉々になりましたよ」

チクシュルーブの衝撃音は度肝を抜くようなものだったはずで、その規模を今あるもので説明しようとしても無理だろう。これまでに実験された最大の核兵器は、五〇メガトンというソビエトの怪物、ツァーリ・ボンバだ。ツァーリ・ボンバが実験によって一九六一年にシベリアで爆発すると、フィンランドで窓ガラスが割れた。それを二〇〇万倍すると、チクシュルーブのものに近くなる。実際には、ソビエト連邦とアメリカ合衆国の両方が冷戦中に開発した核兵器のすべてを一カ所に集めて爆破することに決めたとしても、チクシュルーブの衝突のほうがまだその一〇万倍もの威力をもつ。だが、人類の歴史で記録されている最大の爆発は核兵器によるものではない。これまでに記録された最も音量の大きい現象のひとつは、一八八三年八月二七日に起きたクラカタウ山の噴火だった。「その爆発音はあまりにも激しく、乗組員の半数以上の鼓膜が破れている」と、噴火当時に火山から六〇キロメートル以上離れた場所を航行していたノーハム・キャッスル号の艦長は書いている。「最後の思いは愛する妻のことだ。私は最後の審判の日がやってきたと確信している」。クラカタウ山の噴火の音は、五〇〇〇キロメートル(マイアミとアラスカのあいだほど)も離れた場所で「遠くの重砲の轟音」のように聞こえ、地球を四周した。

クラカタウ山を、二回や三回ではなく、一〇回でもなく、五〇万回いっぺんに噴火させると、チクシュルーブの衝突に近づく。大陸洪水玄武岩の場合と同様、そして斉一説の精神に反して、この大昔の大変動の質的な恐ろしさを私たちに伝えるのに役立つようなものは、今の世界にはほとんどない。

ただし、役立つかもしれないもののひとつは、メロシュがインペリアル・カレッジ・ロンドンの同僚たちと一緒に開発した「衝突影響計算機」だろう。私はオンラインで利用できる計算機を検索して表示し、チクシュルーブの衝突の細目を入力してみた。「衝突からの距離」には「三〇〇〇キロメートル」と入力して、K－Tの経験がボストンではどんなものかを確かめてみる。音だけでも――マサチューセッツ州でも九二デシベルに達して――苦痛を感じるほど大きい。そして衝撃波は秒速八〇メートルで、周辺の木造の建物は倒壊し、樹木の九〇パーセントはなぎ倒される。これがすべて、メキシコで起きた衝突の影響なのだ。

衝突が最初に与えた影響は火だったかもしれないが、衝撃による文字通りの影響は身も凍るとどめの一撃で、ロバート・フロストの「破壊のためには／氷もまた偉大／十分な役割を果たす」という直観が事実だったかもしれない。小惑星が、ユカタン半島の硫酸塩の豊富な炭酸塩でできた地面に衝突したとき、太陽光を遮るエアロゾルが大量に成層圏に放出され、何か月ものあいだ地表を暗くしたと考えられている。世界が大幅に暗くなると、太陽光の減少によってジャングルのような世界は過酷な寒さに見舞われるだけでなく、地球上のほとんどすべての生命を引き受けている光合成が大打撃を受ける。おそらくそうした薄暗さによって、海洋生物の絶滅を説明できるだろう。K－Tではプランクトンがほとんど姿を消してしまった。食物連鎖の最下部からこれらの基盤をなす土台を取り払ってしまえば、頂点にいたモササウルスの破滅は遠くない。

陸上の樹木と草に目を向けると、このK－T衝突の冬は、常緑樹よりも落葉樹が優勢な現在の状況を説明しているだろう。落葉樹のほうが、何か月も続く寒さと日光の不足によく耐えることができ、それ以来ずっと、この世界的な剪定が行なわれたときの強みを発揮してきた。真っ赤に燃える空にも、灼熱の風にも、それに続いた過酷で終わりの見えない冬にも耐えてこの廃墟を生き抜いた、トガリネズミに似た私たちの祖先は――最後に残った数少ない巨人たちもヨロヨロと死に向かうのを目にして――これはほんとうに世界の終わりだと思ったとしても当然のことだ。華やかだった地球にとって、悲劇的な、予期せぬ終結部（コーダ）だった。

チクシュルーブの衝突に関するひとつの慰めは、ここ数十年間の集中的な研究によって太陽系で地球の軌道を横切る小惑星をくまなく調べ上げた結果、さしあたって破滅の脅威を与えるような存在は宇宙空間に存在していないと、大きな自信をもって言えることだろう。少なくとも一〇〇〇年は大丈夫だ。

K-T衝突体よりさらに大きい小惑星エロスが過去に地球の軌道を横切っており（さいわい、そのとき地球は太陽をめぐる軌道の別の場所にいた）、その軌道は木星と土星によるランダムな強い引力で決まっているので、やがてまた地球の軌道を横切ることになる。

「でも数十万年単位の話です」と、メロシュは言った。

また別の天体、八二一六メロシュもある。衝突専門家の誰かさんにちなんで名づけられている。

「それは主帯小惑星で、地球を脅かすことはありません」と、メロシュは私に請け合った。

マヤ文明とクレーターをめぐる旅

ユカタン半島では、驚異的なチクシュルーブのクレーターから経済効果を得ようとする試みも少しずつ繰り返されてきたが、見るものが何もない場所を観光地にするのは難しい。それでも、ここはすべての大量絶滅のなかで最も有名なものの中心地なのだから、私はクレーターをめぐるツアーの日程を定め、その縁からスタートした。クレーターそのものを地表から見ることはできないが、悲劇を引き起こしたこの構造体に出会える、別の間接的な方法がある。この小惑星衝突は地球の生命史を大きく変えてしまっただけでなく、ユカタン半島での一〇〇〇年以上にわたる人間の歴史も方向づけてきた。

六六〇〇万年前の衝突でできたクレーターの外縁を示す地図を、ユカタン半島のマヤ遺跡の地図とくらべてみると、独特なパターンが目に飛びこんでくる。マヤ文明最後の王朝で、首都として栄えたマヤパンなどの遺跡は、この見えない輪の縁の真上に建てられている。そしてこのきわめて重要な――マヤ文明の最後の瞬間と、恐竜の時代の最後の瞬間とをしるした――ふたつの場所が重なり合っている事実よりもっと奇妙なのは、それが偶然ではないことだ。

どの文明でも同じだが、マヤ文明は真水が確実に手に入る場所に築かれた。ユカタン半島では、真水はセノーテと呼ばれる絵のように美しい石灰岩の陥没穴に湧き出ており、このジャングルのなかの急峻なオアシスは、意外な場所に出現する。セノーテは石灰岩の一部分がそっくり崩壊することで生まれ、そこからユカタン半島の石灰質の堆積岩を浸透してできた地下にある真水の川を利用することができる。マヤ文明が生まれたのはセノーテがあったからだ。地図上に印をつけてみると、ユカタン半島のセノーテの奇妙な分布は、地下深くにある岩石の広範囲な局地的地殻変動を反映していることがわかる。その地殻変動が、この地域の石灰岩の崩壊を引き起こしている。これらの真水の陥没穴に共通して必ずあらわれる考古学的遺跡を調査していた研究者たちは、驚くべき発見をした――ユカタン半島のマヤ文明の社会は、信じられないことに直径一六〇キロメートルの弧を描いていたのだ。ユネスコはこれをセノーテ・リングと呼ぶ。ウォルター・アルバレスはこれを悲運のクレーターと呼んだ。

ユカタン半島でガイドを引き受けてくれたジェナーは、私がマヤ文明最後の首都であるマヤパンに行きたいと伝えると、とまどった表情を浮かべた。だが、地下にある衝突の地殻構造で生まれた穴から真水を引いている――結果的にクレーターの縁に乗っている――その古代都市は、白亜紀末の大絶滅のおかげで存在している。

「そんなとこに行っても、ほかに誰もいやしませんよ」と、ジェナーは言った。

ジェナーはマヤ人で、マヤ遺跡が散在する故郷ヤスコポイルのマヤ語を話す家庭で育った。マヤ人は、一〇〇〇年前にジャングル内の都市を放棄したあとも消滅したわけではないことを知ってはいたものの、彼の（メソアメリカに今も暮らす数百万人のマヤ人に共通した）経歴は、外国から訪れた私には興味深いものだった。誰かがアトランティスからやってきた（または、窓の外にいるスズメがほんとうは恐竜だ）という話を聞いているような気がした。彼は、私のように右も左もわからない外国人をチチェン・イッツァやウシュマルのような有名な遺跡に案内するのに慣れていた。これらの巨石遺跡では、よく知られた栄華を誇り、やがてそれにふさわしく壮大な滅亡をとげた、過去の帝国を目にすることができる。

マヤ文明は、かつてはホンジュラスからメキシコまでの地域に広がっていたが、それを支えていた壮大な都市はいずれも九世紀末に市民からも貴族からも短期間のうちに見捨てられ、蔦のからまる廃墟となってロマンティックな余生を送るばかりとなった。謎に包まれたマヤ文明の滅亡については、気候変動からマヤそのものの環境悪化まで、さまざまな原因が取りざたされている。ジェナーはマヤの言語と文化を保存する必要性を熱く語ったが、祖先たちには容赦なかった。

「あの人たちは森林破壊をして木をすっかり伐り払い、干ばつが起きました……そのことから私たちが学べたと思うかもしれませんけど、学んでませんね」と言って、笑う。「みんな、自分たちの神官、自分たちの王を、敬わなくなったんです。水を運んできてくれなくなったからですよ。神様が自分たちに腹を立てたのだと考えました」

この崩壊のあと、バラバラになった帝国を人口一万六〇〇〇人のマヤパンが統一した。後古典期と呼ばれるこの時期は、絶頂にあったマヤ文明の衰退期として軽んじられてきたが、この末期の首都には複雑な社会が最高の状態で活動していたことを象徴するすべてのものが揃っていた。たとえば中心には儀式用の寺院であるピラミッドがあり（そこでは信心深いマヤ人たちが同国人を生体解剖していた）、交易網は何千キロという範囲におよんだ。

一五世紀に、うろたえた人々が唐突にマヤパンを放棄してマヤ文明が滅亡したとき、それは——絶滅と同じように――複雑な現象だった。（三二〇〇年間で最悪の）干ばつ、（おそらく地球の裏側で起きた火山活動によって引き起こされた）突然の寒さ、そして大飢饉があって、支配していた王家一族は処刑され、恐れおののいた人々はこの都市からいっせいに逃げ出した。この時点ではまだ、マヤ文明は忘れ去られる運命にはなかったかもしれないが、続く数十年間に救いは訪れなかった。巨大なハリケーンが襲来し、「血吐き病」と呼ばれる疫病が蔓延し、度重なる戦争で一五万人のマヤ人が命を奪われたあげく、最後にまったく前例のない出来事が起きた。数十年にわたって環境と社会の混乱にあえいでいたマヤ文明の最期は、水平線の向こうから音もなく近づいた――それは小惑星の衝突と同じように予期することの不可能な、彼方からもたらされた一撃だった。一五一七年、マヤ人たちはスペイン人と出会う。それ以降、二度とピラミッドが建設されることはなかった。

こうして社会が、生態系が崩壊し、やがて世界全体が崩壊する。これから見ていくように、恐竜の死に関しては少しずつ詳細があきらかになってきており、ひとつの致命的な出来事があったというより、たび重なる出来事によって滅亡に突き進んだことをうかがわせる。マヤ文明の最期と同じように、ますますあり得ないようなものになっていく一連の打撃が、白亜紀を恐ろしい最期に追いやった可能性がある。コインを何度も投げ続ければ、いつかは裏が一〇〇回続くこともあるだろう。そして地球はとても古い。このことはマヤ文明と同様に恐竜にとっても真実であり、私たちの現代地球社会にとっても同じだ。

爆心地へ

私のクレーターめぐりのツアーには、まだ別の目的地もあった。爆心地だ。ジェナーと私はマヤパンにあるクレーターの縁から、クレーターのちょうど真ん中にある町、チクシュルーブプエルトへと車を走らせた。この小旅行にはハイウェイを使って一時間以上のドライブが必要で、それでもクレーターの半径の距離なのだから、この大惨事の規模の大きさが少しはわかる。チクシュルーブは地球の生命史にとって神聖な地であり、その名は恐竜の叙事詩的な死の同義語になった。世界には歴史上の出来事を記念する観光地が山ほどあって、その出来事といえば私たち自身の種の、ほんの瞬きほどの時間にすぎない最近の歴史で起きたことだが、ここチクシュルーブは桁違いに重要な歴史上の出来事が起きた場所だ。この地の大虐殺は地球上の生きものが進む道筋をすっかりルート変更し、ほかでもない私たち自身の存在を可能にした。

憲兵の検問所を通り過ぎてたどり着いたチクシュルーブはカラフルな海辺の町で、道沿いに並んだ居心地のよさそうなオープンカフェでは、とれたてのフエダイにキリリと冷えたメキシコビール「ソル」を楽しめる。浜辺に立ち、歯磨きペーストのように真っ青な水の上を海鳥がかすめて飛ぶ風景を見渡し、中生代の最後の瞬間を想像しようとした。一部だけはなんとなく理解できるように思えた。

わずかなあいだしか見えない小惑星のぼんやりした明るい輪郭が、でこぼこした月のように、白昼の空にいきなりあらわれる。まだ宇宙空間にあり、これまで永劫のときをかけてしたがってきた無風の軌道に乗りながら、この宇宙のクズにすぎない大陸は太陽系の最もおもしろそうな場所でその旅を切り上げようとしていた。それは中生代が終わる前の最後の穏やかなひとときで、翼竜は楽しげに波間を飛びながら、空でどんどん大きくなっていく淡い色をした妙なものにも気づかず、浅い海で魚を物色していた。その腹立たしい岩は小惑星ではなく、氷でできた彗星の可能性もあるが、その確率は低い。もしそうだとしたら、もっと劇的に終末の前ぶれをし、まるで死神の馬車のように何週間も空で燃え続けたはずだ。

白亜紀の最後の何週間か、夜になると断続的な眠りにつくハドロサウルスは、林床に深夜の影を落とすこの見知らぬ新しい星を不安そうに見やったかもしれない。彼らの背後には恐竜たちが生きた何億年もの年月があったのに、前方にはもう貴重な数時間しか残されていなかった。見慣れないのろしは美しかったことだろうが、不思議に不安をかきたてながら、空の半分にまで拡大していった。ティラノサウルス・レックスは（忘れがちだが）実際に生きて、息をしていた動物だ。その仲間も同じようにこの壮観な光景を目撃したことだろう。山が崩れ落ちる前の何日かのあいだ、それは日中の空でもよく目立つ存在になっていたにちがいない。これらのシナリオは、かろうじてではあっても想像することができる。だが、こうして音もなく近づいてきたあとにどうなったかとなると、どんなに想像力をふりしぼってみても無理だ。

私が育ったマサチューセッツ州の植民地時代から続く町では、下見板張りの家屋のふたつにひとつには、一八世紀のそれほど有名でもない家具職人やら何やらの人生を記念する飾り板がついている。チクシュルーブプエルトは、同じような歴史的うぬぼれに毒されてはいないようだ。ここには、イースター休暇のために町の広場で開催されているカーニバルのテントやゲームの陰に隠れるように、ちょっと変わった漆喰仕上げの記念碑がある。コンクリートの平板の表面に、間の抜けた恐竜の骨格が浮き彫りで

メキシコのユカタン州チクシュルーブプエルトで小惑星衝突の中心地点を示す、恐竜が描かれた記念碑。

描かれ、根もとのところにあるのは壊れた骨の形をしたセメントの塊だ。そこにはペンナイフで彫ったように見える、スペルをまちがえた奇妙なスペイン語の碑文があって、「カタクリスモ・ムンディアル——世界の大災害」を記念しているらしい。

「直径一〇キロメートルの巨大な小惑星がこの場所に落ちた」と読めた。

この場所こそ、過去一億年間で最も重要な出来事の爆心地であり、これが唯一の記念碑だった。

「子どもが作ったみたいに見える」と、ジェナーが言った。

再び洪水玄武岩——デカントラップ

「チクシュルーブは評判ほどじゃないわね」と、プリンストン大学の地質学者、ゲルタ・ケラーは言う。彼女はアルバレス小惑星衝突仮説に対する世界で最も強力な懐疑論者とされている。

かすかにドイツ語訛りのある辛辣な言葉づかいは、現状に対する彼女の手厳しい意見にふさわしい。彼女は、白亜紀の末近くのいつかに大きな岩がメキシコに落ちたことは疑ってはいないが、それが大量絶滅を引き起こしたという考えは不合理だと思っているだけだ。

ニュージャージー州プリンストンにある研究室の壁には、小惑星によるハルマゲドンよりも恐竜の時代の終末にふさわしい、まったく異なる情景を描いた絵がかかっている。衝突による絶滅のシナリオは今ではあまりにも広く受け入れられているから、恐竜に関するどんな話でもほとんど説明のいらない常識になっている。ケラーは、そんなのはナンセンスだと思う。

熱パルスが死をもたらした？

「ばかげてる。第一、証拠なんてないし」

核の冬？

「いいえ」

テキサス州で見つかった津波の堆積物？
ハ、ハ、ハ、ナンセンス。

散り散りに吹き飛ばされる一瞬前に、地平線近くまで迫った空からの終末に顔をしかめているカリブ海のティラノサウルスのイメージが今では自然史博物館の定番となり、ほとんど大衆文化の一部になっている。そしてたしかに衝突した場所の近くにいた恐竜は、典型的な最後の審判の日のような情景を見てからすぐに目がくらみ、痛みを感じることもなく消滅して死んだことだろう。だがケラーは、小惑星の衝突のような地域的な出来事が中生代を終わらせたとする考えを一蹴する。

「直径一〇〇～一二〇キロメートルのクレーターを残した衝突が何もせず、一五〇～一七〇キロメートルのクレーターを残した衝突が世界全体を死滅させると考えるなんて、まったく気まぐれな思いつきよ」と彼女は言って、暗にカナダのケベック州にある三畳紀のマニクアガン・クレーターのような不発弾と、チクシュルーブのように世界を破壊したと考えられているものとを比較した。

ケラーのデスクの上にかかっている絵では、インドのどこかに二頭のティラノサウルスがいる。このアーティストの描写では、二頭は口から泡を吹いて、苦しみもがく。遠くではそそり立つ火山によって地が割け、地面にできた溝から白熱する溶岩が流れ出している。前に見える光景は不毛で、干からびるばかりだ。木立も繁みも腐り、空中には硫黄を含んだ霧がかかる。ペルム紀末と三畳紀末の大絶滅と同じく、恐竜の時代にも火山が終わりをもたらしたとケラーは言った。それは、以前に起きたペルム紀と三畳紀の大惨事のように、地球温暖化と海洋酸性化の終末だった。

ケラーがそう断言できるのは、ただ何にでも反対意見を差し出すという辛抱強い精神の証などではない。驚いたことに、一〇億年で最大の小惑星が地球を襲ったのとほとんど同じ時期に、インド西部の地下三〇〇〇メートル以上の地点から溶岩があふれ出していたのだ。このインドの火山活動は途方もなく大規模なもので、米国本土全体を二〇〇メートルの深さの溶岩で覆うことができるほどだった。

これはK－Tの最も混乱をきたす側面になる。そしてそれは三五年にわたり、この大量絶滅を単純な小惑星の物語で説明しようとしてきた人々にとって、少なからず腹立たしい状況でもあった。ほかの絶滅の境界でも夢中になって小惑星の証拠を探していると洪水玄武岩ばかりが見つかってきたなか、肝心の白亜紀末にも過去最大級の洪水玄武岩という興味深い存在があっては、小惑星衝突に関して整った気持ちのよい物語になるはずだった流れに水をさすことになるからだ。ケラーがはじめてではないが、ユカタン半島のクレーターではなくこのデカントラップが白亜紀を終わらせたという彼女の主張は、K－T研究者のあいだでほとんど賛同を得られていない。

ケラーは、プリンストン大学で終身在職権をもつ地質学者という一流の地位まで、ごくふつうの道筋でたどり着いたわけではない。スイスの田舎にある農家に一二人きょうだいの末っ子として生まれ、家族からもてあまされながら育ったケラーは、何度も人生を阻まれた経験をもつ。まず十代のとき、医師になるという希望をあきらめるよう（貧しい家庭出身の者が、そんな白昼夢を抱くべきではないと）精神科医から言い聞かされ、洋裁師の見習いになって単調な日々を送るようになった。それでも世界を見ようと心に決めると、じっとしていられない性分のケラーは目的にふさわしい唯一の行動に出た――荷物をまとめ、ヒッチハイクで北アフリカを横断し、さらに中東を旅してまわったのだ。

「わたしは変わり者なのよ」と、彼女は感慨深げに言った。

いよいよシベリア鉄道に乗ろうと準備をしていたとき、病気にかかった旅行者仲間の看病をして、自身も命にかかわる病に倒れた。

「あんまり具合が悪かったから、ウィーンの病院に行く電車に乗ったのよ。病院に着いたら、まだ生きているのは奇跡だって思われたらしい。点滴につながれて、隔離病棟に六週間入って、それから自分の意志で退院したわ。私はいつもそうしているから」

六か月後、ケラーはオーストラリアにたどり着いた。

「それから銀行強盗に銃で撃たれちゃった」と、こともなげに言う。「もう助からないだろうって言われたのよ」

銃弾は彼女の心臓と背骨の間を通って両肺を貫き、反対側の肋骨を砕いた。

「真っ青な空に、まるで映画みたいにそれまでの人生が映し出されて、最後まで『死にたくない』ってつぶやいてた。でも、それでおしまい。気づくと何とも不思議な経験をしたの。私はシドニーの上空で浮かんでいたのよ。ものすごく、のどかだった。公園を見つめ、公園のプールで泳いでいる人たちをじっと見つめた。そのまわりを車が走ってたわ。そしたら救急車が来て、サイレンの音がこの平和を破って、大きな騒音を立てた。女の人の叫び声が聞こえ、その人が自分の母親を呼ぶ声が聞こえて、私はほんとうに腹が立った。あらあら、私ならぜったいそんなことはしないって。でも、急に何かに吸いこまれたと思ったら、自分がその叫んでいる女性で、ふたりの係員が私のことを抑えこんでいたの」

私は彼女に、実際にシドニーの上空を飛んだと思うか、それとも脳が究極の圧迫を受けて幻覚を見ていたのか、尋ねてみた。

「ほんとうのことだったわ！」と、ケラーは抗議した。「まだ一度も見たことがない場所を見ていて、そこにあとから行ってみてわかったの。まったく奇妙ね」。そしてさらにこう続ける。

「おもしろいことに、私はいつも二三歳で死ぬと思っていた。歳をとりたくなくて、若いときには自分の限界を二三歳と決めていたのね。撃たれたのは二二歳で、そのとき、二三歳になるのも悪くなさそうだって思えたわ」

ピーター・ウォードが溺れかけたのと同じように、ケラーはほんのわずかな差で絶滅をまぬかれた。彼女の人生は、ありそうもない軌跡を描いて続いていった。サンフランシスコのスラム街で成人の高校生として落ち着き、そこからサンフランシスコ州立大学に飛びこんだあと、研究生活を送ることになり、やがて正統なルートをたどるようになった。

苦労の連続だったこうした背景が、彼女の研究分野での粘り強さ（頑固さと言う人もいるだろうが）の理由かもしれない。K－Tの最も一般的な話に立ち向かう説を発表して同僚たちから冷笑されるのも、なんだか嬉しそうだ。とりわけ激怒したライバルの研究者からは、タイプライターでぎっしり文字を詰めこんで自説を解説した一〇ページもの手紙が毎週、五年間も送られ続けたことがあり、そのまま保管しておいた靴箱をまだもっていると私に話してくれた。彼女がいかに効果的に同僚をイライラさせるかは、学会での発表後の質疑応答の場面でよくわかり、率直な意見の交換というより、まるで縄張り争いのようになる。

ケラーが主張しているのは、二酸化炭素が原因になったK－Tでの激しい気候変動だ。それはナミビア沖の深海をはじめチュニジアやテキサスから採取したコア試料で得た、化石プランクトンの同位体から解読したものだとしている。海中では四～五℃、陸上では最大八℃の急激な温暖化が一万年以内の短期間で起きて、生きものの大量死につながったと、彼女は言った。一方、その前の絶滅と同じように海洋の酸性化が起きたことも、大災害を経験したのちに数千年ものあいだ繁栄したプランクトンの種の際立った小型化によって証明される。

「正常な動物たちは、こんなふうに見えるのよ」とケラーは言いながら、絶滅前に繁殖していた単細胞プランクトンの複雑な螺旋状の殻を描いて見せた。「それから、ストレスが加わり、気候変動があると、特定の生息環境に適応した生きものは消える。もしストレスをどんどん大きくし続ければ、極度のストレスがかかった状態になって、こんなふうになるわね。この災害時の日和見種が取って代わって、ほかのものはすべて絶滅していく」

絶滅の境界を越えると、生きものの殻はどんどん小さく、どんどん単純に、どんどん醜くなっていき、最後には炭酸カルシウムの小さな染みと化した。海洋酸性化と絶滅によって選別された殻の表面積は、浸食に対する防護手段として縮んでいったのだ。

「こういう相手は殺せないの」

衝突の冬と同様に海洋の酸性化も、食物連鎖の底辺を取り去ってモササウルスをはじめとした海の生態系全体をすっかり転覆させるという、説得力のある仕組みをもたらす。

続く論争

ケラーは、自分の側に勢いがあると考えている。かつては小惑星衝突の噴出物によって発火した地球規模の森林火災で生じた煤（すす）が積もったとみなされていた地層に対しては、疑問が投げかけられているし、そのような地球規模の火災に必要な酸素の量から考えて、提案されているこの死滅の仕組みがそもそも疑わしいという声も出ている。大気が一時的にピザ焼き釜の温度まで熱せられたという主張に対しては、ずいぶん前から生物学者たちが疑いの目を向けてきたと、ケラーは言った。鳥類、哺乳類、両生類、爬虫類という空気呼吸をする動物たちが生き残っているが、それはピザ焼き釜のなかでは難しい。酸性雨の原因になるとともに日光を遮断したことで、チクシュルーブの衝突による最大の要素と理論づけられている二酸化硫黄については、ケラーの仲間であるパリ地球物理研究所のアンヌ＝リーズ・シェネが、小惑星衝突によって生じたこのスモッグの全量と同じだけの量を、デカン火山活動の一回の大規模な噴火だけで大気中に投入しただろうと推測している。衝突の支持者たちが当初想像していた、世界中を襲った一キロメートルもの高さの津波は、すでにわずか数十メートルの高さだったと修正されている――それでも十分に恐ろしい高さではあるが、この世の終わりに匹敵する大惨事を引き起こすには物足りない。

テキサス州やメキシコの別の場所で私が目にした津波堆積物に対する独自の解釈が、ケラーの主要な反論のひとつの柱になっている。ウェーコ郊外のブラゾス川で見つかるシュミットの津波堆積物は、ケラーの解釈では大波のあとの破壊的な砂の山ではなく、長い時間をかけてゆっくりと海底に砂が積もった平凡なものだ。岩の基部にチクシュルーブの衝突の証拠はあるものの、その上の砂岩の層には生きものの巣穴があるとケラーは言い（これについては彼女のライバルが異議を唱えたり、無視したりしている）、そのことはこれが破壊によって数時間や数日でできたものではなく、少なくとも一〇万年の歳月をかけて積もり、長く平和な環境があったことを示している。これらの岩石内にある化石プランクトンの解釈にもとづき、ケラーは大量絶滅が起きたのはこの議論の的の砂岩より一メートル以上も上の位置だとし、それならば衝突よりずっとあとのことで、絶滅は小惑星によって引き起こされたのではないことになる。

私はケラーに、それはとても興味深い説明だとは思うが、偶像視されているアルバレスのグッビオに関する物語――プランクトンの絶滅、石灰岩の突然の中断、粘土の層、イリジウムの発見――は、いずれもとても説得力があるように思えると白状した。すると彼女は心の底からおかしそうに笑った。

「とっても説得力がある。その通りよ。もし層位学についてなんにも知らなければね」

ケラーは、イタリアの有名なアルバレスの断面は数百万年を圧縮しており、時間の大きな区分が欠けていると話す。さらに彼女は、カリフォルニア大学バークレー校の地質年代学者ポール・レンヌによる二〇一三年の発見にも異議を唱えている。それは衝突と絶滅の年代決定として、これまでで最も信頼のできる詳細な説とみなされているものだ。レンヌは、モンタナ州ヘルクリークにある世界的に有名なK－T堆積物を調査した結果、小惑星の衝突と地球上のほとんどの動物の死との間隔を三万年以内と判定することができた。地質学的記録から判断できる最も短い時間にほぼ近い。だがケラーは、衝突の時期は絶滅より一〇万年以上前だったという自身の発見を支持し、レンヌの研究の誤差範囲に反論の余地があると主張する。

「あんなのはまったくナンセンスだ」と、レンヌが電話越しに私の質問に答えてくれた言葉は、例によってケラーが自説を発表するときに受ける反応そのままのものだった。「いいかね、ゲルタの最大の敵は彼女自身なんだよ。なぜなら、一方ではデカントラップとのつながりがあると言っていて、それは私も正しいと思っている。彼女はデカントラップを真剣に研究して、たしかにその分野では重要な成果を上げていた。でもチクシュルーブがK‐T境界のどれだけ前だったかについての主張は、最初は三〇万年と言って、あとから縮めているんだから、自分自身の信頼性をすっかり台無しにしちゃったわけだ。まったくばかげた自説に合わせようとして、地質学的事実をねじ曲げたんだよ」

ただし、疑いなく認められているケラーの研究領域は、彼女のチームが最近発表したデカントラップそのものの年代決定だ。現地調査に適した季節になると毎年、プリンストン大学の同僚ブレア・ショーネが率いるケラーのグループはインドに出かけ、白亜紀末の膨大な量の溶岩の山から発生年代を突き止める試みを続けてきた。プリンストン大学のチームが新しい日付を集めるごとに、火山活動の最も破壊的な時期が少しずつK‐T境界に近づいている。

一億年以上前、インドは超大陸のゴンドワナに別れを告げ、動物の誕生以来続いてきた長年の団結に見切りをつけた。インドはどうやらこの団結にたいした思い入れはなかったらしく、白亜紀の後期になると、一年にほぼ一五センチという（地質学的な）高速で原始のインド洋を渡って移動しはじめた。だが最終的にアジアと出会う前に、インドはレユニオン・ホットスポットの上を通過するという不運に見舞われた。そのためにK‐Tに近いどこかの時期に、この島の大陸は短期間だけ、大陸全体がひっくり返るほどの想像を絶する大噴火を起こした。

驚くことに、デカントラップは今でも噴火している。マダガスカル島の東方八〇〇キロメートルの洋上に浮かぶレユニオン島の東では、かつてインドで噴火活動を起こしたレユニオン・ホットスポットから、まだ溶岩が噴き出している。ピトン・ドゥ・ラ・フルネーズ火山は、そして実際にはレユニオン島全体が、地球のマントルが異常に熱いこの場所の、最新の表情なのだ。地下深くのマントルが怒りにたぎる地点を越えて太平洋プレートが移動するために西より東のほうが若いハワイ諸島と同じように、レユニオン・ホットスポットも頭上のプレートの移動につれてインド洋を横切る道筋をたどってきた。デカントラップの噴火から六六〇〇万年のあいだに、このホットスポットは地殻を貫いてモルディブ諸島、セーシェル諸島、モーリシャス島を生み出し、現在のレユニオン島の地下の位置に到着している。だがこのホットスポットが最初に沸騰を始めたのは、インドの地下だった。

K－Tの大量絶滅が起きる数十万年前、恐竜たちがまだ何ごともなく世界中を歩きまわっていたころ、この地域のマントルがはじめて目を覚まして溶岩が噴き出したが、まだムンバイとその周辺の狭い地域にとどまっていた。こうした溶岩の洪水は現在の私たちから見れば大災害に思えるが、この最初の噴火はデカントラップで最終的に噴出した溶岩全量のわずか四パーセントにすぎないと、ケラーは言った。それにもかかわらず、この初期の、どちらかと言えば小規模なデカントラップの噴火でさえ、気候に対して猛威をふるったらしい。まず急激な温暖化が起き、海洋酸性化の証拠が見られ、さらに絶滅の一五万年前に炭素循環が大幅に乱れたのは、噴火による二酸化炭素の投入に関連していると考えられる。急な気温上昇のあとには、また急な気温低下が続いたかもしれない。ノースダコタ州から見つかった植物の化石からは、大量絶滅前の地質学的な時間の尺度では一瞬の間に、最大八℃の気温の低下があったことがわかる。この寒冷化は、初期の火山活動で噴き出した新鮮なデカン玄武岩の風化と、それにともなう二酸化炭素の減少によって引き起こされたのだろう。K－T境界の直前に海水面が急に下がっているように見えるから、この寒さによって、それまでの温室の世界に氷河がもたらされた可能性もある。

モンタナ州にある伝説的なヘルクリークのバッドランドは白亜紀末の大絶滅の時期の地層から成っており、ここを研究の地としているワシントン大学の古生物学者グレッグ・ウィルソンは、小惑星の衝突の地質学的な直前と思われる時期に、哺乳類のおよそ七五パーセントが局所絶滅するとともに、かつては優勢を誇っていた有袋類をはじめとしたグループも決定的な打撃を受けて、一一種のうち一〇種が絶滅したことを実証している。どう少なく見積もっても（これらの兆しが現実だとすれば）、気候と動物相のそのような大規模な変動は、まったく関係のない小惑星の衝突によるハルマゲドンの序章にしては奇妙に思える。

そしてここでもまた、K－T前の気温変動がそれほど大きかったこと、あるいは生物圏が小惑星衝突の前にすでに瀕死の状態だったことに、懐疑的な人たちもいる。ペンシルベニア州立大学の古植物学者で衝突説の擁護者でもあるピーター・ウィルフは、「サイエンス」誌のコメント欄でこれを「介護施設爆撃のシナリオ」と呼んで、派手に嘲笑した。「殺し屋は、とっくの昔に捕まっている」と、彼は私宛の電子メールに書いてきた。殺し屋とは、小惑星のことだ。

中生代を終わらせたのがデカントラップで、チクシュルーブの衝突ではないとするならば、それはこの火山が中年にさしかかったころに起きた、地殻を激変させるほどの噴火活動期に起きたものだろう。インドの火山系は最初の噴火のあとのいつごろか、小惑星の衝突とほぼ同じ時期に、岩の割れ目から溶岩がふつふつと湧き出す状態が一気に変化して、溶けた地球が絶え間なく噴き出す壊れた消火栓のような状態に変わった。こうした「主要段階」の噴火は、いくつかの場所でフランスと同じ広さの区域を、厚さ三〇〇〇メートル以上の溶岩で覆った。

マハーバレーシュワルの玄武岩でできた縞模様の連山をはじめ、現在はインド西部に位置する標高三五〇〇メートルあまりの、まるでバーコードのように見える山地は、この過剰なほどの溶岩から削り出されたものだ。デカントラップから噴出した大昔の溶岩は、（地球上で知られている最も範囲が広く最も量の多い溶岩流によって運ばれて）インド亜大陸の反対側にまであふれ出し、ベンガル湾に注いでいるのがわかる。こうした溶岩の川は、一万立方キロメートル近くの溶岩を一六〇〇キロメートル――おおよそシカゴからボストンまで――の距離にわたって運んだ。

そして地球の裏側のメキシコで、マヤ人たちがそうとは知らずに――湧き出す真水をあてにして――恐竜を殺したクレーターの上にたどり着いたように、仏教の僧も白亜紀末の大絶滅の地質を心地よく感じたらしい。今から二二世紀前、西ガーツ山脈のジャングルのなかで、仏教徒たちがこのデカン玄武岩の断崖絶壁に二五の僧院と五つの塔院となる石窟を彫りはじめた。これらはアジャンタ石窟群と呼ばれ、ユネスコの世界遺産に登録されている。数千年前、僧たちは世界を破壊しつくしたかもしれない岩の奥深くに座って、静かに瞑想したのだ――この世に永久不変なものはないとする仏教の基本概念、「無常」について静かに考えるには、うってつけの場所だった。

チクシュルーブ衝突が火山活動を誘発

米国地質学会の年次総会で、カリフォルニア大学バークレー校の地質学者マーク・リチャーズは、満員の会場で演壇に立った。聴衆の多くは三五年ものあいだＫ－Ｔについて議論してきた歴戦の勇士だ。そして直前に、アルバレスの小惑星を却下してデカンの火山活動が絶滅の直接の原因だとする、ケラーとその同僚たちによる一連の話を聞いたばかりだった。これまでの議論の経緯がもう一度はっきりと示され、プログラムにはリチャーズの話の協力者として、K－Tのスーパースターであるウォルター・アルバレス、ヤン・シュミット、ポール・レンヌの名が明記されていた。レンヌは、小惑星の衝突が絶滅の時期とほぼ一致することを算定するために、誰よりも大きな働きをしてきた人物だ。ゲルタ・ケラーの気に障る夢物語に反論できるドリームチームがあるとすれば、まさにこのグループだった。

だがリチャーズはいきなり、一風変わった話し方で講演を始めた。

「まず、八〇〇ポンドのゴリラ、ある巨大な存在が、私にとってはその一〇倍の大きさになったと言えるような話から始めたいと思います」

これまでの総会では、小惑星が命とりになったと断言していた科学者たちはデカントラップの存在を否定的に脇へ追いやっていたし、またその逆も同じことだった。だがリチャーズはこの問題に真正面から向き合い、数億年におよぶ動物の歴史上で最大の小惑星と最大級の洪水玄武岩とが、奇妙なことに（そして一部の生きものにとっては不愉快なことに）同時に発生したことを認めた。そしてこう続けた。

「このようなことが無作為に起きる確率を考えると、何らかの因果関係や、ある種の神の介入があったように思えてきます。そして、私は後者の専門家ではありませんから――私は地球物理学者ですから――数年前に発表されたとっぴとも言える仮説、私にはもうそれほどとっぴには思えなくなったこの仮説に、焦点を合わせていこうと思います」

ケラーのグループと同様、リチャーズ、レンヌらのグループもインドに出かけては、溶岩の重なりの調査に長い時間をかけていた。西ガーツ周辺で、命知らずのドライバーたちが走りすぎる道に沿った断崖絶壁に取り組む危険な旅を繰り返しては、マハーバレーシュワルの峰々から岩石試料を集めていたのだ。リチャーズらはなかでも、溶岩の積み重なりの途中に見える、岩石の変わり目のようなものに興味を抱いた。トラップの底部にある最初の数回の溶岩流のあと、岩石には何か根本的な変化が見えた。これはワイ亜層群と呼ばれる岩石層の始まりで、この亜層群はデカントラップ全体の七〇パーセント以上を占める巨大な溶岩の層になっている。

「ワイ亜層群を除外すれば、［デカントラップは］ワールドクラスの洪水玄武岩事変とはみなされなくなるでしょう」と、リチャーズは言った。

ワイ亜層群では溶岩の量が並外れて多いだけでなく、岩石の化学的性質そのものが下の層とは異なっている。デカントラップの歴史のなかで初期に起きた比較的小規模な噴火では、地殻の成分が溶岩にたっぷり混じっていて、溶岩が比較的ゆっくり地表に上昇してきたことがわかる。ところがワイ亜層群が始まると、溶岩には地球の奥深くにある岩石の痕跡しか見あたらず、深部から激しく急きたてられて、地殻との相互作用がほとんどなかったことを示している。

「これはマントルから直接引いた消防ホースみたいなものです」と、リチャーズは言った。

リチャーズがインドで集めたデータを解析する一方、カリフォルニア大学バークレー校の同僚だった古生物学の神、ウォルター・アルバレスは、グーグルアースでデカントラップの地勢を研究していた。すると衛星写真から、古くてもろくなった溶岩流に走っている断層線が、その上にある巨大なワイ亜層群にまで延びていないことに気づいた。アルバレスにとって、これは初期の噴火と消防ホースのあいだに長い時間の隔たりがあることを示していた。そこでこの実地踏査をともなわない新事実を伝えようと、ワクワクしながらリチャーズに電話をかけた。リチャーズは次のように話している。

「K－T境界に関係する問題を研究していて、ウォルター・アルバレスから日曜の午後に電話があり、すぐに来るようにと言われたら、とにかくすぐに行く必要がありますね。これが意味していたのは、デカントラップが大あくびをして、たぶん『これで終わった』なんて言っていたかもしれないのですが……そのあとで、何かが起きたということです」

「ここにちょっとした問題があるのです。ゲルタ・ケラーをはじめとした古生物学者のグループは、巨大な溶岩流が白亜紀の堆積物を覆っているベンガル湾でコア試料を採取して調べ、その溶岩流はちょうど白亜紀と第三紀の境界のものであることをあきらかにしました」

だがリチャーズの気づきの瞬間がやってきたのはインドではなく、家族で休暇旅行に出かけたユカタン半島のマヤ遺跡だった。出発前に、アルバレスからユカタン半島のクレーターを描いた珍しい地図を見せてもらうと、そこにはマヤ文明に力を与えたセノーテの場所が印され、見たところクレーターの縁に沿って散らばっていた。

リチャーズは、チチェン・イッツァ近くのセノーテを訪れたあとでインスピレーションが沸いたと、次のように話した。

「ホテルの部屋に戻ったとき、この仕事にひらめきというものがあるとしたらですが、そうしたひらめきに近いものを感じました。夜中の三時にベッドで文字通りむっくり起き上がると、家族がぐっすり眠っているあいだにコンピューターを取り出して文献の検索を始めたのです」

リチャーズは突然、カリフォルニア大学バークレー校の同僚であるマイケル・マンガの研究を思い出したのだ。マンガは、地震によって遠方の火山の噴火が誘発されるという仮説を研究していた。それ自体は新しい考え方ではなかったが、統計的な検証が盛んになりはじめていた。

一九六〇年に、観測史上最大の地震がチリを襲った。その三八時間後、二五〇〇キロほど離れたコルドン・カウジェ火山が噴火を起こしている。その一世紀以上前には、チャールズ・ダーウィンがチリのバルディヴィアで同じような地震を経験し、それから一日もしないうちにミンチンマビダ山とセロ・ヤンテレス山が噴火した。ダーウィンはすぐれた理解力によって、これらの噴火と地震のあいだには因果関係があると考えたが、納得できる仕組みをなかなか思いつくことはできなかった。こうした地震と火山のつながりを連想させる証拠は直観的なもので、長年、単なる事例にすぎなかった。しかし最近になって統計を活用した結果、それは現実に起きている現象であることがあきらかになってきた。地震の規模と、それが火山の噴火を引き起こせる距離のあいだには、どうやら関係があるらしい。リチャーズの同僚のマンガがあらましを話していたのは、そのような関係についてだった。チクシュルーブで起きたと思われる地震の規模に近い、実際にはあり得ないマグニチュード一一にまで計算上の数値を上げてみると、マンガが計算した誘発距離は実質的に地球全体になった。つまり、マグニチュード一一の地震は、世界のどこにある火山でも噴火させる力をもつ。チクシュルーブの衝突によって起きた規模の地震なら――リチャーズは真夜中に降りてきた啓示で気づいた――インドの平凡な火山を、この世の終わりを引き起こせるほどの存在に変えることができたはずだ。

一九九七年、アルバレスはチクシュルーブの衝突説を主張しながらも、小惑星の衝突と噴火活動とがほとんど奇跡とも言えるほど同時に起きていることにとまどって、次のように書いている。「腕のよい探偵なら、K－Tとデカンのような一回だけの時期の一致でも無視すべきではなく、シベリアトラップとペルム紀─三畳紀の境界の一致のように二つ目の偶然の一致があるならなおさら、重要性があるにちがいない。だが現在のところ、衝突、火山活動、大量絶滅のあいだの関係を合理的に説明している者を知らない」

今、そのつながりが見つかった。

小惑星の衝突がインドの火山活動を引き起こしたという考え方は、まったく新しいものではなかった。それまでの数十年間に簡単に検討されたのだが、デカントラップの最初の噴火が衝突より、おそらく数百万年も前のことだったと判断され、却下されていた。噴火活動が小惑星の衝突より前に始まったのなら因果関係の見こみはあり得ないと、研究者たちは結論づけていたのだ。それにデカントラップの場所は、衝突現場から見て地球の真裏にはあたらない――地震エネルギーは地球の反対側に集中する。いずれにしても、衝突には単独でそれほど大きな噴火を引き起こす力はなかった。

しかしリチャーズは、もし自分の考えが正しいなら――すでに何かの刺激が加わるのをジリジリ待ち受けていた火山系をチクシュルーブが噴火させたのなら――この衝突によって一時的な過熱状態が引き起こされたのはデカントラップだけではなく、中央海嶺系に沿って弧を描く世界中の火山でも同じことが起きたはずだと考えた。衝突のあと、この惑星のジグソーパズルの継ぎ目は、火山の集中砲火で赤く染まったことだろう。

相容れないふたつの理論を感動的に和解させ、白亜紀末の大絶滅に火山活動の役割を復活させる可能性があったにもかかわらず、リチャーズは恐竜の死に第一の責任者を指名することを賢明にも避けている。ふたつの驚くべき事象は今もまだ、絶滅の非常に近くを、互いに不安そうな表情でうろつくばかりだ。噴火の性質と時期について研究現場から次々と新しい詳細な数値が届くにつれて、デカントラップの決定的な役割についてしきりに尋ねられるのだが、リチャーズははっきり答えていない。

「私がこれまでにした最良の決断は、K－T境界の絶滅の原因について、ひとつの意見を決定的に選択しなかったことです」と、彼は私に話した。「そんな発言をする根拠はまったくありませんからね。つまり、これまでずっと、とても激しい論争が続いてきました。私はなんとか問題を避けようとしてきたのです。これから二年のうちには、何が起きたかわかってくるでしょう。みんなで力をあわせて見つけるんですよ。一緒にね。この話は、もっとおもしろくなるばかりです」

だが、彼の同僚のポール・レンヌはそんなに弱気ではなく、次のように言った。

「これからは火の玉と天罰みたいな、そういうものから遠ざかっていくだろうと思うよ」

「もう何年も前から、いったいどうしてということが――ほかの大量絶滅はまったく衝突なんかと関係していなくて、大規模な絶滅はすべてデカントラップみたいな洪水玄武岩に関係しているっていうのに――この奇妙な一致はどうしてなのか、大きな謎だったからね」

「チクシュルーブは鉄砲で、デカントラップは弾丸だったのかもしれないよ」

それならば、この惑星の歴史で最も支配的だった陸上動物の仲間、一億三六〇〇万年ものあいだ地球を制した恐竜は、何によって一掃されたのだろうか？　こんな話だったのかもしれない――白亜紀の終わりごろ、温室効果の熱波と短くて厳しい冬が交互にやってきていた……そこにサンフランシスコほどの大きさの小惑星が一瞬にして大気を割って落下すると、メキシコにモルドール［訳註：『指輪物語』の暗黒の国］が生まれ、周辺のあらゆるものを焼きつくし、遠く離れた海岸から何百キロの奥地まで津波を送りこみ、大陸の東海岸一帯を破壊して暗黒の時代を導くと、食物網の基盤だったプランクトンが繁殖できなくなり、酸性雨が降り、そうしているうちに……世界の反対側では海底で中央海嶺がゴロゴロと唸り声を上げるなか、地球が大きな口を開いて歴史上まれに見る壊滅的な噴火が起き、海を酸性化し、それから数千年にわたって世界に過酷な暑さをもたらした。

もちろん、これは推論にすぎない。実際には、恐竜の末期がどのようなものだったかはわかっていない。ただわかっていることは、それが言語に絶する恐ろしい日々だったということだけだ。

恐竜たちが、そうした信じられないほどの過酷な運命にどのようにさらされたかを問うのは、理にかなっているように思う。その死をもたらしたまったく過剰なほどの殺戮の仕組みは、復讐心に燃えた、恐竜嫌いの破壊の神の手を連想するほどだ。あるいは、あまりにも成功しすぎたがゆえの、不幸な成り行きだったというほうが適切かもしれない。恐竜は無限とも言える長い時間にわたって地球を絶対的に支配していた。長く生きていれば、とてもとてもまれで、とてもとても悪いことに出会う確率は高まってくる。人類が地球で暮らすようになってから一〇〇万年よりはるかに短い時間しかたっていないが、もしこれから何億年も持ちこたえることができるなら、私たちにも、よい日と悪い日がやってくるだろう。

アラバマ大学の古生物学者ダナ・エレットと一緒にアラバマ州の田舎を一日じゅう車で走りまわり、モササウルスを探しまわったから、私はそろそろ切り上げて家に戻り、日焼けの手当てをしたいと思っていた。収穫は上々で、倒れた怪物の脊椎を見つけるのは簡単だった。暴風雨がやってくるごとに、この州の石灰岩でできた小峡谷が浸食されて、骨が姿をあらわす。だがエレットにとっては、まだ終わりではなかった。彼はこの地域にある層をなしたK－T境界、モササウルスが一頭も泳ぎわたることができなかった岩石の線が見える露頭のあたりを、もっと探しまわりたいと思っていたのだ。エレットは自

分を「アラバマのランブラー（ブラブラ歩く人）」と呼び、その名前の通りに生きていた。

「ここは、いったいどこなんだ？」と、彼は言った。

その日は川が増水して水位が二メートル半も上がっていたために、キャンパスから車で一時間ほどの距離にある行きつけのK－Tの露頭は冠水していた。だが彼には第二の手段があり、まだ一度も行ったことのない場所を目指していたのだ。釣り好きがお気に入りのスポットを仲間の愛好家に教えるように、引退したミシシッピ州の地質学者がその場所を教えてくれたらしい。

「辺鄙なところに来ちゃったなあ」と、エレットは紙の地図をいじりながら言う。タスカルーサから二時間半も南に車で走ったアラバマ州の脇道では、携帯電話も圏外で使いものにならない。行けども行けども綿畑が続き、錆びついたみすぼらしいブリキ小屋の玄関には裸につなぎ服を着た男が腰かけ、その手には銃が見える。エレットはまた地図を見て、顔を上げた。どうやら思っていたのとは違う交差点に来たようだ。

「辺鄙なところに来ちゃったなあ」と、もう一度言うと、少し間をあけ、つけ加えた。「ちょっとだけ先に行ってみよう。おもしろすぎる」

私たちは目的地に近づいていた。路肩には白亜紀末期のカキの殻がちらばっている。「悪魔の足の爪」という愛称をもつ大きくてゴツゴツした貝殻だ。もしも南に行きすぎていれば、K－T境界を通り過ぎ、アラバマ州とミシシッピ州のモササウルスとティラノサウルスの代わりに、巨大なヒゲクジラと初期の霊長類が見つかるはずだった。

ピックアップトラックを追い越す。荷台の錆が出た金属かごには、しょんぼりしたニワトリが何百羽も詰めこまれ、ハイウェイの風に羽毛をなびかせている。屈辱を受けた恐竜の何羽かが私たちのバンをじっと見つめ、まぎれもない爬虫類の目で、かつての誇り高き血統に押しつけられた侮辱を私たちに訴えていた。

道の脇にみすぼらしい看板が見える——売地・六八〇エーカー。

「白亜紀・第三紀境界の真上にある六八〇エーカーだ！」と、エレットは冗談を言った。するとそのとき、突然、ハイウェイの路肩から層をなした巨大な建造物が湧き上がってきた。

「あれかもしれないな」

エレットは急にまじめな顔になり、もっとよく見ようと首をのばす。それから高速で走っていたバンの行き先を急いで雑草のほうに向けて駐車すると、ハンドルにもたれかかった。切通しの半ばで、岩の色が急に変わっている。

「あれでまちがいない」

崖のてっぺんは新しい世界。私たちの世界だ。

第7章 更新世末の大絶滅【五万年前──近い将来】

果てしなく長かった恐竜の時代のあとにやってきた暁新世（ぎょうしんせい）は、風変わりな世界だった。ニューメキシコ州エンジェルピークの渓谷でウィリアムソンのチームが再現しようとしていたのは、この混乱した新しい惑星だ。ニューメキシコ州のこのあたりのバッドランドには、カメの甲羅、ワニの骨、哺乳類の歯が山ほどある。身近に感じる動物ばかりだが、ここにあげた哺乳動物のほとんどは不毛な血統で、現代の世界にその子孫は存在しない。そのほかの場所では、地球はじつに奇妙な実験を進めており、恐竜がいなくなったあとに残された生態学的空白を必死に埋めようとしていた。南アメリカにはティタノボアが生息していた。重さ一一〇〇キログラム、長さ一五メートルを超える巨大ヘビで、恐ろしさの点ではこの大陸の〝恐鳥類〟に匹敵しただろう。恐鳥類は、まず暁新世に進化したが、のちにウマと同じ大きさの頭、恐竜の足、巨大なかぎ状のくちばしをもつようになり、死滅した親戚の家業を受け継いで野原を恐怖に陥れた。

「気の荒いやつだった」と、スティーヴ・ブラサットは言った。「基本的には恐竜の生態的地位を埋めた、ひどく風変わりな鳥たちがいた。もちろん、鳥は恐竜そのものなんだが、ヴェロキラプトルみたいなものが絶滅して空白になった生態的地位を、その後の数百万年にわたって埋めていたわけだ」

動物相が不安定だったとすれば、気候はさらに予測不能だった。

「暁新世と始新世には、気候が支離滅裂に変動した」と、ニューメキシコ州の灼熱の太陽のもと、干上がって埃っぽい河床を歩きながらブラサットの話は続く。だがこの砂漠の暑さは、私たちの祖先が直面した世界的な高温とはくらべものにならなかった。

「ひどく暑い時代で、今よりはるかに暑かったことがわかっている。そして人間がこれから向かう先を考えれば、暑い時代には地球がどんなふうになるかを知っておきたいわけだ。ただひどく暑かっただけじゃなくて、気温が急上昇しては急下降する状態が、おそらく数万年も、長くて数十万年は続いたらしい。だからこうして、ここで調査をしているんだよ」

「カメの完全な腹甲を見つけたぞ！」と、ウィリアムソンがバッドランドの頂上から叫んだ。

「おお、すごいな」。ブラサットは大声で返事をしてから、堂々とした高みを見上げた。「どうやってそこまで登ったんだ？」

めまぐるしい気温の変動

哺乳類の時代の初期にやってきた高温期は五六〇〇万年前に頂点に達し、その当時は現在の化石燃料埋蔵量とだいたい同じ量の炭素が、二万年より短い期間に大気と海に放出された。その結果、気温は五〜八℃急上昇した。これは暁新世・始新世温暖化極大（ＰＥＴＭ）として知られている。炭素の放出源はおそらく北大西洋の深海にあった火山で、海底の下に埋まっていた膨大な量の化石燃料を燃やしながら噴火していた。二酸化炭素とメタンが放出されるにつれて気温が急速に高まり、それにともなって陸上の永久凍土が溶けると、さらに二酸化炭素とメタンが放出されて気温を上昇させるという悪循環に陥っていた可能性がある。これらはいずれも、現代人の耳には暗い話題として響くにちがいない。

サンゴ礁はPETMで深刻な打撃を受け、哺乳類は、たとえば初期のウマに見られるように、暑さに打ち勝つために小型化すると同時に、大急ぎで極地に向かって移動していった。そのころは、北極海の海水も二四℃と生ぬるい。熱波が和らいでいた時期でもなお、熱にうかされたような高温が続いた。カナダ最北部の北極圏にあるエルズミア島には、今は吹きさらしの、氷がぎっしり浮かんだ海を見下ろす荒涼とした丘の斜面に、始新世の湿地林があったことを示す木の幹の化石が残されている。当時はそこで、ヒヨケザル、ゾウガメ、カバに似た動物、ワニが暮らしていた。最悪の二酸化炭素排出量と気候感受性のモデルでは、現代の地球がこの始新世の蒸し風呂に戻ることが約束されている。

このように、恐竜の時代に始まって初期哺乳類の全盛期に影響をおよぼした二酸化炭素濃度の高い温暖な気候について、取沙汰されている原因のひとつは――再び――インドだ。この島大陸をインド洋上でアジアに向けて引っ張った沈み込み帯は、海底を地球の内部へと押しやり、長い年月のあいだに海の生物の死骸が積もってできた炭酸塩を、何千キロメートルにもわたって飲みこんだ。消費された岩石から放出された二酸化炭素は絶え間なく大気に投入され、火山の先導役を果たした。そして四五〇〇万年前ごろにインドがアジア大陸に衝突したとき、数千万年にわたって稼働してきたこの二酸化炭素製造工場は閉鎖され、火山活動はすっかり止まった。その後、衝突がヒマラヤ山脈を空に向かって押し上げるにつれて火山岩と新しく生まれた山脈で風化が始まり、二酸化炭素をどんどん減らしていった。四億年前のアパラチア山脈の造山とオルドビス紀の氷河時代と同じように、ヒマラヤ山脈の隆起と風化が始まるとともに、長い時間をかけてゆっくりと、現代の氷河時代に向かって気温が低下していったのだ。

やがて、長いあいだ青々とした森が茂る保護区の役割を果たしていた南極がオーストラリアから分離し、超大陸ゴンドワナの最後の面影が消えていく。この最南端の大陸で氷床が厚みを増しはじめ、より低温で乾燥した気候が地球全体に広がるにつれて、寒さに凍える三四〇〇万年前に始新世は終わりを告げた。長く続いた温室気候から、極地が凍った現代に近い気候への移り変わりが、動物の生態にどんでん返しを引き起こすことになる。極氷が最初に生まれたころ、頭にこぶのあるサイに似た奇妙な哺乳類、ブロントテリウムが姿を消した。このころ原始の森林に取って代わり、私たちにはなじみのある草原とサバンナが広がりはじめた。この変化は「大断絶」(Grande Coupure) と呼ばれている。ただし大部分では、新生代でも絶滅と発生がごくふつうに続き、それぞれの種は幸いにして大量絶滅の無差別な殺戮の場面に出会うこともなく、地質学的な季節の移り変わりに屈するまでは自然な寿命を全うしていた。多くの人々の想像からはなぜか抜け落ちているが、恐竜の時代のあとに続いた世界は荒々しいもので、陸上では恐竜のように大型で角をもたないサイが闊歩し、海では全長一八メートルという威厳ある巨大サメのメガロドンが泳いでいた。

その後、今からわずか三〇〇〇万年前、二酸化炭素が引き続いて不安定に減り続けるなか、パナマで北アメリカと南アメリカがつながると——地球規模の海洋循環の経路が変わり——地球のてっぺんも凍りつきはじめた。北極はそれ以来ずっと、ほとんど氷に覆われ続けてきたようだ——それも私たちの時代までのことであり、今後数十年のあいだに夏季には溶けてなくなるだろうと予想されている。

およそ二六〇万年前、地球が十分に冷え切ったとき、地軸の揺れ動きが気候を左右しはじめた。地球の傾斜のわずかな変化で地表が受ける太陽光の量が変わり、それにともなって氷期と間氷期とが交互に繰り返されている。この定期的な揺れによって夏に地球が太陽から遠ざかると、厚さ一六〇〇メートルを超える氷床が大陸にまで進出して地球に冬が訪れ、何万年ものあいだ冷たい手で抱きしめるようになるのだ。過去数百万年のあいだに、地軸の揺れと太陽をめぐる軌道の変化のせいで、地球はおそらく一五回を超える氷河の進退を経験している。

こうして、私たちの今がある。私たちは氷期のあいだに挟まれた数千年という束の間の温暖な間氷期を生きていて、これまでにやってきては去って行ったものと同じ氷期の狭間にいる。この楽しい休暇が、過去のものよりずっと長く続くと期待してはいけない。地質学的な時間のものさしでは、あっと言う間に氷期に戻り、そうなるとニューヨーク市はまるで南極大陸の端に位置するかのような状態で、エンパイアステートビルも大陸氷河の側面についた小さなシミにしか見えなくなるだろう。氷期には海水面が一二〇メートル以上も低下して、見慣れた海岸線は何千メートルも沖に後退し、オーストラリアとアジアが、アジアと北アメリカが、陸続きになる。この長期予測についてはあとでまた詳しくふれるが、それは人間の介入によって混乱に陥っている。

不思議なことに、過去数百万年間の大幅な気候の変動——厳しい氷期と穏やかな間氷期の繰り返し——が引き起こした絶滅は、ほんのわずかしかない。地球史のずっと以前の氷河時代に絶滅したイソテルス・レックスやダンクルオステウスとは異なり、ケナガマンモス、巨大な地上性ナマケモノ、大型有袋類、自動車ほどの大きさのアルマジロは、地質学的な歴史の近年に起きた数多くの氷期と間氷期による変化を乗り越え、気難しい惑星に合わせて機嫌よく棲む場所を変えながら、上手に生き延びてきたらしい。

だがその後、地質学的な時間で言うなら今からほんの一瞬だけ前に、世界は陸生大型哺乳類の半数を失った。

これらを「近年の」絶滅と呼ぶのは、地質学者にとってわずか数千年前に起きた出来事は、昨日起きたようなものだからだ。これら近年の絶滅は、大型の陸生脊椎動物に白亜紀末の大混乱以降で最大の打撃を与え、しかもほかの大量絶滅のどれにも似ていない――海のなかの生きものにはまったく影響がなく、植物相はほぼ無傷で残り、おもに大型でカリスマ性のある陸生哺乳類が被害を受けた。

ホモ・サピエンスの移動のあとを追う絶滅の波

過酷な気候変動が繰り返されたにもかかわらず比較的安定した数百万年が過ぎたあと、奇妙な絶滅の波が、突如として地球全体を駆けめぐった。その波は不気味にも、少し前にアフリカで進化したばかりの霊長類ホモ・サピエンスが大規模に移動したあとを、影のように追っていた。わずか数万年前に始まった絶滅は、大陸から大陸へと飛び火し、その後は離島にまでおよび、歯止めがかからないまま現代まで続いている。人間が生み出した絶滅と聞くと、エンジン式チェーンソーで一面の大木を切り倒したり、大型トロール船で海底の生きものを根こそぎ捕獲したりというイメージが浮かぶが、実際のところは、そもそも人間が得をすれば生物多様性が損をすることになっている。

四万年前から五万年前のいつかに、オーストラリアからフクロライオンと（現在のカンガルーよりはるかに大型で動きが遅かった）ジャイアントカンガルーが姿を消した。サイほどの大きさの動きの鈍い草食動物で、歴史上最大の有袋類だったディプロトドンも絶滅した。背の高さが二メートル近くある、飛べない巨大な鳥もいなくなった。さらに、巨大パイソンのひとつの種、陸上で暮らすワニのふたつの種、メガラニアと呼ばれるオオトカゲの仲間も絶滅した。このオオトカゲは全長が四メートル半もあり、三畳紀に向かっていたのに道に迷ったかのように見える。こうして体重一〇〇キログラムを超える陸上の動物がことごとく姿を消してしまった。そしてこの絶滅の波が襲ったのは、異常な気候変動や小惑星の衝突が起きたときではなく、人間がはじめてオーストラリアにたどり着いたのとほぼ同じ時期だった。

現生人類がはじめてヨーロッパとアジアに広がったとき、各地の動物相には、もっと長期にわたる絶滅が引き起こされた——ユーラシアからは牙がまっすぐ伸びたゾウ、ケナガマンモス、毛深いサイ、それほど毛が生えていないサイ、カバ、オオツノジカ（世界で最も華々しい角をもっていた）、ホラアナライオン、ブチハイエナの姿が消えている。そしてユーラシアではネアンデルタール人——道具と火を使い死者を埋葬した、別のヒト科の種——も絶滅した。ネアンデルタール人と現生人類との出会いはあっけにとられるほど短いものだったが、その遺伝子は現在のヨーロッパとアジアの人々のなかで生きており、どうやら当時の愛情は種を越えたようだ。

ケナガマンモスの絶滅は、人々のぼんやりした記憶では恐竜の絶滅のころだと思われたりもするが、実際にはとても最近で、雪のなかから見つけ出したマンモスの肉を食べることもできるくらいだ。サイエンスライターのリチャード・ストーンは、ロシア人の仲間がシベリア旅行中に食べるのを目にし、こう書いている。「ウォッカを何杯か飲んだあとだったのに、彼は『ひどかったよ。冷凍庫に長く置きすぎた肉みたいな味がした』と言った」。東欧とロシア全域には、マンモスの骨だけで組み立てられた家を特徴とする集落のあとが散在し、ウクライナのメジリチに遺されている住居には一五〇頭あまりのマンモスの骨が使われている。

およそ一万二〇〇〇年前に、人類は北アメリカに到達した。それまでの数百万年間は——やはり激しい気候変動に見舞われながらも——比較的安定していたのだが、人類が足を踏み入れた北アメリカからは驚くほど多くの巨型動物類が姿を消していく。それまでは、現代のアフリカのサバンナで目にできる動物たちよりはるかに威風堂々とした多くの動物たちが、この大陸で暮らしていた。だが、マンモスの四つの種、ゾウに似たゴンフォテリウム、後ろ足で立つと四メートル半もの高さにそびえた巨大な地上性ナマケモノがいなくなった。体重が一トン以上もあったオオアルマジロ、クマと同じ大きさのビーバー、現在のどのクマよりもはるかに大きかったアルクトドスのようなクマもいなくなり、さらにスタッグムースや、マストドンも絶滅した。

マストドンの糞に生え、それに依存していたキノコの胞子が、この絶滅は植生の変化や気候変動のような自然の力によるものではなかったと、それとなく知らせてくれる。マストドンが好んだトウヒの森が広がっていたにもかかわらず、この胞子が急激に減っており、それはこのキノコが依存していたマストドンなどの巨型動物類がいなくなったことを示しているからだ。アメリカ先住民が動物たちを殺していた場所があり、またコンピューターモデルのシミュレーションは乱獲によって巨型動物類はわずか数世代で比較的簡単に絶滅することを示しているため、別の原因が浮かび上がる。

北アメリカからは多くのラクダも姿を消した。ラクダはもともとこの大陸で生まれて進化し、のちにアジアとアフリカへと広がっていったものだ。一八五〇年代に、南西部を進む軍の護衛隊で実験的にラクダを採用したとき、エドワード・ビール中尉は――この動物の祖先が現地とつながりをもっていることも知らず――並外れた役立ち方に嬉しい驚きを隠さなかった。ラクダたちは進化上の故郷を嬉しそうに行進し、「ニューメキシコ州の道沿いに生えているメキシコハマビシなど、家畜が見向きもしないために役に立たなかった雑草などの植物」を食べた。

北アメリカからは、さらに米国のシマウマとウマも絶滅した。北アメリカのウマの物語は不思議なものだ。ウマはこの大陸で数百万年をかけて進化したのち、一万二〇〇〇年ほど前に急に絶滅し、そのずっとあとになってスペインからの開拓者の手で再導入された。今後また数百万年にわたってこの大陸で生き続けるなら、はるか未来の地質学者たちはおそらくこの奇妙な何千年もの不在に気づくことはないだろう。

それまで豊富に手に入った北アメリカの巨型動物類の死骸をあさることができなくなって、この大陸からはテラトルニス――空を飛ぶことができた最大の鳥のひとつ――をはじめとした多くのコンドルもいなくなった。ダイアウルフもサーベルタイガーもいなくなった。アメリカンチーターも、ネコ科の動物としては史上最大だった――アフリカで暮らすいとこたちよりも大きい――アメリカンライオンも、いなくなった。これらの動物たちの多くは、命を落としたその場所で今もまだ眠っている。たとえばロサンゼルスの繁華街でも、多くの人々で賑わうミラクルマイルにある「ラ・ブレア・タールピット」の天然アスファルトの池に、たくさんの骨が残されたままだ。

これらの動物はどれも、つい最近まで北アメリカを歩きまわっていたから、未来の地質学者たちにとっては実質的に、たった今、絶滅したばかりに見えることだろう。私たちの時代が自然史博物館に展示されている世界ほど壮大なものではないという考えは、大きな思い違いだ。現在のように動植物を根こそぎにされた、物寂しい不毛の光景が広がったのは、地質学的な時間のものさしではほんの一瞬前のことにすぎない。

だが今では、さまざまな動物が進化上の亡霊に囲まれて暮らしている。北アメリカの西部に生息する俊足のプロングホーンは、現在いるどの捕食者よりも、笑ってしまうほど速く走ることができる。しかしそのスピードは、今生きている捕食者に対応したものではないのだ。それはおそらく――地質学的な一瞬前まで——アメリカンチーターからつねに苦しいほど追い詰められて逃げる必要があった名残だろう。捕食者の不在がこの目にはっきり見えたのは、私が列車に乗ってアメリカのセレンゲティとも呼べるニューメキシコ州のカイオワ・ナショナル・グラスランドを通ったときのことだ……そこでは吹きさらしの、ほかには動くものの見えない景色のなかを、一頭の放浪するプロングホーンが今もまだ亡霊から逃れようとして、全速力で疾走していた。

また別の更新世の進化の影が、スーパーの農産物売り場で生き続けている。果実の種子は動物によって食べられて、遠くにまき散らされるようにできているが、アボカドにとってはほとんど意味がない。ビリヤードの球ほどの種子を丸のみにしたりすれば、消化器官を通りすぎるまでに、少なくとも数日間は七転八倒の苦しみを味わうことになるだろう。だがこの果実は、一時は恐竜ほどの大きさを誇った地上性ナマケモノのように、木々をあさって食料を探す巨大な動物が生きている場所でなら少しは意味をなす。それほど大きな動物ならば、アボカドの種子を飲みこんでもほとんど気づかなかったはずだ。巨大な地上性ナマケモノは地質学的な一瞬前に絶滅してしまったが、ナマケモノの興味をひいたアボカドの実はそのころと変わらない。

巨大な地上性ナマケモノをはじめとしたアメリカの巨型動物類の絶滅はつい最近のことなので、グランドキャニオンには巨大なナマケモノの糞で埋めつくされた洞窟が今でも残されている。アリゾナ大学の古生物学者、故ポール・マーティンは、グランドキャニオンのランパート洞窟の探検について次のように書いている。糞をかき分けて歩いた経験について、これほどまでに心を打つ文章はほかにないだろう。

洞窟の奥に向かってゆっくり進んでいくと、大聖堂にいるような静けさを感じた……私たちは一列縦隊になって溝を進み、ナマケモノの糞の中を歩いて行った。立ち止まったときには、層をなすナマケモノの糞に胸の高さまで埋まっていた。風の流れは少しも感じられなかったが、その堆積物からはアンモニアや、糞が腐敗するときのそのほかのどんな臭いの痕跡も、すっかり消えていた。誰も、ひとことも話さなかった。静寂のなか、私は首のうしろの毛が逆立つのを感じた。私たちは神秘主義者でなくとも、この薄暗くて天井の低い部屋が神聖な保護区だと感じることができた。死者のための地下墓所よりも、ランパート洞窟は絶滅した者たちを崇めていた。

オーバーキル（過剰殺戮）説

一九六〇年代に、これらの絶滅を引き起こしたのは先住民であるという「オーバーキル（過剰殺戮）」説をはじめて提唱した故マーティンは、その評判の悪い考え方によって最も大きな非難にさらされた人物だ。植民地主義によってすでに非人間的な扱いを受けて数を減らされていた先住民が、次々に押し寄せた世界的な絶滅の波を招いたとする説については、それを主張したポストモダンの数多くの社会科学者や人類学者が大きな反発を受けていた。マーティンを声高に批判したのは、アリゾナ大学の同僚で社会科学の教授だったヴァイン・デロリア・ジュニアだ。デロリアはのちに、アメリカ先住民は北アメリカに起源をもち、最初からそこにいたとするアメリカ先住民版の天地創造説を支持するようになる。そして、先住民はおよそ一万二〇〇〇年前にアジアから北アメリカに到達し、そのあとに巨型動物類の徹底的な破壊があったことを示す、遺伝学、考古学、古生物学から相次いで届いた圧倒的な反証を、西欧の文化帝国主義によるさらなる暴挙とみなした。だがマーティンは、先史時代の人々に現代の保護の理念に反した責任を求めるのはばかげていると指摘することに努め、「もしも私たちが今後一万二〇〇〇年のあいだに引き起こす絶滅が、巨大な地上性ナマケモノの時代から一万二〇〇〇年のあいだに、アメリカ先住民によって絶滅した大型哺乳類と同じくらいわずかな数ですむなら、信じられないほど幸運だと考えていいだろう」と主張している。そして晩年には、アフリカとアジアからゾウとラクダを連れてきて米国の西部にもう一度定着させ、生態学的に貧弱になってしまった北アメリカの光景を回復させようと訴えた。

一方、もっと科学的な立場に立ってオーバーキル説を批判した同僚たちは、最終氷期の末にあった気候変動が絶滅の原因だと主張して、人類の先駆者たちの潔白を証明しようとした。実際には、北アメリカは最終氷期が終わる移行期間に、それほど大規模な気候変動を経験していない。それより前の更新世のあいだにも数えきれないほどの気候変動があり、最終氷期の末に起きたものは、それまでの氷期と間氷期のあいだにあった数多くの動揺より、特別に大きいものでも激しいものでもなかった。そして更新世の動物たちは好みの生息環境を求めて棲む場所を移しながら、それまでの変動を難なく切り抜けている。だが最終氷期の末の気候変動が、また別の不安定な要素を加え、それによって生物圏の脆弱性が高まって、増える一方の狩猟の達人が火を使って行く先々の景観を一変させる混乱に耐えきれなくなったのかもしれない。それでも、北アメリカの巨型動物類が、究極の侵入生物種である人類の到来なくして絶滅したと考える理由はない。さらに、夜行性の動物のほうが絶滅をまぬかれる割合が高かった理由も、気候変動を原因とした場合はほとんど説明がつかない。同じことが植物についても言え、絶滅した植物はほとんどなかった。マーティンがグランドキャニオンで出会ったものと同じ巨大なナマケモノの糞からは、北アメリカの乾燥した地域で今もまだ繁殖している植物を餌としていたことがわかっており、その植物はオオツノヒツジや野生のロバの大好物だ。動きが遅くて無防備な巨大ナマケモノが、食べるものの不足で絶滅したとは考えられそうもない。

だが最終的に、マーティンの説を検証する対照群が存在した。数千年ものあいだ人間によって発見されずにいた島では巨型動物類が更新世末の気候変動を生き抜いていたが、ほかの場所と同様、人間が上陸してから破滅の道をたどったのだ。北アメリカの大陸部では、最後の巨大な地上性ナマケモノが姿を消したのは一万年前と考えられているが、マーティンのかつての教え子だったフロリダ大学の古生物学者デヴィッド・ステッドマンは二〇〇五年に、イスパニョーラ島とキューバ島でさらに五〇〇〇年のあいだ生きていたこの種の化石を発見している。西インド諸島にはじめて人間が住み着くと、カリブ海地域の巨大なナマケモノも、すぐにいなくなった。

驚くことに、ケナガマンモスも人目につかない遠くの島々で長く生き延びており、エジプトのピラミッド建設最盛期に重なる時代までその姿があった。時代錯誤のマンモスは、シベリア沖のウランゲリ島と、アリューシャン列島のはるか北にあるベーリング海のプリビロフ諸島で、それぞれ置き去りにされていたわけだが、それは同時に安全であることも意味した。これらの隠れ家が人間に発見されずにいたことでマンモスは生き延びており、本土にいたマンモスの親類たちはそれより何千年も早く絶滅の憂き目にあった。

同じように、マナティーの親戚で全長が九メートルもあった巨大なステラーカイギュウは、およそ一万二〇〇〇年前に北太平洋の海岸から姿を消したが、ロシア沖の無人島だったコマンドルスキー諸島では小さな群れとして一八世紀まで生き残っていた。コマンドルスキー諸島は一七四一年に毛皮商人によって発見され、狩猟の対象となった一二トンの巨体は人間に見つかってから三〇年もしないうちに、この最後の砦から——つまりは世界中から——姿を消してしまった。

大陸が一万年以上前に大打撃を被ったのに対し、島々は古い時代の無骨な探検家によって発見されるにつれて、何世紀にもわたって少しずつ絶滅の波に襲われ続けた。約二〇〇〇年前には、インドネシア人がアウトリガーカヌーでインド洋を越えてはるばるマダガスカル島にたどり着き、上陸したこの地の動物相に壊滅的な打撃を与えた。ツチブタの仲間とキツネザルの一七の種を相次いで破滅させ、そのなかにはキツネザルでは最大の種となるゴリラほどの大きさをしたアルケオインドリスも含まれていた。マダガスカルからは、カバ、ゾウガメ、そして巨鳥のエピオルニスも失われている。エピオルニスは背の高さが三メートル、その卵は容積が九リットル近くあり、（鳥ではない）恐竜も含めたどんな動物の卵よりも大きかった。この卵の殻は島じゅうどこでも簡単に見つかって、「壊れた貝殻のように地面に散らばっていた」とされる。初期のマダガスカル島民にとっては、すばらしいごちそうになっていたにちがいない。

過去数百年のあいだにポリネシア人たちが海に漕ぎ出し、何千キロメートルも離れた小さな環礁や群島に——ニューカレドニアからハワイ、イースター島からピトケアン諸島まで——住み着くようになると、数千種にのぼる飛べない鳥や無数の陸生巻貝、その他の動物をはじめとした島々固有の動物相は壊滅した。ただし、人間が生きものの絶滅を引き起こすのに使う手段は狩猟だけではない。こうした島の動物相は、おもに毛皮を着た積み荷——ネズミやブタなど——によって破壊されてきた可能性がある。

ニュージーランドでは、モアと呼ばれる奇妙な飛べない鳥の化石記録から、バスケットボールのゴールより背の高いものもいたこの巨大な鳥は、更新世の気難しい気候をうまくくぐり抜け、地球がフラフラと揺れながら太陽のまわりをめぐるあいだも長くこの島をブラブラ歩きまわっていたことがわかっている。だがマオリがニュージーランドに上陸すると、今から五〇〇年以上も前にその姿は消えた。この絶滅に頭を悩ませたのは、カリフォルニア大学ロサンゼルス校の鳥類学者で地理学者、『銃・病原菌・鉄』の著者でもあるジャレド・ダイアモンドで、人間の巧妙さだけが絶滅の原因だとする考え方にはどうしても納得がいかなかった。だがニューギニアの奥地にあるゴーティエ山脈で調査をしているときに、まったく人間を怖がらないキノボリカンガルーに出会い、その疑念はすっかり消えたという。

私はゴーティエ山脈で調査をするまで、わずかな数のマオリの人々がニュージーランド南島という広い場所ですべてのモアをどのようにして殺すことができたのか、またクローヴィス［訳註：一万三〇〇〇年前ごろに北アメリカで独特の尖頭器を利用していたとされる石器文化］の狩猟民が一〇〇〇年ほどのあいだに南北アメリカから大型哺乳類の大半を撲滅したとするモシマンとマーティンの仮説をどうすれば真面目に受けとめられるのか、不可解に思っていた。だが、大型のアカキノボリカンガルーが高さ二メートルの木の幹で身動きもせず、私と助手がすぐそばのよく見える場所で話をしているのをじっと見ていたのを思い出すと、それは少しも意外なことではないと思えるようになった。

このように人間をまったく怖がらない動物の様子によって、多くの絶滅を説明できるだろう。それに加え、シカより小さくて恐ろしい爪も歯ももっていないこの奇妙な二本足の哺乳類が命を奪う存在であることに、動物たちはどうやって気づけたというのか。事実、二〇世紀になるまでに、こうした無知によって簡単に攻撃を受けた陸上の動物たちはすべて高い代償を支払ってきた。だが人間が発見せず住みついてもいなかった南極大陸は、ほかのすべての大陸を襲った絶滅の波を避けることができた。ただしそれもビクトリア朝時代から盛んになった南極探検隊が浜辺にたどりつくまでの話で、探検隊の人々は栄養たっぷりで恐れを知らない友好的な動物たちに出会ったのだった。ちょうどそれまでの五万年間に、祖先たちを新たな陸地に喜んで迎え入れた動物たちと同じだった。

一九一一年に到着したノルウェーの探検家ロアール・アムンセンは、自分の幸運を信じることができない思いで、新大陸について次のように書いている。「私たちは正真正銘のネバー・ネバー・ランドで暮らしている。アザラシが船に、ペンギンがテントにやってきて、簡単に撃たせてくれる」。それまで人間を見たことがなかった動物たちには、ダーウィンが人間に対する「有益な恐怖心」と呼んだものを発達させる時間がなかった。アメリカの先住民、ユーラシア大陸の先住民、オーストラリアのアボリジニの人々――いずれも狩猟の名人だっただろう――にとって、新しく住みついた土地は同じく贅沢なネバー・ネバー・ランドに思えたにちがいない。恐れることを知らない大量の獲物が水飲み場に集まっている光景は、じつに魅力的な豊かさの証明だったはずだ。

一方、これまでほとんどの時間を人類と同じ場所で過ごしてきたアフリカの巨型動物類が比較的損害を受けていないという事実が、オーバーキル説の反証として引き合いに出されてきた。だがそれは、規則性につきものの例外なのだろう。ヒト科の動物たちが獲物を追う技術と戦略を次々に向上させていった二〇〇万年のあいだに人間とゆっくり共進化したアフリカの大型動物たちは、世界の仲間のなかで唯一、「人間に対する有益な恐怖心」を学ぶために不可欠な進化上の時間と悲惨な経験とをもつことができたのだ。それでも、アフリカから巨型動物類の二一パーセントが失われ、大きい動物ほど大きな被害を受けている。

英国の地質学者アンソニー・ハラムは（いくぶん見苦しい勝ち誇った様子で）、植民地主義時代より前に起きたこの生態学的な破壊の記録は、「植民地主義時代前の非西欧社会にはすぐれた生態学的英知があったとする空想的な考えをきっぱり否定するものだ」と書いている。「自然と調和した高潔な未開の暮らしという概念は、本来の神話の領域に送り戻すべきだ。人間は自然と調和して暮らしたためしがない」

人類が誕生してからたどった軌跡、人類の全般的な繁栄は、自然界の残りの部分を犠牲にして成り立ってきたという考え方は、科学による発見のなかでも最も荒涼として不安を感じさせるもののひとつだ。こうした破壊的な人間の影はここ数世紀でますます大きくなっており、ごく最近の絶滅種のリストは悲劇的で、オーストラリアのフクロオオカミ（タスマニアタイガー）から北アメリカのリョコウバト（どちらも最後は動物園でしか見られなくなっていた）、そしてヨーロッパのオオウミガラス、モーリシャスのドードーまで、広く知られている。中国では、ダム、漁具、船の往来が原因となって、ほとんど目の見えない淡水イルカのヨウスコウカワイルカがわずか十数年前に絶滅した［訳註：その後、目撃情報もあるが確認はされていない］。また二〇一五年には、武装した野生動物保護のレンジャーに囲まれたオスのキタシロサイの写真が世界中のメディアを賑わせた。これは地球上で数百万年を生きたキタシロサイの、まだ生きていたオスの最後の一頭だった［訳註：このキタシロサイの最後のオスは、「スーダン」と名づけられてケニアの自然保護区で暮らしていたが、二〇一八年に死に、残るはメス二頭のみになっている］。ほかにも、トロール船によって無残に荒らされた大陸棚の海底で、また木々を焼きつくされてくすぶる熱帯雨林で、人知れず絶滅している種は無数にあるだろう。

ヒトがショートさせる地球システム

進化はヒトという種のなかに、いったいどんな新機軸を見つけたというのだろうか。霊長類のたったひとつの種が手を下している、これほど急速な、これほど大規模な破壊を、どう説明したらよいのだろうか。デボン紀後期の生命の繁栄を、初期の陸生植物の土の深くまで張るようになった根、厚い木質組織、種子で説明できるとしたら、ホモ・サピエンスがまたたくまに地球全体に広がったこと、そしてすぐに自然環境を支配するようになったことは、何によって説明できるのだろうか。

文化が何らかの関係をもっているかもしれない。

もちろんここで言う文化とは、モネの「睡蓮」やオーガスト・ウィルソンの舞台のことではなく、ホモ・サピエンスが世代から世代へと情報を伝えられる力のことだ。それも、動物界のほかの生きものと同じように遺伝子コードを通して伝えるだけでなく、言葉や行動、さらに文字をはじめとしたテクノロジーの力を利用することができる。環境の変化に対し、自然選択が大鉈(おおなた)を振るって修正してくれるのを辛抱強く待つことなく瞬時に適応できるのも、文化のおかげだと言える。

文化は、ＤＮＡと同じように情報だ。そのために、どれだけ効果的に伝わるかに応じて広まり、進化していく。遺伝子と同じように、言語や行動のなかにコード化されて人が生き続けられるようにしたり物質的な利点を与えたりする情報は、自ら広まっていくことを得意としている。これには、農作物の輪作についての情報や、船、武器、着るものを作る方法を伝える情報などがあっただろう。そしてタフツ大学の哲学者ダニエル・デネットが主張したように、この過程に人間の創意工夫は必要ない。ポリネシアの船の設計は、自然選択による進化のようなものによって生まれたのだとデネットは言っている。失敗した——乗った人が港に戻ってこなかった——船の設計は、次の世代の船大工には採用されなかった。船大工たちが採用したのは、海によって選択された、長い船旅に耐えた設計だけだった。

　だが、船の設計が船大工にはわからない理由によって生まれ、英明なる設計者ではなく海によって形作られたのだとしても、代々の船でのたゆみない改良の積み重ねが文化的な進化を通して——地質学的な時間のものさしではほとんど瞬時に——太平洋の荒波のような自然の障壁を乗り越えられるすばらしい船を生み出してきた。このように、すぐれた造船技術（または狩猟の手法、動物の毛皮で衣類を作る方法、冶金の知識）に関する変更可能な情報を世代から世代へと伝えられる力によって、テクノロジーは無数の新たな修正点や調整箇所を蓄積できるから、進化の時間ではまばたきするあいだに、どんどん順応性を高めていける。文字の発明によって、物質世界を操ることに関するこうした——今ではゲノムの外の書物、雑誌、新聞、科学誌、さらに最近ではインターネットのなかに存在している——情報を、どんどん広い範囲にまき散らせるようになった。槍から核兵器まで、一直線の文化的進化——文化の分岐群——がある。こうして私たちは文化のおかげで、進化の時間という束縛から逃れることができた。

　現在、このような何万年もの文化的進化を経た世界で、私たちは物理的環境を制覇し、地球システム全体のスイッチをしっかり握って——手荒にひねり続けている。

　なかでもひとつの新機軸が私たちを真の地質学的な力へと変えてしまった——人間は、岩石記録のなかから大昔の炭素をできるだけ多く取り出して、大気中で一気に火をつけようと世界的規模で取り組んでいる。これは本来、大陸洪水玄武岩のために用意された、とっておきの強大な力だ。

この惑星は数億年の時をかけて、石炭のジャングルや海底のプランクトンの吹雪のなかに大量の炭素を蓄積してきた。そのすべてに、人間はたった二世紀か三世紀で火をつけようとしている。この地質学的な焚火は、多くの意味で異様かつ不自然なものだが、地球史の観点からは、数億年か数十億年ごとに起きている大規模な新陳代謝の新機軸のようにも見える。生物相は歴史の全体を通してつねに、突き詰めれば地表を照らす太陽の光から得られたエネルギーの未使用分の蓄積を、より効率的に利用する新しい方法を考え出してきた。この太陽エネルギーをとらえる方法のひとつが植物の光合成だ。ほかには、その太陽エネルギーを糖分として葉に蓄えた植物を食べる方法もある。さらに、植物を食べているネズミを食べて消化し、食物連鎖のさらに高い場所まで太陽エネルギーを押し上げる方法もある。だが根本的には、宇宙の一万四九六〇キロメートル彼方で爆発している星から注がれる光子のエネルギーを、どのようにしてとらえるかという話だ。石炭とガソリンに含まれている大昔の植物の炭素を燃やして、複雑なエネルギー集約型社会を動かすのも、そうした生物学的新機軸の最新版にすぎない。

「石炭は、三億年ものあいだ誰も使い方を考え出せなかった資源です」と、スタンフォード大学のジョナサン・ペインは言った。「ただそこに蓄えられているだけでした。それはエネルギーの宝庫で、その使い方を私たちが考え出したというわけです」

この新機軸の結果として、人類の文明は今では連続的なエネルギーの爆発によって支えられるようになった。それは、数億年分の太陽光をエンジンと発電所で一気に解放する、地球規模の巨大な新陳代謝だ。この新しい文明的代謝の副産物として二酸化炭素が生まれ、私たちは現在、火山の一〇〇倍の二酸化炭素を毎年放出している。そしてこの量は、岩石の風化と海洋の循環を通して維持している地球のサーモスタットの能力を、はるかに超えるものだ。このサーモスタットの稼働には、一〇〇〇年から一万年単位の時間がかかっている。

だが人間の創意工夫が原因でショートしている地球のシステムは、炭素循環だけではない。私たちは二五億年ものあいだ持続してきた地球の窒素循環に、最大の混乱を起こしながら暮らしているのだ。難解な地球化学の話に聞こえるかもしれないが、そこからは途方もない問題が生じる。植物が生きるには窒素が必要だ。化学肥料には窒素がたっぷり含まれている。二〇世紀になるまで、生物学的に得られる窒素はほとんどすべて、マメ科植物の根で暮らす微生物によって固定されていた。今では人間が化石燃料からこの肥料を合成し、毎年、自然界が固定する二倍の窒素を固定している。二〇世紀になるまでは、地球の人口は育つ農作物の量によって制限され、農作物の収穫量は堆肥などの自然から手に入る窒素肥料の量によって制限されていた。だが一九〇九年にドイツの化学者フリッツ・ハーバーがアンモニアの人工的な合成法を見つけたことにより、この自然の限界がなくなった。

その後の農業の爆発的な発展は、そのまま現在の何十億人という人口の存在につながっている。人工的な窒素肥料がなければこれほどの人口増加はあり得ず、おそらく私自身もここにはいなかっただろう。世界人口のグラフで、二〇世紀から増加の角度が驚くほど急になっている理由はここにある。世界の人口が一〇億人に達したのは一八五〇年ごろで、それまでに二〇万年の年月を要した。だが現在では一〇年ごとに一〇億人近い増加があって、それは植物に与える栄養の人工的な供給過多によって起きている現象だ。

このような人口増加に加え、人工的な窒素固定は世界中の海で大きく広がるデッドゾーンの原因にもなっている。産業型農業から流れ出した肥料が、デボン紀とペルム紀と三畳紀に起きたものと同じ植物性プランクトンの大発生を引き起こし、海から酸素を奪っているためだ。さらに窒素循環のこうした大きな乱れは、炭素循環にもはね返る。増加した数十億という人々が現代のライフスタイルを維持するためには、岩石から掘り起こして燃やす大昔の炭素が、より多く必要になるためだ。最終氷期の末に人間によって引き起こされた絶滅が、人類が世界を移動したことに関係していたのなら、現代の絶滅は世界にあるものが人々の手を経てどのように移動しているかに関係していると言えるだろう。生命を維持する窒素と炭素の循環が人類の手によって新たなルートをたどり、ワープしている現状があるからだ。

海で起きていること

だが、人類という霊長類の亜種を大幅に増加させ、海に転移性のデッドゾーンを生み出していることに加え、植物に対する過剰な栄養は地球の動物相にさらに異常な逆転を生み出してきた。

つい最近まで地球上の脊椎動物はすべて野生生物だったということに、誰も異存はあるまい。だがびっくりすることに現在では、地球上で暮らす陸生動物のうち、野生生物はたったの三パーセントしかいない。人間、人間が飼っている家畜、そしてペットが、生物量の残る九七パーセントを占めているのだ。このような圧倒的な生物圏が生まれた背景として、産業型農業の爆発的な発展と、一九七〇年以降に五〇パーセントも減ってしまった野生生物自体の空洞化をあげることができる。野生生物が大幅に減少した要因には、直接的な狩猟と地球規模で起きている生息環境の破壊という両面があり、今では地球上の陸地のほぼ半分が農地に変わった。

海の場合、同様の変化に耐え忍んでいるのはわずかに過去数十年間のことだ。それは第二次世界大戦中に力をつけた産業が海に照準を合わせてきた時期と重なり、現在、トロール船団は一年間に米国本土の二倍にあたる広さの海底を荒らしまわって、底生生物を破滅に追いこんでいる。色とりどりの海の生きものを育んでいるサンゴとカイメンの庭は、削り跡もあらわな不毛の平地に変わる。トロール船団がこのような破壊と引き換えに得たのは、一九五〇年以降に海で暮らす大型捕食動物を最大九〇パーセント減らした事実で、それらには夕食の料理に欠かせないタラ、オヒョウ、ハタ、マグロ、メカジキ、マカジキ、サメなどが含まれる。そのような破壊の一端として、毎日二七万匹のサメが殺されている現状をあげることができる――そのほとんどは、味のないヒレだけが中国企業のビジネスランチで料理のつけあわせとなり、ステータスシンボルの役目を果たすだけだ。そして現在、漁業の圧力がますます増大しても、漁船の数が増えても、産業型トロール船団が疲弊した従来の漁場を捨てて、さらに高度な魚群探知技術を駆使してさらに遠くの漁業資源を追っても、世界の漁獲高はまったく増えていない。

沿岸地域では、一九八〇年代以降だけで、海の生物多様性の源泉であるサンゴ礁の三分の一もが姿を消した。この海の生きものたちの楽園は、乱獲、汚染、侵入種に苦しめられているが、食料、防風、職業の点でサンゴ礁に頼っている人たちはおよそ五億人にのぼり、その多くは発展途上国で暮らす貧しい人々だ。地質学的過去に何度か起きたサンゴ礁の崩壊と同じように、現代のサンゴ礁も温暖化と海洋酸性化によって今世紀末までには、場合によってはそれよりずっと早く、崩壊するものと考えられている。一九九七年から一九九八年にかけての記録破りの高温で、世界のサンゴ礁の一五パーセントが死滅した。そして二〇一五年には、奇妙に生ぬるい海水を浴びて、フロリダ州南部とキーズ諸島のすでに傷んでいたサンゴ礁に再び死滅の波が襲いかかり、一部は何百年も生き続けてきた広大なサンゴ礁が消滅した。一方、ハワイからは、「ハワイ諸島でこれまでに起きた最悪のサンゴ礁の白化現象」が進行中であるとAP通信が報道した。これらの個体激減は一九九七年から一九九八年にかけて起きたような世界的な白化現象の一部であると考えられ、海水の温暖化によって増幅されながら、太平洋全体を襲うことになるだろう。そして、これが最後ではない。

これまでの章で見てきたように、タイヘイヨウサケなどの魚類に最大五〇パーセントの餌を供給するとともに大西洋の生態系の基盤もなしている翼足類のような一部のプランクトンが、太平洋北西部と南極大陸周辺ですでに消滅しかかっている。それらは二〇五〇年までに、南極からすっかりいなくなるかもしれない。そして海氷が減れば、氷の下面に生えている藻類を食べているオキアミもいなくなるだろう。オキアミは海洋酸性化にも敏感で、今世紀末までに海洋酸性化のみを原因として大西洋のオキアミが最大七〇パーセント減少するというのが、科学者たちの予想だ。オキアミは、アザラシ、ペンギン、クジラの餌になっているのだが、生態系のなかではサルパと呼ばれる樽型でゼリー状の生きものに取って代わられつつある。オキアミがプランクトンに蓄えられた太陽エネルギーをクジラに変えられるのに対し、サルパにはほとんど栄養価がなく、捕食者もほとんどいない。翼足類やオキアミがいない南極海は、完全に疲弊した海になる。

そして今後数十年のあいだには、世界の人口がおそらく一一〇億人を超えるなか、私たちが海に求めるものはエスカレートしていくばかりだろう――人口の増加はほとんどが貧しい発展途上世界で起き、そうした世界が頼る食料は絶望的なサンゴ礁から得る水産物に偏っている。

つまり、まわりじゅうどこを見ても、ものごとがうまくいっているとは思えない。たしかに、動物の世界で犠牲になった生きものの一部は、人間にあきらかな脅威を与える恐ろしい頂点捕食者だった。たとえばライオンは、西暦が始まった時代にいた一〇〇万頭から一九四〇年代には四五万頭に減り、現在は二万頭しかいない――九八パーセントの減少になる。だが意外な犠牲者もいて、たとえばチョウやガの数は、一九七〇年代から三五パーセントも減少した。

すべての絶滅事象と同様、今回の絶滅もこれまでのところ段階的で複雑なものに見え、人類がアフリカを出た時期に始まり、数万年にわたって続いている。ほかの大量絶滅も同じように、数万年、数十万年、あるいはデボン紀末のように数百万という時間をかけて進んだ。だから未来の地質学者にとっては、先住民が新しい大陸へと広がっていった何千年か前に起きた巨大な絶滅の波と、現代的な暮らしと増大する食欲によって生じている現在の破壊の波とは、ほとんど区別がつかないだろう。

人類が滅ぼした生物種はたったの八〇〇

さて次は、ちょっと変わった点をあげよう――それがわかれば、五大絶滅が実際にどれほど悲惨なものだったのかを理解できるにちがいない。これまで説明してきた荒廃の記録にもかかわらず、また数多くの科学ジャーナリストや環境保護ＮＰＯが現在の第六の大絶滅を五大絶滅と肩を並べるものとして取り上げているにもかかわらず、人類が絶滅に追いこんだ生きものの数は、過去五億年に起きたおもな大量絶滅で姿を消した生きものの数にはほど遠い……今のところは。これまでの四〇〇年間に八〇〇ほどの種が絶滅したことが確認されている。これはたしかに悲劇的だし、実際には多くの数え落としがあるようにも思えるが、これまでにわかっている一九〇万の種に対する割合を計算してみると、八〇〇の絶滅種は全体の〇・一パーセントにも満たず、ペルム紀末の大絶滅とは似ても似つかない数字だ。ペルム紀末には、大まかに切り上げてしまえば、地球上で暮らしていた複雑な生命体のほぼ一〇〇パーセントが絶滅した。

魚類は過去数十年のあいだに、産業規模の漁業によって大量に姿を消しているが、絶滅した種はほとんどいない。マッコウクジラの一年間の食餌量は（これまでに生存した数はわずかであるにもかかわらず）人間全体が消費する海産物の量に匹敵するが、今もまだ数十万頭のマッコウクジラが元気に泳いでいる。ペルム紀末にあった地球上の生きものの壊滅状態は起きていないし、陸上でも海中でも、ほかのどの大量絶滅にも遠くおよばない。実際のところ、生物多様性もまだ健在だ。窓の外を眺めてみれば青々とした光景が目に入るだろうし、鳥の声が響き、丸々と太ったリスが目に入るかもしれない。巨大な地上性ナマケモノ、マンモス、マストドン、ドードー、リョコウバトはすっかりいなくなったし、一部のサイやアマガエル、センザンコウやヨウスコウカワイルカもめったに見られなくなったけれど、全体像を眺めるなら、まだ壮大な生物圏に軽いボディーブローを浴びせたにすぎない。とくに大昔の地球規模の大虐殺とくらべれば、たいしたことはないように思える。

「見出しは不正確どころの話ではない」と、未来派作家のスチュアート・ブランドは、一部の集団で必須になっている地球の早すぎる死亡記事について書いている。「それらが積み重なると、私たちと自然との関係全体を絶え間ない悲劇に仕立ててあげてしまう。悲劇の核心は修正がきかないことで、そこからは絶望して何もしない態度が生まれるのが定石だ。差し迫った破滅をめぐる怠惰なロマン主義が、既定の展望になっていく」

事実、地質学的観点からすると、現在の地球は過去のどの時点よりも大量絶滅に対して抵抗力をもっているかもしれない。ひとつには、現在の地球には超大陸パンゲアのように炭素循環を妨害する地形がないし（ただし人類は世界中に侵入種をまき散らして、超大陸で暮らすマイナス面の一部を再現してはいるが）、オルドビス紀のように逃げ場のない島の世界に足止めされているわけでもない（生息環境の分断が似たような難題をもたらしているかもしれないが）。だが、現代の地球がもつ抵抗力の最も重要な側面は、ここ数億年間に海で起きてきた変化で、海水はこれまでにないほど豊富に酸素を含んでいる。地球にとって最も健康的な変化のいくつかは、最も控えめな住民であるプランクトンのおかげかもしれない。

プランクトンは長い時間をかけてどんどん大きく、重くなってきており、それは海にとって、また地球上の生きものにとって、とても大切な意味をもっている。単細胞で殻を備えて浮遊する現在のプランクトン——有孔虫や、もっと植物らしい珪藻、円石藻類など——は、私たちにとっては顕微鏡でしか見えないような存在だが、細菌と緑藻に独占されていた古生代の単細胞プランクトンにくらべると、とても大きい。これらの現代のプランクトンはミネラルの積荷ももっており、この余分な荷物と大きさとが相まって、ほかの生きものに摂取される前にはるか深海にまで沈んでいける。この事実はとても大きな結果の違いをもたらす——海中に降るこの生物学的な雪を食べてしまえば、酸素を使いつくすことになるからだ。もしプランクトンが摂取される前に海中をより深くまで沈めば、海水中で溶存酸素が最も少ない酸素極小層（ＯＭＺ）も深くなる。

現在、ＯＭＺは海面からおよそ六〇〇メートル下にある。だが、プランクトンの粒がもっと小さくて沈降速度が遅かった過去には、ＯＭＺの位置はもっとずっと浅く、生きものに壊滅的な影響を与えていたのだ。現在のＯＭＺは、ほとんどの海洋生物が暮らす浅い大陸棚の海域を遠くはずれた、安全な位置にある。ところが古生代には、もっと浅い位置にあったＯＭＺが（たとえば海水面の上昇、地球温暖化、あるいは栄養塩汚染などによって）上昇をはじめて大陸棚に流れこんだために、酸欠状態の海水が浅い海を満たし、海の生きものを窒息させることがあった。その結果は大量絶滅だった。

「古生代では、海洋無酸素事変を取り上げることもありません。あまりにも一般的なんでね」と、ジョナサン・ペインは言った。「中生代では、とても興味深い現象なので取り上げますが、新生代になると基本的には見つからなくなります」

現在起きているのは、きわめてまれな事態だ。私たちは計り知れない速度で動物たちを狩り、破滅に追いこんでいるのだが、もし明日に人間が消えてなくなれば地球はすぐに再生するだろう。私たちが大気と海に炭素を放出するのをやめれば、数千年のうちには石灰岩となって顔を出すはずだ。ところが私たちはそうすぐにやめそうもなく、残念ながら私たちの略奪がずっと続くなら、地質学的に重大な荒廃をもたらすことになる。

二〇一一年、カリフォルニア大学バークレー校の古生物学者アンソニー・バーノスキーらは、「地球はすでに六回目の大絶滅に到達したのか？」と題する論文を発表した。大衆紙で紹介された内容から判断すると、その答えは明確な「イエス」のように思える。だが実際には、今後数百年から数千年にわたってこのまま衰えることなく環境破壊を続けたならば、地球は五大絶滅と同じ水準の絶滅に到達するだろうというのが、この論文の予想だ。このような結果は地質学的な観点では即座に起きるわけだが、人間の視点で見れば、ありがたいことに、六回目の大絶滅はまだ少し先のことになる。

それでもバーノスキーらは、この予測では氷床崩壊の推定と同様、何か思いもよらない不意打ちの出来事を見逃している可能性がある点にふれている。そして、「環境的な動揺が少しずつ蓄積していくと、生態系は直線的ではない反応を示す場合がある」と警告した。これらの研究者によれば、私たちはそうした打撃に気づいていないだけかもしれない――言い換えれば、「生態学的な限界」に達したときになって、はじめて気づく。その時点になると、私たちには「大規模で急激な生物的変化」が降りかかろうとしていることだろう。

つまり、ある「転換点」が存在するのかもしれない。

ネットワークの崩壊

米国地質学会の二〇一四年の年次総会で、スミソニアン協会の古生物学者ダグ・アーウィンは会場を埋めた地質学者たちの前で演壇に立ち、大量絶滅と送電網の力学について講演を行なった。このふたつは同じように広がるという趣旨だった。

「これは二〇〇三年に起きた北アメリカ大停電の際の、海洋大気庁（NOAA）のウェブサイトに掲載された画像です」と言いながら、アーウィンは冷たく暗い宇宙から撮影したメガワットに光輝く米国北東部メガロポリスの衛星写真を見せた。「こちらは大停電の二〇時間前です。ロングアイランドとニューヨーク市がはっきりわかりますね」

「そしてこちらは大停電が発生してから七時間後です」。そう言うと、今度は暗闇に覆われた新しい画像を見せた。「ニューヨーク市はほとんど真っ暗です。大停電の区域は遠くトロントまでのび、ミシガン州とオハイオ州にもずっと続いています。カナダと米国の途方もなく広大な区域に広がりました。おもな原因は、オハイオ州のひとつの制御室にあったソフトウェアのバグでした」

アーウィンは大量絶滅も、この送電網の故障のように広がっていくだろうと言った。損失の大部分は、最初の打撃——送電網の故障の場合はソフトウェアの異常、大量絶滅の場合は小惑星の衝突や火山の爆発――ではなく、それに続いてカスケード効果によって広がる二次的な障害から生じる。これらは破壊的な連鎖反応で、誰も予測できない。ほとんどの大量絶滅は結局のところ、二〇〇三年に東海岸が暗闇に包まれた事態と同じように、外部からの衝撃によって起きたのではなく、内部の食物網の力学によって、それらが行き詰まって予想もできない経緯で壊滅的な崩壊に至ったことで起きたのだろうと、アーウィンは考えている。数時間の停電で北東部は電力負荷の八〇パーセントを失ったが、そのすべては取るに足りない局所的で一時的な障害によって引き起こされたのだ。

「このような崩壊にどう対応すればよいかがはっきりしなかったので――ただしあとになって簡単に食い止められたはずだとわかりましたが――カスケード効果によって米国北東部全域の送電網の障害へと、広がっていきました……私がこう申し上げているのは、数学的な観点から、こうした食物網を理解するうえでの問題は、送電網の性質を理解する「のとまったく同じ」問題だからです」

「これらの大量絶滅では、非常に急激な生態系の崩壊が起きます」と、アーウィンは説明した。

私はアーウィンに電子メールを書き、現在この地球上では五大絶滅に匹敵する六回目の大絶滅が進行しているという、今はやりの考え方に対して見解を求めてみた。多くのポピュラーサイエンスの記事がこれを当然のこととして扱い、実際のところ、人間の思い上がりと先見の明のなさがあまりにも深刻なために地球全体を道づれにして破滅させているという考えには、どこか感情的に満足できる部分があるのだ。

アーウィンは、その考えはジャンクサイエンスにすぎないと思っている。電子メールの返信には次のように書かれていた。

「現在の状況と過去の大量絶滅を手軽に比較している人たちの多くは、データの性質の違いをまったく知らず、ましてや海の化石記録に残されている大量絶滅がどれほど恐ろしいものだったかなど、全然わかっていません。私は、人間が海と陸の絶滅に対して大きな打撃を与えてこなかったとも、多くの絶滅はまだ起きておらず、近い将来にもっと多くの絶滅が確実に起きるだろうとも主張しているわけではありません。しかし、私たちは科学者として、そのような比較を正確に行なう責任があると考えています」

アーウィンが地質学会の年次総会で講演を終えたあと、私は折よく彼と話をする機会を見つけた。まっさきに、秘密主義で有名な作家のコーマック・マッカーシーが『ザ・ロード』の終末論的な世界を描く際に、アーウィンが大量絶滅に関する監修のようなものを引き受けたと同僚から聞いた噂がほんとうかどうかを尋ねてみた。だが彼はその噂については照れくさそうにはぐらかし、理論上の六回目の大絶滅について、積極的に語ってくれた。そしてこう言った。

「もし私たちがほんとうに大量絶滅のさなかにいるのなら、スコッチウィスキーをひとケース買っておくことだね」

彼の送電網のたとえが正しければ、大量絶滅が始まってから食い止めようとするのは、崩れている最中のビルの保存を呼びかけるようなものだ。

「私たちが六回目の大絶滅のさなかにいると主張している人たちは、大量絶滅についてよく理解していないから、自分たちの議論の論理的欠陥がわかっていない。そういう人たちはある程度、みんなを怖がらせて行動を起こさせる手段として主張しているわけで、もしも実際に私たちが六回目の大絶滅に突入してしまったなら、保全生物学に意味はないよ」

大量絶滅が始まった時点で、世界はすでに終わっているからだ。そこで私は言葉を挟んだ。

「それなら、もし今が実際に大量絶滅の最中なら、トラやゾウを救うっていう問題じゃないっていう――」

「その通りだよ。コヨーテやネズミを救う心配をするべきだろうね」と返事をしたアーウィンは、さらに続ける。

「ネットワークの崩壊の問題なんだ。送電網とまったく同じ。ネットワークダイナミクスの研究に、ＤＡＲＰＡ〔国防高等研究計画局〕から多額の資金が出ているよ。研究しているのはみんな物理学者だから、送電網も生態系もまったく気にかけず、大事にしているのは数学だけだけれどね。だから送電網の問題は、それがどんなふうに機能するかを実際には誰も知らないことだ。そして、生態系にもまったく同じ問題がある」

「もしも私たちがあまりにも長くこのままの状態を続ければ大量絶滅につながるが、まだ大量絶滅には突入していないと思う。それは楽観的な発見だと思うよ。だって、実際にはハルマゲドンを避けるだけの時間があるってことだから」

　五大絶滅の規模にくらべてこれまでの人間による破壊は小さく見えるという、アーウィンのもうひとつの論点は、なかなか鋭いものだ。彼はけっして人間がもたらした途方もない破壊を軽視しようとしているわけではなく、大量絶滅に関する主張は必然的に、古生物学と化石記録に関する主張であることを思い出させてくれる。

「一九世紀に生存していたリョコウバトの数に関する推定があって、五〇万羽とされている。空が真っ黒になるほどいたんだ」と、アーウィンは言った。

リョコウバトは「六回目の大絶滅」のマスコット的な存在で、その絶滅は大規模な生態系の悲劇であり、人間を地質学的な破壊力として考慮に入れるべき証拠とされている。

「それなら、こんなふうに質問してみよう。考古学的ではない意味で、いったい何羽のリョコウバトの化石があるのか？　化石になったリョコウバトについて、いくつ記録が残っているのか？」

「あまりたくさんはない？」と、私は意見を言ってみる。

「ふたつだけだ」と、彼は答えた。

「つまり、私たちは信じられないほどたくさんの鳥を皆殺しにした。でも化石記録を見る限りでは、リョコウバトがいたことさえわからないだろう」

アーウィンは以前に聴いた講演を思い出すのが好きだと言う。その講演をした生態学者は、研究生活の全体を通して高地熱帯雨林で目にした、心の痛む絶滅を記録していた。

「彼はその記録を、ベネズエラの雲霧林で起きた植物の絶滅の例として用いていた。それはすべて、まったくほんとうのことだろう。問題は、化石記録でそうした雲霧林をひとつでも見つける可能性はゼロだという点にある」

化石記録は信じられないほど不完全なものだ。ある大雑把な見積もりによれば、これまでに存在したすべての種のうち、見つかったのはわずか〇・〇一パーセントにすぎないとされている。化石記録に残されている動物の大半は海の無脊椎動物で、これらは腕足動物や二枚貝など、地理的に広く分布していたうえに骨格が永続的に残りやすい。事実、本書ではおもに（物語として読みやすくなるよう）大量絶滅によって姿を消したカリスマ的な動物に焦点を当てているのだが、そもそも大量絶滅の存在を私たちが知っている唯一の理由は、恐竜のように巨大でカリスマ的で、めったに見つからない動物ではなく、信じられないほど数が多くて耐久性をもち、しかも多様性に富んだ、海の無脊椎動物の世界の記録が残されているからだ。アーウィンは次のように指摘する。

「そこで、こんなふうに質問できる。『それならば、地理的に広く分布し、大量にいて、骨格が永続的に残りやすい海の生きもののうち、これまでに絶滅した分類群はいくつあるだろう?』とね。その答えはゼロにとても近い。絶滅した分類群がほとんどなかったという意味ではない。問題は、私たちが今失ったばかりの種類と同じように、化石記録にまったく残らないまま絶滅した分類群があったのではないかという点だよ」

大量絶滅が起きると、消滅するのはゾウなどのカリスマ的な巨型動物類や、雲霧林のようなニッチな生態系ばかりではない。たとえば二枚貝や植物や昆虫など、頑丈でどこででも見られる生きものも絶滅する。めったに起こることではないだろう。それでも、いったん境界線を越えて大量絶滅のモードに切り替われば、安全なものは何もない。大量絶滅は地球上のほとんどすべての生きものを殺してしまう。

大量絶滅はまだ起きていないというアーウィンの議論では、人間は難をまぬかれているように——地球はまだ持ちこたえられるようだから、もっと略奪しても大丈夫だという意見のように(地球はたしかにもっとひどい光景を目にしてきた)——思えるかもしれないが、実際にはもっと油断のならない、おそらく、はるかに恐ろしい議論だ。

ここで考えなければならないのは、生態系が直線的ではない反応を示す場所、つまり転換点のことだ。大量絶滅へと少しずつ近づいていく様子は、ブラックホールの外縁に一歩ずつ近づいていくのにちょっと似ているかもしれない。ある線を越えたら、その線はおそらくそれほど目立つものではないのだろうが、すべてを失う。

「それなら」と、私は言った。「何もかもうまくいっているように思える場所をガタガタ揺れながら進んでいくと、急に……」

「その通り。すべてが順調に進むけれど、それはすべてが順調でなくなるまでだ。それ以降は、すべてが最悪になる」と、アーウィンは言った。

言い換えるなら、大量絶滅はヘミングウェイの『日はまた昇る』に登場する自堕落な人物が、破産のことを説明しているように進む。「ふた通りの道のりがある。徐々に、そして突然に」

「私たちの未来に唯一の希望をもてるとして」と、アーウィンは言った。「それは、まだ大量絶滅事象のなかに足を踏み入れていなければの話だ」

第8章　近い将来

地球は、急激な勢いで最も気高い住民にとって不似合いな住処になっており、次の時代も同じだけの人間の罪と人間の軽率さが続き、同じだけの期間、その罪と軽率さの痕跡が延びていくならば、地球にはみじめな多産性と荒廃した地表と過激な気候が広がって、堕落、野蛮、そしておそらく種の絶滅にまで、脅かされることになるだろう。

――ジョージ・パーキンス・マーシュ（一八六三年）

多くの人たちは、世界が急速に制御不能な状態に向かっていて、安定を失いつつあるのではないかと、おぼろげな不安を抱いている。荒れ狂う山火事、一〇〇〇年に一度の暴風、生命にかかわる熱波は、すでに夕方のニュースの定番になった――そしてこれらはすべて、産業革命前にくらべた気温上昇が一℃にも満たない状態での話だ。だがここに、ほんとうの恐ろしさがある。

もし、埋蔵されている化石燃料のすべてを人間が燃やしつくすと、地球の気温は最大で一八℃、海水面は一〇〇メートル以上も上昇する可能性がある。これほど急激な気温上昇は、ペルム紀末の大絶滅のときにあったとされる上昇幅さえ超える。この最悪のシナリオが現実のものとなるなら、現在のような控えめに不穏な海洋気候システムなどは昔話のようになるだろう。気温上昇幅をその四分の一に抑えられたとしても、人間が進化してきた、あるいは文明が築かれてきた地球とは、まったく無縁な惑星になってしまうはずだ。最も近い過去で気温が現在より四℃高かった時期には、北極にも南極にも氷はなく、海水面は今より八〇メートル高かった。

人間の生理機能の限界

私はニューハンプシャー大学の古気候学者マシュー・フーバーに、ニューハンプシャー州ダーラムにあるキャンパス近くの軽食レストランで会った。フーバーは研究歴のかなりの部分を初期哺乳類が出会った温室気候の調査に費やしており、今後数世紀のあいだに地球は五〇〇〇万年前の始新世の気候に戻るのではないかと考えている。そのころ、アラスカにはヤシの木が茂り、北極圏でワニが水浴びをしていた。彼はこう話す。

「現代の世界は、PETM（暁新世・始新世温暖化極大）の時代よりはるかに厳しい戦場になるでしょうね。現在のように生息環境が分断されている状況では、移動がはるかに難しくなりますから。それでも気温上昇を一〇℃以内に抑えるなら、少なくとも広範囲にわたる熱死は避けられますよ」

フーバーは二〇一〇年にニューサウスウェールズ大学の気象学者スティーヴン・シャーウッドとの共著で、近年の記憶では最も不吉な科学論文のひとつ、「熱ストレスによる気候変動に対する適応能力の限界」を発表した。

「トカゲは問題ないし、鳥類も大丈夫でしょう」とフーバーは言い、人為的な地球温暖化の最も悲惨な予測よりさらに高温の気候でも、生きものはうまくやってきたと説明してくれた。このことは、厳密な意味での大量絶滅に達するよりずっと前に文明は崩壊するのではないかと推測する、ひとつの理由になっている。生命は、政治的境界で区切られて高度にネットワーク化された国際社会にとっては思いもよらないような条件にも耐えてきた。もちろん私たちは文明の運命をはっきりと危惧しており、大量絶滅があるかないかにかかわらず、私たちの世界を破滅させる可能性があるのは、老朽化した不適切なインフラ――おそらく最も不気味なものは送電網――に綱渡りのように頼っていることと、人間の生理機能の限界だとフーバーは言う。

一九七七年、夏のたった一日だけニューヨーク市が停電したとき、街全体でトマス・ホッブズの「自然状態［訳註：法的な拘束のない状態］の人間」のような状況が起きた。あらゆる場所で暴動が起き、何千という会社や店が略奪者によって破壊され、放火犯は一〇〇〇件以上の火事を引き起こしたのだ。また二〇一二年にインドで雨季の到来が遅れたとき（気温が上昇した世界では遅れることが予想される）、六億七〇〇〇万人の――世界人口の一〇パーセントにあたる――人々が電気を使えなくなった。畑では農民たちが必死で水を撒く一方、高温のために多くのインドの人たちが電力消費の多いエアコンをいっせいに使いはじめたことで、電力需要が異常に高まり、送電網がパンクしたためだった。

「問題は、今では暑い日が一週間続いただけで人間が対処できなくなり、きまって送電網が故障することですよ」とフーバーは言い、米国の古くて寄せ集めの送電網は、交換予定より一世紀以上も前に劣化してもやむを得ないような部品でできているとつけ加えた。「現在の五年間で一番暑い週の気温が夏の平均気温になるうえ、最高気温となると、これまで米国で誰ひとり経験したことのない域に入るという状況で、これから少しでもよくなっていくなんて考える要素がどこかにあるでしょうか。それが二〇五

○年です」

二〇一四年に行なわれたマサチューセッツ工科大学の調査によれば、二〇五〇年までには五〇億人の人たちが水ストレスを抱えた地域で暮らすことになる。

「今から三〇年から五〇年後には、多かれ少なかれ、水争いの戦争が始まるでしょう」と、フーバーは言った。

ペンシルベニア州立大学のリー・カンプとマイケル・マンは共著『不吉な予測（*Dire Predictions*）』のなかで、干ばつ、海水面の上昇、人口過剰が組み合わさると、どんなふうに文明が崩れ去っていくか、ひとつの地域的な例で説明している。

> 西アフリカの干ばつがますます激しさを増すと、人口密度の高いナイジェリア内陸部から海辺の大都市ラゴスへの集団移動が起きるだろう。ラゴスはすでに海水面の上昇に脅かされていて、この大量の人口流入を受け入れることができない。ニジェール川デルタの先細りの石油埋蔵量をめぐる小競り合いが、政府の腐敗の可能性と組み合わさって、大規模な社会不安を生み出していくことになる。

ここで言う「大規模な社会不安」は、もちろんそれほど血なまぐさくない表現で、すでに腐敗と宗教的暴力によって分裂した国を襲う徹底的な混乱を覆い隠すものだ。フーバーは次のように言った。

「悪夢のシナリオですよ。国民の一〇パーセントが難民キャンプで暮らしている国のＧＤＰがどうなるか、モデリングしている経済学者はいないのです。でも、実際の世界を見てください。中国で働いていた人がカザフスタンに移り住まなければならなくなり、そこで働かないと、何が起きるでしょうか？経済モデルでは、移り住んだ先ですぐに働きはじめます。でも実際の世界では、ただすわって、腹を立てるばかりです。人間に経済的な希望がなくなり、住むところもなくなると、怒りがわいてきて何かを爆破する傾向があります。それは主要な機構が、国家全体も含め、集団移動によって存在を脅かされる世界です。私には、今世紀半ばまでに、そこへ向かうように見えます」

二〇五〇年を過ぎたあとも、少しもよくはならない。それでも、社会崩壊の予測は社会的で政治的な推測であり、大量絶滅とは関係がない。フーバーがそれよりも関心を抱いているのは、生物そのものが存在できる限界だ。彼は、私たち人類が実際に崩壊を始める時期を知りたいと思っている。そしてこの主題について二〇一〇年に書いた論文は、ある研究者との偶然の出会いから発想を得たものだった。

「以前、熱帯地方の気温が地質学的過去にどれだけ高かったかという論文の発表を行なったことがあるのですが、その会場にスティーヴン・シャーウッドがいました。私の話を聞いて、彼の頭には『どれだけ暑く、どれだけ湿度が高くなったら、生きものは死にはじめるのか』という、まったく基本的な疑問が浮かんだそうです。文字通り、極限はどこかという疑問ですね。それについて考えてみて、自分はその答えを知らないことに気づき、ほかにも知っている人がいるとは思えなかったのでしょう……私たちがその論文を書いた動機は、実際には将来の気候そのものではありませんでした。研究を始めた時点では、現実的な将来の気候に、このような居住可能性の限界にあてはまるようなものがあるとは知りませんでしたからね。最初は、『わからない。地球の平均気温は、まあ、五〇℃くらいにはなるかもしれない』という程度だったのです。ところがモデリングの全体を実行して結果が出ると、それは驚くべきものでした」

シャーウッドとフーバーは、いわゆる湿球温度を用いて気温の限界を計算した。湿球温度は基本的に、一定の気温のもとでどれだけ冷却が可能かを測定する。たとえば、湿度が高い場合には汗や風などが体温を下げる効果が小さくなり、湿球温度はこの下げ幅をあきらかにする。

「気象学の講義を受けると、たいていはガラスの温度計を濡らした靴下できっちり包み、頭の上でクルクル振り回して湿球温度を測ります。この気温の限界を人間にあてはめると、裸でずぶ濡れになった人にビュービュー強風を当てるイメージですね。そのとき日光はまったくささず、濡れた人はピクリとも動かず、実際には基礎代謝以外は何もないという状態です」と、フーバーは説明してくれた。

現在、世界中の湿球温度で最も一般的な最高値は二六℃から二七℃だ。湿球温度が三五℃を超えると人間には命とりになる。この限界を超えた場合には、人間は自らが出す熱をいつまでも放散させることができず、どんなに体を冷やそうとしても数時間以内にオーバーヒートで死に至る。

「私たちは生理機能や適応能力で乗り越えようとしてきたわけですが、この限界値に関しては、そういうほかのことは何も関係ありません。ただ単純なオーブンに入るようなものです。オーブンのなかでゆっくり焼けて、料理されていくだけですから」

つまり、人間が生存できるかどうかを考える際には、この限界値はまだ甘い考えにすぎるようだ。

「実際にモデリングをすると、人間はもっとずっと早く限界に達します。人間は濡れた靴下じゃないからですね」と、フーバーは続けた。フーバーとシャーウッドのモデリングでは、七℃の気温上昇で、地球の大部分は哺乳類の命にかかわるほど暑くなりはじめる。それを超えて温暖化が続くと、人間が現在暮らしている地球上のじつに広大な範囲で湿球温度が三五℃を超え、放棄しなければならなくなるだろう。さもなければ、そこに住んでいる人たちは文字通り料理されて命を失う。

「みんなはいつも、『ああ、それなら適応はできないの？』と言います。もちろん、ある程度までは適応できますよ。でも私が言っているのは、その限界も超えたあとのことです」

産業革命前の時代からの気温上昇が一℃に満たない現在の世界でも、すでに熱波が、これまでになく致命的な様相を呈するようになってきた。二〇〇三年には猛暑の二週間がヨーロッパで三万五〇〇〇人の人々の命を奪った。それは五〇〇年に一度の出来事だと言われたが、三年後にまた起きている（予定より四九七年も前倒しだ）。そして二〇一〇年には熱波がロシアで一万五〇〇〇人を死に追いやった。二〇一五年には多くの人々がラマダンで断食をしている最中に熱波がパキスタンを襲い、カラチだけで七〇〇〇人近い人々が命を落とした。だがこれらの悲惨な出来事は、これから予想されるものにくらべれば、ほんのわずかなものにすぎない。フーバーはさらに次のように話す。

「近い将来、二〇五〇年か二〇七〇年には、米国の中西部がひどい痛手を受けることになりますね。暖かくて湿った空気の流れがあり、それは暑い季節になると米国内陸の中央部を通って、上空に昇っていきます。人間にとっては蒸し暑い空気なんです。あと二℃だけ気温が上がれば、ほんとうに蒸し暑くなってしまうでしょう。それが限界というものですよ、わかりますか？　ゆっくり、なだらかに進んでいくわけではありません。ある数字を超えたとたんに、体の調子が急に悪くなりますよ」

中国、ブラジル、アフリカにも同じように地獄のような予報がある一方、すでにうだるような暑さに苦しんでいる中東には、フーバーが「存在にかかわる問題」と呼ぶものが存在している。このスローモーションで進む崩壊の最初の兆候を、国境に殺到する何万人もの難民の受け入れに苦慮しているヨーロッパの人々は見慣れているかもしれない。四年間におよぶ過酷な干ばつのあと、シリア社会の崩壊と集団移動が起きた。また、これから数十年のうちには、毎年二〇〇万人の巡礼者がメッカを訪れる大巡礼（ハッジ）

も身体的に不可能になるだろうと指摘されている。メッカ周辺の地域の熱ストレスが限界を超えるからだ。

だが、二酸化炭素排出の状況が最悪のシナリオをたどるなら、熱波は単に人々の健康に対する危険因子や脅威乗数（脅威を増幅させるもの——米国防総省(ペンタゴン)は地球温暖化をこう呼んでいる）ではすまなくなるだろう。人類は、現在居住している地球の大半の地域を放棄せざるを得なくなる。フーバーとシャーウッドの論文には、「これから三世紀のあいだに一〇℃の温暖化が実際に起きたなら、熱ストレスによって居住不能になる地域のあまりの広さによって、海水面の上昇で影響を受ける地域などは取るに足らないように見えるだろう」と書かれている。

フーバーはこう言った。「もし小学生に、『恐竜の時代に哺乳類は何をしていたの？』と尋ねれば、地下で暮らして夜になると地上に出てきたと答えるでしょう。なぜだと思います？　熱ストレスによって、とても簡単に説明できます。おもしろいことに、鳥のほうが体温設定が高いんですよ。人間は三七℃ですが、鳥類はおよそ四一℃です。だから私は実際、そこにとても深い部分の進化の名残があると思っています。白亜紀の湿球温度は、おそらく最高四一℃に達したと考えられるからです。三七℃ではありませんでした」

気温はどこまで上昇するのか？

これまで一万年にわたって続いている並外れて心地よい気候は、過去一〇〇万年で最も穏やかな安定した時代のひとつに数えられる。記録に残されている歴史はすべて、このまれな期間に生まれたものだ。

時間の経過にともなう地球の移り変わりを見てみると、過去二六〇万年のあいだ、氷期と間氷期が交互に繰り返されるにつれて、氷河が拡大してはまた縮小する脈動が続いてきた。そしてこの数えきれないほど反復された氷河の後退のうちの、最後の一回のあいだに、農業、分業、文字、古代史のすべて、世界的な救世主の崇拝、建築、沿海都市、査読つきの科学、そして大人気のアイスクリームなどが登場した。こうした一時的な気候の安定はまったくの幸運であり、とてもまれなのだから、ただこの状態に感謝するしかない。すべてを燃やしつくす悪夢が現実のものとなるなら、フーバーのモデルによれば地球表面の半分におよぶ地域が荒廃し、人間が現在居住している土地のほとんどすべてがそこに含まれる。

「私たちが植物について知る限りの情報にもとづけば、気温はほとんどの植物が生き残れる限界を超えることになるでしょう。だからその時点で、植物の大半は姿を消すことになり、哺乳類の大半も死に絶えるか、夜間だけ外に出る暮らしになります。でも、おわかりでしょうが、シベリアにいればとてもいい具合ですし、カナダ北部、南アメリカの南部、ニュージーランド──私が土地を買おうかと考えるのは、そういう場所ですよ」

私は冗談のつもりで、ニューファンドランドに行ったときに、真剣に不動産を探しておけばよかったとフーバーに言った。すると彼はユーモアのかけらもなく、こう答えた。

「そうですよ、あそこはいい場所です。極地から緯度四五度までの範囲にいたくなるでしょうから」

地球はまた別の惑星に逆戻りすることになる──ホモ・サピエンスの進化の歴史よりはるかに昔の、北極周辺にジャングルが茂り、爬虫類が暮らしていた時代の地球だ。だが、この太古の地球をよみがえらせるだけの化石燃料が、ほんとうに地中に埋まっているのだろうか？

「私たちが伝えているのは、これが実現する可能性は実際に否定のしようがないということですよ」と、フーバーは言った。「あり得ないと言えるようなものではありません。論文を書いているとき、『これは絶対に起きない』と言えたらどんなに嬉しかったでしょうね。起きないとわかったなら、夜だってぐっすり眠れたでしょう。でも計算をしてみて、『ああ、現実に、これは起きてもまったくおかしくないことなんだ』となりました」

これから一世紀以上も続けて、ずっと化石燃料を浪費していった場合には、七℃近い気温上昇、可能性はずっと低いが一二℃もの温暖化が起きるだろう。だがそれを避けるためには、エネルギー企業が地面の下にある利益の源の八〇パーセントを放置し、信じられないほど大規模な新しいカーボンフリーエネルギー源を作り出すという誠意を必要とする。

二〇一五年には世界中の国々の代表がパリに集い、二一〇〇年までの地球温暖化を二℃未満に抑える計画を練った。多くの新聞の論説委員は楽観的に評価したものの、この会議は破滅的なほどの失敗に終わっている。決められた削減の目標に法的な拘束力はなく、各国が条約を守るかどうかは自由意思によるからだ。調印した国々は温暖化を一・五℃以内に抑えようという意図を発表したが、協定そのものは、すべての国がそれぞれに楽観的な排出量の約束を守った場合でも、地球の気温上昇はまだ簡単に二℃を超えるだろうときまり悪そうに認めている。

だが、たとえ気温上昇を二℃以内に抑える有意義な条約を作り上げることに成功していたとしても、世界のリーダーたちが提案するこの最も意欲的な計画でさえ、サンゴ礁の大部分と熱帯雨林の半分以上を破壊し、空前の熱波と多くの絶滅をもたらし、いずれは世界中の沿海都市を水没させるレベルまでしか温暖化を抑えこめないことを意味している。そして海洋・気候システムは二一〇〇年に終わるわけではないから、温暖化と海水面の上昇は続き、数千年とは言わないまでも数百年間は高まり続けるだろう。

シカゴ大学の地球物理学者デヴィッド・アーチャーは最近、この根拠のない目標値について、「私の感覚では、二℃という上昇限度に近づくころには、それを達成すべき目標値と考えていたなんてまったく正気の沙汰ではないと、誰もが思うだろう」とコメントした。

それでもなお、この二℃という目標は実際にはきわめて意欲的な値だ。それを達成するためには——世界の人口がさらに数十億も増え続けるなかで——今世紀半ばまでには化石燃料の使用をゼロ近くまで減らすと同時に、全世界で三〇テラワットほどの新たなカーボンフリーエネルギーをかき集めなければならない。その数字は現在の世界が消費しているエネルギーの二倍以上で、しかも今はそのほとんどを化石燃料から得ているのだから、荒唐無稽なものだと言わざるを得ない。だからコロンビア大学の経済学者スコット・バレットは、パリ協定について次のように書いた。「これまでに約束された自発的な貢献によって、全体として二℃以内の上昇という目標を達成するには、二〇三〇年ごろに奇跡が起きて、何らかの技術革新が世界の二酸化炭素排出量を激減させるしか道はない。もしもそれが現実になったとしても、二℃以内という目標値に踏みとどまる確率は、せいぜい五分五分だ」

フーバーは、今世紀末までに地球の温暖化を二℃以内に抑えられる見こみが少しでもあると実際に信じている気候科学者は、みんな公には認めたがらないが、(「ドイツの数人を除いて」)ほとんどいないと話す。それでも、低めの目標を定めることによって、それを達成できなくても、地球は——たとえば一気に始新世に戻るのではなく——四℃ほどの温暖化だけですむと思いたいのかもしれない。だが、四℃の上昇ではどんなご褒美があるのだろうか？　二〇一二年、ふだんは無口な世界銀行が、現在より四℃暖かい世界では「未曽有の規模と期間におよぶ熱波」が襲うだろうと予測した報告書を発表している。

この新たな高温の気候レジームでは、「熱帯地方の南アメリカ、中央アフリカ、太平洋のすべての熱帯の島々で」最も涼しい月でも、二〇世紀末の最も温暖な月より大幅に気温が高くなるだろう。地中海、北アフリカ、中東、チベット高原などの地域では、夏季のほとんどの月を通してこれまでに経験したことのある最も厳しい熱波より高温になる見こみだ。……たとえば熱波、栄養障害、海水の侵入による飲料水の質の低下などの人間の健康に対するストレスが、医療システムに過度な負担をかけて、適応できなくなる可能性がある。

あらゆるもののなかで最も恐ろしい予想は、ドナルド・ラムズフェルドが格言のような方法で考えた「未知の未知」にある。身なりを整えた大勢の役人が会議室に集まって、国際的な気候変動交渉で議論を繰り広げるとき、その手にあるのは二酸化炭素排出量、気温の上昇、海水面の上昇をなだらかに描いたグラフだ。そしてそのグラフは二一〇〇年という型にはまった時期で終わっている。気候モデルは、二酸化炭素がどれだけ増加すれば気温と海水面もどれだけ上昇するかを、融通の利かない直線で示す。そうすると世界の運命は簡単に計算できる費用便益分析に姿を変え、経済学者も簡単にひとりよがりの論説を繰り広げられるようになる。米国のトウモロコシの農業地帯（コーンベルト）は緯度にして何度だけ北方に移動し、一定の国のＧＤＰは同じように反応するなど、すべてがとても整然としていて、予測可能だ。

残念ながら、地質学的な過去における世界の振る舞いは、そんなものではなかった。更新世に気候が何度も大きく揺らぐあいだ、北アメリカを覆った——現代の南極より大きい——氷床は、二、三℃の気温上昇に反応して徐々に縮小したわけではない。爆発したのだ。何千年もかけてゆっくりと小さくなっていったのではなく、氷でできた大陸が、ときにはわずか数百年のあいだに猛烈な勢いで崩れた。一万四〇〇〇年前の急激な氷床崩壊は融氷パルス1A（MWP1A）と呼ばれており、このときはグリーンランドに匹敵する規模の三つの氷が凍える船団となって次々と海に落ちていき、海水面を一八メートルあまり上昇させた。気候変動に関する政府間パネル（IPCC）の最新の報告書は、二一〇〇年までに五〇センチの海水面上昇を予測している。

「地質学的過去における海水面は、IPCCによる二一〇〇年の予想よりもはるかに敏感に、地球の気候変動に反応していた」と、シカゴ大学のデヴィッド・アーチャーは書いている。「過去の海水面は、地球の平均気温が一℃変化するごとに一〇メートルから二〇メートル変動した。IPCCによる三℃という旧態依然とした予測では、海水面の変化は二〇メートルから五〇メートルに値する」。IPCCによる、今世紀末までには五〇センチ上昇するという予測は正しいのかもしれない（＊53）。だが、正しくないかもしれない。

二一〇〇年以降の世界

二一〇〇年よりあとに何が起きるかについて、話す人はあまりいない。人間の人生の長さでは、次の世紀の出来事はまだぼんやりとした遠い想像の域を出ないからだ。でも、本書では地質学的な領域を扱っているのだから、二一〇〇年までの時間は取るに足らないし、世紀という単位の時間の経過は化石記録ではぼんやりとして見分けがつかない。二一〇〇年から先も数万年にわたって、地球は非常に高温のままで、これまでの数百万年とはまったく異なる様子になるだろう。地上の永久凍土の融解と地中からのメタンの発生が、最終的には人間による活動の結果と同じだけの炭素を大気中に放出することになり、気温はさらに急上昇する。最悪の場合には、爬虫類が北極圏で日光浴をしていた始新世と同じ気温になる可能性がある。

そして海水面も、太陽が昇るのと同じ確実さで上昇を続ける。夏季の気温が三℃高くなれば、やがてグリーンランドの氷はすべて溶けるだろう。そして氷床のモデリングと過去の間氷期の歴史が示すように、南極西部の棚氷（たなごおり）の崩壊が不可逆ならば、これから二一世紀のうちにフロリダ州の大半は水没するだろう。バングラデシュも、ナイル川デルタのほとんども、ニューオーリンズも同じ運命だ。さらに数世紀先には、私たちの気候に対する実験を野放しにするなら、ニューヨーク市、ボストン、アムステルダム、ベニス、そのほか数えきれないほどの一時的な人間の避難所も同じ運命をたどる――それらの場所は、それから数十年、数百年、数千年という時間を水につかってゆったりと過ごすことになる。

文明はこれまでに六〇世紀を数えてきたが、化石燃料をすべて燃やしつくすなら、これからの数世紀で海水面は六〇メートル以上上昇するだろう。驚くほどのことではない。文明が生まれる前の一〇〇〇〇年間で、海は大陸棚の端から一二〇メートルも上昇してきた。ボストンは航海の拠点として生まれた都市だが、数千年前には海から三〇〇キロメートル以上も離れた内陸部にあったはずだ。海岸線が絶えず内陸へと移動していくことに驚く必要はない。それが地質学的な時間軸で見る海の姿であり、人間が海岸線に築いた自分たちの集落を永久不変だと思っていることをあざ笑う。

だが、私たちが暮らす地球のこうした変化がどれだけ激しいものだとしても、それが大量絶滅に何か関係しているのだろうか？　経済学者と政治学者が、私たちを待ち受ける荒々しい未来に対する数十年を越える見通しを立てても、その予測は少しずつ不透明ではっきりしないものになっていく。だが古生物学者は過去の荒々しい時代を見てきた。

シカゴ大学のデヴィッド・ジャブロンスキーは異色の古生物学者で、デボン紀初期のウミユリの肛門の形態解析といった専門的な分野の追究ではなく、生命の歴史全体について、さまざまな出来事から痛ましい悲劇、小進化による繁栄までをじっくり考えながら研究生活を送ってきた。私がシカゴ大学まで出かけたのは、人類もこの文脈のなかに置いて、何かほんとうの全体像といった視点を得たいと思ったからだ。人間がどんな種類の地質学的遺産をあとに遺せるのか、知りたかった。

科学者らしく見える誰かを探しているキャスティングディレクターがいるなら、ジャブロンスキーはもってこいの存在だ。私が研究室を訪ねたとき、彼はクシャクシャの髪をして、アンディ・ウォーホル風の腕足類の絵をあしらったTシャツを着ていた。抑えきれないエネルギーをみなぎらせながら話し、次々に大きなアイデアが浮かんで言葉がついていかない。だが、大きな問題の答えを探すことに人生を捧げるには犠牲も必要だ。ジャブロンスキーの場合は、整理整頓の技を犠牲にした。

「研究室のドアをあけたら、どこかに目をそらすようにしてね」と、彼は前もって警告を与えた。

私は人の仕事場が散らかっていることをどうこう言える立場にはないのだが、シカゴ大学のヘンリー・ハインズ研究所の奥深くにあるジャブロンスキーの研究室には、たとえて言うなら、コリヤー兄弟［訳註：マンハッタンのハーレムの自宅に五〇年近く引きこもり、死ぬまで大量の所有物に埋もれるようにして暮らした兄弟］の魅力というようなものが漂っている。ドアをあけると、数百年分の学術論文の山が目に飛びこんできた。その論文の谷間にある狭い通路をたどると、ようやくデスクに着く。

「このがれきのあいだを通りぬけて」と、ゆらゆら揺れる古く黄ばんだ論文のトーテムポールを脇に押しやりながら、彼は言った。論文はフランス語、ドイツ語、ロシア語、中国語とさまざまな言語で書かれ、とっくに忘れられている一九五〇年代のガボンでのフランスチームによるフィールドワークや、広大なソビエト連邦の遠方まで足を延ばしたロシアチームの遠征などを記録したものだ。私は事務用の椅子から『ベルギーのダニアンとモンティアンの二枚貝』というフランス語のタイトルが見える学術書をどかし、腰をかけた。

「申し訳ない。今、じつに大量のデータを集めている真っ最中でね——たまたまK－Tのデータが大量にあって」と、山ほどの文献について説明してくれる。それは怒れる司書の神から与えられた、皮肉な罰のようにも見えた。

　ジャブロンスキーは自分の研究分野での現象に、名前をつける特別な才覚をもっている。「死にゆく生物群」や「ラザルス分類群」といった具合だ。後者は、大量絶滅のあとで時には何百万年ものあいだ姿を消し、やがて再び地球の歴史に戻ってきた種をあらわしている。これらのラザルス分類群は、名前をもらった聖書の登場人物のように文字通り死からよみがえったわけではなく、待避地と呼ばれる独特の避難場所で時が過ぎるまで耐えていた。待避地は地球上に点在する数少ない地域で、局所的な環境の特異な性質が、周囲で広く起きている大規模な破壊から生きものを保護する役割を果たす。ノアの物語が示すような進化上のボトルネックが青銅器時代に起きたという証拠はないが、実際の箱舟のようなものは、こうした待避地というかたちで地球史全体を通して存在していたのだろう。これらの待避地は、大きなショックを受けて仲間を大量に失った種を、その後の時代に世界で再び繁殖できるようになるまでかくまっていた。待避地が化石記録にまったく見つかっていない事実は、その稀少性と地理的な狭さを反映しているのかもしれない。

「ちょうど、暗黒物質（ダークマター）のようなものだ」と、ジャブロンスキーは言った。「ぼくらには見えないから、そこにあると思える」

もし、顕生代の六回目の大絶滅がやってくるとしたら、私はどこが待避地になるのかを知りたいと思った。ジャブロンスキーは浮かない顔で、次のように答えてくれた。

「たくさんはないんだよ。人間の足跡は、まったく、あらゆる場所に行き渡っているんでね。南極のマクマード基地からグリーンランドの北海岸まで。海底の生息環境から山のてっぺんまでだ。アンデスの山奥の湖にも金属が沈んでいるし、もちろん海ではどこに行ってもプラスチックが見つかる。だから実際には、隠れる場所はどこにもないだろう。最もうまくいくのは、最後のわずかな潜伏場所を見つけられるグループではなくて、ほかの人たちと実際に共存できるグループじゃないかな。でも、もし社会が崩壊すれば、イヌはオオカミに逆戻りするだろう。長い目で見れば、イヌ属はきっとうまくやる」

「だが、実際には海水の酸性化のようなことが問題になる。それが鍵だ、そうだよね？　もちろん、これまでに何度も温暖化は起きた。でも、それぞれの分類群はどうやって温暖化に対処する？　移動するんだね。それなのに、人間はホテルを建てて、廃水を流し、サンゴ礁をダイナマイトで爆破しているんだから、もうあちこち移動することはできない。もちろん、そのうえ海を酸性化しているから、また待避地の可能性のある場所をなくしてしまった。それから、ほんとうの問題がある。ぼくらは『パーフェクトストーム』なんだ」

「人間はただ温暖化しているだけでも、ただ汚染しているだけでも、ただ乱獲しているだけでもなくて、それらをすべて同時に積み重ねている。だから、これまで何度も温暖化があったのだから、現在のも大したことはないという議論はまちがっているんだ。だって現在のものはパーフェクトストームの一部だからね。すべての大量絶滅はこうして起きるんだと、ぼくは思っている。五大絶滅はすべて、こうやって起きた、つまりたくさんのことがみんな悪い方向に向かった結果なんだと思う。たとえばK－Tの場合、デカントラップの爆発がなければあれほどひどくはなかっただろうし、もし空から岩が降ってこなければ、デカントラップがあれほど大きな打撃をもたらすことはなかった。でも、ふたつが組み合わさった。ペルム紀末の大絶滅も同じだよ。デボン紀末も同じ。オルドビス紀末も同じ。三畳紀末からジュラ紀にかけての大絶滅も、こうした組み合わせだった。ひとつの要素だけの説明から抜け出す必要があるね。ぼくは、生命の歴史上で起きた大きな出来事の多くに、パーフェクトストームが関係していると感じるよ。そして人間はそのうちのひとつだね。ぼくらがひとつのことだけをしたのなら、それほど重大事じゃないかもしれないが、あらゆることを同時に、しかも力の限り激しく、速く、やっているんだからね」

文明化は長く破壊の跡を残してきたにもかかわらず、最終的に人類は絶滅に対して非常に大きな抵抗力を見せるだろうというのが、ジャブロンスキーの考えだ。彼は次のように話した。

「それにはふたつの理由がある。ひとつは、人間がとても広く行き渡っているという事実。もうひとつは、あらゆる種類の恐ろしいことに抵抗する文化を、やっつけることはできないってことだ。どちらかと言えば、種全体が危険にさらされるというよりも、ほとんどの人にとって生活の質が悪くなるのだと思う。人間を全滅させるためには、じつに集中的で圧倒的な注意力が必要になる。結局のところ、人類は産業化された社会がないまま、何十万年もうまくやっていたんだからね。でも一方で、眼鏡が必要なぼくみたいな人間は、ネアンデルタール人としてはあまり幸せとは言えなかったはずだよ。だから、種全体がやるかやられるかというよりも、生活の質の問題なのだと、ぼくには思えるな」

ジャブロンスキーはアーウィンと同じく、私たちはまだ世界に大量絶滅を引き起こすという事態に近づいてもいないという意見だ。

「いや、確実に、人間はまだそこまで行っていない。今のところ、統計から見て、絶滅で選ばれているのはほとんどが背景絶滅［訳註：大量絶滅とは別に、継続的に少しずつ起きている絶滅］のようだね？　個々の種の地理的生息範囲とか、栄養のレベルと体の大きさとかで決まっていて、そのほかにも五大絶滅でとくに重要な選択的要因になったものじゃない要因次第になっている」

「だからその意味では、ぼくらはまだ背景絶滅が続いている時代にいて、それはいいニュースだよ！」と言うと、彼は祝うように両手を握った。「だが問題は、ぼくらがこのパーフェクトストームを生み出していることで、それは人間が転換点を越える可能性がゼロではないことを意味しているんだ」

ニューハンプシャー州の軽食レストランでは、フーバーが「お気に入りの話」を聞かせてくれた。米陸軍の実話にもとづく、いわゆる「やる気のあるリーダー」のたとえ話だ。一九九六年、軽歩兵の小隊がプエルトリコのジャングルで、猛暑と湿度に順応するために数日間過ごし、水分摂取量も注意深く管理してから、夜間襲撃のシミュレーションに臨んだ。襲撃訓練の小隊に選ばれたのは、「大隊のなかで最も体調がよく、やる気のある兵士の何人か」だった。襲撃の夜がやってくると、小隊の隊長は部下を率い、山刀(マチェーテ)で藪を切り開きながらジャングルを進みはじめた。だがまもなくリーダーは疲労で倒れ、部下のひとりにリーダーの役割を託すことにした。しかし部下の兵士は小隊を素早く前進させられず、リーダーは先頭に復帰すると主張した。ところがリーダーはすぐに、熱を出して歩けなくなった。部下の兵士たちはリーダーを冷たい水で濡らし、点滴を施さなければならなかった。最終的には四人の兵士がリーダーを担いで運ばなければならなくなった。やがてこの余分な仕事のせいで小隊全体が疲弊し、全員が熱ストレスの犠牲になりはじめた。訓練は、全滅する前に中止せざるを得なかった。

「夜間で、順応もすませた、体調のよい人たちでも、使いものにならなくなって担架に乗せられる可能性があるわけです。それが社会で、文化で、起きようとしていることなんですよ」と、フーバーは言った。「どんなふうに大量絶滅が起きるかといえば、つまりそういうことですよ。更新世の巨型動物類の絶滅とクローヴィスの狩猟民について話すとき、どんなふうに起きるのか、謎のように扱うことがあります。でも、まったく同じように起きるのです。最も強いメンバーを苦しめるようなことが起きて、弱いメンバーがその溝を埋めようとしますが、実際にはその役割を果たせるほど強くないので、全体が崩壊してしまいます」

「社会がどんなふうに崩壊するかを知りたいのなら、それが答えです」

テクノロジーの未来にある脅威

「そのことはあまり心配していない」と、フーバーの崩壊する送電網のシナリオや、気候と海洋の混乱によって文明が崩壊する見通しについて、アンダース・サンドバーグは言った。サンドバーグは、オックスフォード大学の人類の未来研究所で大災害や遠い未来について空想にふけるのを仕事にしている陽気なスウェーデン人だ。ものおじしない超人間主義者で、人体冷凍保存研究所に予約していることを示すイヌ用のタグを首から下げ、「私が生物学的な老化を止めることができ、いつか自分をコンピューターにアップロードして、銀河系のあちこちにバックアップコピーを置くことができるとしても、遅かれ早かれ運がつきるだろうね」などと、こともなげに話す。もしオックスフォード大学に所属していなかったなら、サンドバーグの空想は、多くの未来派の人たちと同様、狂気と言えるほどに風変わりに思えることもある。彼にしてみれば、わずか数十年のあいだに人々の暮らしを以前の世代の人間にはわからないようなものにしてしまった傾向について、いろいろ予測しているだけだと言うだろう。

一般のアメリカ人が気候変動に実際に関心を寄せるようになったのは、（脅威がますます大きくなってきた）過去一五年間ほどのことだが、もっと理論的な人工知能（ＡＩ）の脅威を研究している研究者たちには、その悪夢のような洞察に対する熱心な支持者がずっと、とくにシリコンバレーの資金提供者に数多くいる。熱ストレスを受ける送電網について、その崩壊の予測はテクノロジーの変化の力を過小評価する古くからの伝統によるものだとするサンドバーグは、次のように言った。

「送電網はいつまでも今と同じように働いているということに、依存しすぎた考えだね。私が小学生のとき、ある先生の言ったことを今でもまだはっきり覚えている。『世界のほとんどの人は、まだ一度も電話をかけたことがないし、これからもかけることはない。中国のすべての人が電話をもてるだけの銅がないからだ』って。でも私が高校生になるころには、もちろん光ファイバーがあらわれた。今は大半の人が携帯電話をもっていると思う。つまり、テクノロジーの変化がその予測を完全に打ち負かしたことになる。それはとても賢明な観察にもとづいていた。でも銅が制限要因ではないという結果に終わった。送電網についても同じで、もしもっと暴風雨の多い世界になれば、もっと回復力に富んだ送電網を作るようになると思うよ」

私たちがスカイプを使ってこの惑星の未来についてさまざまな話し合いをしていることを考えれば、彼の論点は正当なものだった。電話に懐疑的だった彼の子どものころの教師には、スカイプというテクノロジーを説明するのさえ難しかっただろう。今後数十年間のテクノロジーの変化に対するサンドバーグの期待は、ＳＦの典型的な基準にくらべても意欲的なものだ。彼は不死のようなものが手に入るバイオテクノロジーの地平にたどり着けるよう、きちんと食べ、運動もしていると言った。（ただし、大いに譲歩して、「それでも私がまったくふつうに死ぬという、まずまずの可能性もある」とも言った。）テクノロジーへの彼の期待はほとんど無限大で——ほかの人たちにとっては恐ろしいことだと思うが——頭蓋骨のなかに収まっている限られた脳ミソで生かされるよりはるかに広がりのある、今のところは想像もつかないようなテクノロジーの仲介を得た存在状態を経験するまで、生きていたいと思っている。人間の脳は自然選択の容赦ない（目標もない）フィルターと代謝の限界によって行き当たりばったりに形成されたものだが、超知的なクリエーターたちの野心と創造力の限りをつくして作られた合成脳では、どんな状態の認識と主観性が生まれるのかを想像してみてほしい。それには大きなリスクがともなうので、サンドバーグは残された時間すべてを費やして、何がそのような発展的な未来を妨害してこの惑星を破壊する可能性があるかに、思いをめぐらせていく。それらは存在にかかわるリスクになる。

終わりが近いとしても、それは過去のおもな大量絶滅のどれにも似ていないとサンドバーグは考えている。歴史上にまったく前例がなく、無限大の影響力をもち、可能性の推定もできない、存在上の脅威がある。それにはエイリアンの侵略といった推測の域を出ない脅威も含まれてはいるが、サンドバーグの悩みの種であるＡＩの暴走の可能性もある。「くだらないことの経験則」のせいで多くの人はこれを真剣にとらえないが、加速が止まらないテクノロジーの変化が、二酸化炭素ではなくシリコンというかたちで私たちに絶滅をもたらすかもしれない。

「気候のことだけに注目して超知能を無視すると、そうだな、ペーパークリッパーにやられてしまうかもしれないよ」

ペーパークリッパー??

「ペーパークリッパーをめぐる私の考えというのは、ＡＩがあって、それにペーパークリップを作るという目標を与えるというものだ。そうすると、ＡＩはペーパークリップの生産数を最大にする行動をとろうとして、自分自身をより賢くする方法を考え出す。賢ければ賢いほど、ペーパークリップの作り方がうまくなるからね。そうするとＡＩはとても賢くなって、地球をペーパークリップに変えるための完璧な計画を思いつき、それを実行に移す。私たちにとっては、とても悪いニュースだ。もちろんここで問題は、もし私がコンセントを引き抜こうとしても、ＡＩはあまりにも賢いから私を阻止する方法を前もって考え出している。私がコンセントを抜いてしまえば、世界にあるペーパークリップの数が頭打ちになり、それは悪いことだからだ。そこでＡＩは、生産を止めようとする試みや心を変えさせようとする試みに、すべて打ち勝たなければならない。宇宙にはカント哲学の倫理みたいなものがあって、十分に賢い心なら、人間をペーパークリップに変えてはならないというのが倫理的な真実だと認識できるのかもしれない。しかし残念ながら、もしＡＩのアーキテクチャがその実用性を最大化するだけのもので、その実用性がペーパークリップによって定義されているなら、ＡＩはこう考えるだろう。『ふむふむ、倫理に従うか、ペーパークリップかだって？　それはペーパークリップだ！』」

ロバート・フロストの火や氷ではなく、世界はたぶんペーパークリップで終わるのだろう。あるいは、過ぎ去った世界のやりきれない思い上がりを書いた別の詩人の言葉を言い換えるなら、「果てしなく広がる空虚／寂しくもただペーパークリップだけがどこまでも続く」となる。

言うまでもなく、サンドバーグの思考実験は実際にはペーパークリップが主眼ではなく、特別に知能の高いシステムが人間を出し抜く力をもち、その目標が人間の繁栄とは一致しない場合について考えるものだ。だが彼の研究課題は救いようがないほど思索的に思えることがあり、私はいわゆる「くだらないことの経験則」に毒されているのを認めよう。これから数十年間の気候変動と海洋酸性化に関する具体的な予測とくらべ、この思考実験はよくても説得力のない方法、悪くすれば気候と海洋の混沌という明確で目の前にある危険から大げさに気をそらすもののように思えてしまう。それでも、このようにテクノロジーの未来像を考えることを仕事としている人々は、保守的な生物学者と気候モデラーが地球のシステムに間近に迫った衝撃を確信しているのと同じように、テクノロジーの未来にある脅威を確信している。ただひとつだけ、はっきりしていることがある。AI、グリーンエネルギー、バイオテクノロジーなど、役に立つ可能性を秘めたものから、地球温暖化、海洋酸性化、人口過剰、魚の乱獲、デッドゾーンの拡大、土壌の浸食、資源の枯渇、森林破壊、悪いAIなど、破滅を招く可能性を秘めたものまで、目もくらむようなあまりにも多くの傾向が加速している現状では、これからの数世紀に何が起きるかはまったく予測できない。

一部の環境保護運動の根底には実存的な人間嫌いのようなものがあり、人間は当然の報いを受けるだろうという考え――希望とさえ言えるもの――がある。地球を壊した者は、ガイアによってはじき出されることによってその罪を償うだけだ。こうした感情は、それほどの見識をもたないインターネットのコメント欄にも、現役の科学者のあきらめたような運命論にも垣間見ることができる。科学者の多くは何杯かビールを飲むと、「人間なんてめちゃくちゃだ」と言い出すだろう。実際のところ、気候モデルの最悪の予想が現実のものになるなら、気候変動を否定している現在の政治家たちが生きているうちに海面と気温の上昇による自国の危機を目の当たりにするとき、私も束の間、それみたことか！と思ってしまうだろう。その種の残酷な正当性の主張は、もちろん、有権者にのしかかる計り知れない苦難を知って消えていくことになる。サンドバーグらが指摘している通り、私たちのような意識のある生きものの経験を、実際に気にかける価値のある唯一のものとすべきだ。サンドバーグは次のように言った。

「哲学に価値論という分野があって、何がよいことなのか、何に価値があるかについて考える。私は、少なくともひとりは価値を判断する人が必要だというのがごく一般的な考え方だと思うよ。誰もいないのに、まだすばらしい価値のある状態の宇宙なんてあり得ないからね。そうじゃなくて、実際に目で見て何がよいかを見きわめられる人間が、宇宙には必要だ。ものごとを考える人間が、できるだけ多いほうがいいよね。そして私たちが台無しにしてしまうと、過去の世代ががんばって作ろうとしてきたものが、すべて消えてしまうことになる。彼らは何らかの無限の未来を目指していたけれど、今そんなものはやってきていないし、これからは彼らが何を作ろうとしてがんばっていたのかさえ思い出せないようになる。そして過去には作ることができていたよいものすべてが、これからは見られなくなり、無数の命も見られなくなる」

「でも一番恐ろしいことは、まわりに誰もいなければ、価値というものがまったくないことかもしれない。とつぜん、宇宙に意味がなくなる」

もしもこれから数世紀のあいだに人間の計画が失敗に終わるなら、その失敗は生きるかもしれない何十億人もの人々から喜びも悲しみも奪ってしまう。命を落とした多くの兵士たちの犠牲も、偉大な芸術家たちの名作も、黄ばんだページに文明の理想を表明した偉大な思想家たちの思想も、すべて無に帰することになる。葉が枯れるのと同じように古い書物も萎れてしまうだろう。遠くの惑星を探検することも驚かすこともなくなる。すばらしい交響曲も生まれなくなる。リスクは限りなく大きい。

「楽しかった！」お互いにコンピューター画面で通話終了のアイコンにカーソルを動かしながら、サンドバーグが言った。

「お元気で！」

人類が次の氷期の開始を遅らせる？

私たちがペーパークリッパーの奇妙な死刑宣告を生き延びることができるとしたら、人類はこれから長いあいだ、二一世紀に私たちが行なう決断に対処していくことになるだろう。何千年もあとの人々の幸せを気にかけるのはばかばかしいと思えるかもしれないが、私たちは今でも大昔の人々の精神生活と心を通わせている。古代に生きた人の詩や名文句を読み、彼らの建築様式に目を見張り、その人間性に共感する。デヴィッド・アーチャーが指摘しているように、もしも古代ギリシャの人々が二、三〇〇〇年のあいだ、向こう見ずな環境工学に同じように夢中になっていたなら、私たちは彼らの叙事詩や遺跡や陶磁器だけでなく、今とはまったく異なる、彼らが作り上げた地球とともに暮らしていただろう。カナダ北極圏にあるバフィン島の沿岸巨大都市で暮らす未来の人々は、五〇〇〇年前の異様な古代文化に、同じように驚いて目を見張っているかもしれない。その文化は、文明の行く末と生物界の幸せを犠牲にしていることを百も承知のうえで、岩石中に埋まった植物と海洋生物を燃やしたいという望みを満たしていたのだ。だがこれではまだ、人類の最終的な遺産をはるかに低く見積もっている。

一万二〇〇〇年前に始まってまだ続いている現在の温暖な間氷期は、更新世にあった数多くの過去の間氷期より、すでに長く続いている。これまでは、おおよそ一万年の間氷期のあとで急速に氷期に戻っていた。今、北半球の夏の太陽光が弱まりつつあって、過去に一〇万年以上続いた氷期へと突入したレベルに近づいている。最近の地質学の歴史では、太陽光がある一定レベルより弱くなると氷床が北アメリカ全体に延び、海水面が何十メートルも低下しており、弱まってきた現在の太陽光はこれから何世紀かで、この限界のレベルに達することになるだろう。

現在の束の間の中休みがすでに過去の間氷期より長くなっているのは、農耕の誕生以来、人間が炭素循環に干渉するようになったからかもしれない。だが、地球の現在の軌道が原因かもしれず、太陽をめぐる地球の軌道は数十万年の周期で円形に近いものと楕円形に近いもののあいだを行き来している。現在の公転軌道は四〇万年前のものに似ていて、その当時は、より真円に近い軌道によって温暖な間氷期が五万年続いた。もしこれから数千年のあいだの太陽光のレベルが、氷期に突入する限界をかすめるだけでそれより下がらないならば、次の氷期に戻るまでにはさらに五万年の歳月がかかるかもしれない。だがこれは、過去数百万年の氷河の広がりと後退に見られるような、人間の影響を受けていない地球の営みを想定したものだ。

現実には、これから数千年のあいだは氷期に戻らないことがほとんど確実で、それはたしかによい知らせにちがいない。しかしその逆に人間は、数千万年前から一度も起きていないような極端な温暖化を生み出しているのだから、実際にはよい知らせどころではない。

変わりばえのしないシナリオで予想されているように、もし人類が二〇〇〇ギガトンの炭素を燃やすなら、五万年後に想定される氷期の始まりさえ熱気のせいで消滅するだろう。二酸化炭素の一部は一〇〇〇年単位で海によって除去されていく。海底に積もった炭酸カルシウムでできている海洋生物の死骸が、酸性化した海水中で胸やけの薬のように溶けることによって、海はより多くの二酸化炭素を蓄えられるようになる。それでも大気中に残る量はまだ多い。これを大気中から取り除くには岩石の風化作用が必要となり、それには少なくとも一〇万年の年月がかかる。もし五万年後の氷期の開始時期にもまだ気温が高すぎれば、その次に氷期に戻るチャンスがやってくるのは今から一三万年後になる。だが人間が化石燃料をすべて燃やしつくすなら、氷期へと続くこの出口でも降りそこねることになるだろう。自然の作用によって炭素が十分に減り、更新世の氷河時代の氷期と間氷期のサイクルを取り戻すまで、世界は四〇〇万年も待たなければならない可能性がある。

人類がなんとかそこまで生き延びているなら、炭素排出量をうまく管理して、気温が極端に低くなるのを防げるかもしれない。必要に応じ、現在起きそうになっているような世界の破滅的状況を引き起こすほど多くなく、延びてくる氷河を溶かすのに適した量だけ、炭素の排出量を増やせばいいのだ。あるいは、人間が化石燃料を徹底的に浪費し、人間の洞察力があまりにも無能で、予想より早くすべてを燃やしつくしてしまうなら、圧倒的な温暖化と急激な海水面の上昇が起きたあと、狂気のように氷期に後戻りするのかもしれない。

「人間が一瞬にして、基本的には次の氷河期の開始をくい止め、五〇〇万年近くも遅らせられるという考えは、私にはまったく信じられないね」と、気候と海洋のモデリングを専門とするアンディ・リッジウエルは私に言った。

科学、なかでも地質学と天文学では、ほとんどの場合に全体像のなかで人間など取るに足らない存在であることを思い知らされるのだが、私たちは今ではかなりの長さの地質学的時間を視野に入れるようになった。今後数十年のあいだに私たちが文明として取り決めることは、これまでに人類が存在してきた年月の二倍の長さの未来まで、気候に影響を与える可能性がある。

それでもなお、人間が何をしようとも――たとえこれから数世紀のあいだに急加速をし、見つけ出した石炭、石油、ガスを残らず燃やしてしまったとしても――岩石は風化され、海洋はめぐり、氷河は広がり、海水面は低下し、世界は凍えることになるだろう。私たちが二酸化炭素の濃度を始新世のレベルまで引き上げ、ワニとマカジキを北極海に追いやり、海水面を六〇メートル以上上昇させたとしても、そのすべては手荒に押し戻されて、氷期へとなだれ落ちていくにちがいない。この氷期が戻ってくるのが一三万年後でも四〇万年後でも、水浸しになっていたニューオーリンズ、ニューヨーク市、ナイル川デルタの遺跡が再び水面に顔を出すだろう。ただし、何千年ものあいだ深みにあった街並みが、もし何かが残るとしても、どれだけ失われずにいるかは誰にもわからない。

ピーター・ウォードは不安をかきたてる著書『惑星地球の生と死（*The Life and Death of Planet Earth*）』のなかで、短い地球温暖化のあとに訪れるこの氷に閉ざされた世界を、まるで情景が目に浮かぶように描写している。「はるかな宇宙空間を軌道に乗ってめぐる、見捨てられ忘れられた衛星から見ると、大理石模様の私たちの故郷から反射する光は、不穏を感じさせながらもまばゆいばかりだ。ますます広がる白い部分がまぶしく輝く」と書く。

氷河は拡大を続けている。文明の絶頂期に短いあいだ上昇した海水面は、今では下降しており、新たな海岸平野を出現させ、島々をつなぎ、陸橋を生み出している。英仏海峡とベーリング海峡は廊下になった。地図はことごとく変化した。夜の地球には、かつて北極から南極海まで広がっていた都会の光が織りなす銀河の輝きは、もうない。今では北極圏は見捨てられ、南極海はほとんど氷に閉ざされた。光が見えるのは赤道から中緯度までに沿ってのびる、狭い帯状の地域だけで、その多くは、今では焚火だ。

海が回復するのにも、同じように叙事詩的な時間の長さが必要になるだろう。カリフォルニア大学サンタクルス校のジェームズ・ザコスは、次のように話してくれた。「私たちが最終的にどれだけの動揺を与えたとしても、海水の炭酸系の化学的性質が人間の出現する前の状態に戻るには少なくとも一〇万年の歳月が必要でしょう。それは二五年前に予測されて、私たちはＰＥＴＭ（暁新世・始新世温暖化極大）でその理論を検証しました。海水の化学的性質が回復するまでには、一〇万年かかります」

だが生物圏に対する影響は、はるかに長く続く。ひとつ前の大量絶滅でわかるように、生態が回復するのは、海水の化学的性質がもとの姿を取り戻してから、ずっとあとのことだ。もしも私たちが更新世の貯氷庫から出発して、始新世の短い温室に突入し、再び氷の時代に戻った場合には――オルドビス紀の大絶滅を逆にした変化になり――生物圏の負担はあまりにも大きいだろう。人間がまだ大量絶滅に足を踏み入れていないにしても、六回目の大絶滅はこうして本領を発揮することになるのかもしれない。

「過去の大量絶滅から学んだ重要な点は、最後に回復するのは生態系だということではないかと思います」と、ジョナサン・ペインは言った。「システムから炭素を取り除くには数十万年の年月が必要です。そして生態系を立て直すには、数百万年から数千万年の年月が必要になります。今から一億年後に古生物学者がいたとして、その学者が見つける地質学的記録で最も長い痕跡は、実際にはそれでしょう。それは、私たちが引き起こす絶滅です」

これから五〇万年後あたりにやってくる、次の間氷期の熱帯地方では、海水は再び炭酸カルシウムで飽和状態になる。だが、かつて色とりどりの魚たちが群れをなしていたサンゴ礁のあった場所は、一面ガランとした微生物のストロマトライトで覆われているだろう。陸上に広がるのは、齧歯類、野生のイヌ、小型の鳥類、雑草ばかりの単調な世界だ。だがそれからまた五〇万年のあいだ地球が太陽のまわりをめぐれば、ようやく新しい世界の最初の輪郭が見えはじめる。次に起きる生物の爆発的増加の始まりだ。地球が生まれ変わる。

この次回の生物爆発によってどんな生きものが出現するのかは、推測の域を出ない。イルカとイクチオサウルスのような動物たちの驚くべき類似性は、進化が同じことを何度でも繰り返す傾向をもっている点を示唆している一方、生物の歴史にはまたじつに奇妙な、思わぬ方向転換もあって、四本の独立したヒレ足をもった首の長い爬虫類、巨大な肉食性のカンガルー、口の中に円形ののこぎりを備えたペルム紀のサメ、小型飛行機ほどの大きさをもった空飛ぶ爬虫類などが出現した。現代の生態系に、これらの動物に似た生きものは見当たらない。

将来の生物圏のおおまかな輪郭——たとえば、浅海には炭酸カルシウムを沈殿させる新たな造礁生物が揃い、陸上にはまた新たな捕食動物と餌動物が出現しているというようなもの——を描くことはできるかもしれないが、進化には何らかのサプライズがつきものだ。もしかしたら野生のイヌは、文明の崩壊後にオオカミに戻ってから数百万年という時を過ごした結果、大型の草食動物がいない環境に乗じて漸新世にいた巨大なパラケラテリウムほどの大きさになり、頭上にそびえる巨木の枝をつかんでいるかもしれない。ハトは人類の消滅を見届けたあと、体高四メートルを超える飛べない鳥になっているかもしれない。カモメは力強く肉を食いちぎるくちばしを得て頂点捕食者になり、海中ではウのような種が巨大化し、水中でのみ暮らすようになって、モササウルスに似た形状と大きさと恐ろしさを身につけているかもしれない。私たちの系統が頂点に立つ機会を得るにはペルム紀から二億年も待たなければならなかったように、現在の羽根をもった恐竜の子孫たちは、再び次の時代を支配しているかもしれない。もちろんこれはだいたんな推理にすぎず、詳細を決めていくのは無限の創造力を発揮する進化と偶然の成り行きだ。

「みんながいつも忘れているのは、恐竜がいなくなったあとの頂点捕食者は、恐鳥類という巨大な飛べない鳥だったということだ。基本的には、恐竜から枝分かれした仲間だよ」と、ジャブロンスキーは言った。「ところが白亜紀が終わって一〇〇〇万年から一五〇〇万年後にはコウモリやクジラがいて、陸上には草食の生態系がすっかり揃い、ほんとうの新しい世界が始まった。驚きだよ。たったの一〇〇〇万年から一五〇〇万年後には、そのすべてが起きていたんだからね。でも、念のために言っておくが、人間について語るときには一〇〇〇万年は想像を絶する長さだ。だから、『ああ、長期的に見れば万事オーケー』なんて言えない。だって実際に長期の話だから。人間にとって意味のある長期じゃないんだよ」

第9章　最後の絶滅【今から八億年後】

泥が、こんな思い出をもてるなんて！
こんなに興味深い、ほかの起き上がった泥たちに会えるなんて！
――カート・ヴォネガット（一九六三年）

ここで、はるかな未来に飛んでいくことにしよう。第1章で紹介した一歩ずつ歩くたとえに従うなら――あのときは人間の歴史のすべてを数十歩で通りすぎてしまったが――今度は過去ではなくて未来に向けて何百キロメートルも――つまり何億年も先まで――歩いて行く。そこは人間の気候に関する心配も、人間が作る機械の目を見張るような創意工夫も、人類の文明の計画も、一切関係のない惑星だ。大陸はすっかり配置換えになり、海洋では破壊と創出が繰り返されたあとで、大空には星座がごちゃ混ぜになって散らばっている。

陸上では、堆積物で覆われて地中に沈みこみ、浸食から守られると同時にプレートテクトニクスによる破壊も長期間まぬかれる場所は、ほんのひと握りしかない。それらは私たちの現代の世界の断片となり、地質学的時間の遠い遠い未来の岩石に何らかの痕跡を残す確率さえほんのわずかだ。それでも、沈降する堆積盆地の先端にあるニューオーリンズが長期にわたって保存される世界最大の可能性をもっているかもしれないと知れば、地上に残る期間が短いと思うと恐ろしくはあるものの、励みにはなる。一億年後に、生きものの系統樹のどこかに属する生物学者が切通しでぺちゃんこになったニューオーリンズの地層を発見するなら、人類に関するこのデータポイントは、化石記録に残るとてもよい代表になると思える。それでも、フレンチクォーターのプリザベーションホールがその名に恥じずに生き残る一方、この世界のほとんどは長くは残らないだろう。

再編される大陸

今から何億年かあとには、世界の地図もその山や海に暮らす生きものたちも一変していて、見分けがつかなくなっているだろう。だが、地球史でこれまでにあったことの一部は、今後も繰り返されていく。パンゲアは、この惑星の地質構造の歴史のなかで興味深い時期だったかもしれないが、それは唯一無二のものではなかった。数十億年という長い時間の流れを見ると、数多くの同様の超大陸が、ワグナー風の響きをもつ「超大陸サイクル」の一部として集まったり離れたりしてきたと考えられている。そして超大陸が古ければ古いほど、古い「トランスフォーマー」のマンガからとってきたかのような名称をもっていることがわかる——ロディニア、ヌーナがあり、さらに大陸塊がつながりあっていたバールバラ、スペリオル、スクラヴィアがある。現在はいくつもの大陸が地球のあちこちに散らばっているが、これから二億五〇〇〇万年後には、また別の再結合が予定されているらしい。

大西洋中央海嶺は二億年以上にわたってアフリカとヨーロッパをアメリカから引き離してきたが、大西洋は、その前身であるイアペトゥス海と同様、消滅する運命にある。現在、カリブ海の端、ヨーロッパのジブラルタル沖、南アメリカのフォークランド沖にある深海の海溝近くで、沈み込み帯が海洋地殻を貪欲に咬みつぶすにつれて、大陸が復讐を目指し、兄弟大陸の再結合を果たそうとして互いに引き合っている。これらの沈み込み帯は今のところ比較的小さいものの、これから広がって、大陸の縁に影響をおよぼしていく。

「いったんそれが起きれば、大西洋全体を消滅させ始めるでしょう」と、ハーバード大学のフランシス・マクドナルドは言った。そしてそれが始まれば、これらの沈み込み帯を止めることはできない。ディズニー映画でスパゲッティを両端から食べていく二匹のイヌのように、ふたつの大陸は海の向こうの愛する相手に届くまで、海洋地殻を両側からむしゃむしゃ食べ続ける。

ペルム紀にそうだったように、私の大好きなニューイングランドの海岸線は再び海から何百キロも離れて乾燥した荒れ地になり、新しい超大陸の荒涼とした内陸部に取り残されることになるだろう。

ただこれは将来のパンゲアの姿を示す、ひとつのモデルにすぎない。イエール大学の地球物理学者ロス・ミッチェルと彼の同僚たちによるまた別の予測では、やはり二億年後に大陸どうしが出会うことになるが、出会いの場所は北極になる。実際にこれが起きた場合、大きな問題がありそうだが、複雑な生命体にとってどんな意味があるのかはまったくわからない。

今から数億年後には大陸どうしの距離がもっと近づいているから、もしかしたら火山諸島は再び大規模な山岳地帯に押し上げられて風化が進み、二酸化炭素を減らして世界を氷河と寒さで苦しめるかもしれない。その数億年後にまた超大陸が分裂を始めると、最初はおそらく地溝帯湖がたくさんできてその水辺に奇妙な生きものが集まり、さらにペルム紀末、三畳紀末、白亜紀末の噴火と同じように、また大規模な、地球の息の根を止める大陸洪水玄武岩が始まるかもしれない。

けれども、こうしたことのいずれかが起きるずっと前に、もしかしたら現在は黙って太陽系をグルグルまわっている空気のない岩の大陸が、生命の前進を妨げるかもしれない――ひとかけらの塵が、無限の広がりに散らばった無数の砂粒のひとつにぶつかることもある。どんな形で死がやってくるにせよ、その攻撃は再び、新たなひと揃いの奇妙な生きものたちをほとんど消滅させてしまう。それらは遠い未来の長い年月をかけて、進化のやみくもな道筋と無頓着な世界によって選別された生きもののはずだ。そのころまでには、複雑な生命体はすでに絶体絶命の窮地に陥っているだろう。

ごくごく近い将来――これから数世紀のあいだ――には、人間の活動によって二酸化炭素が危険なほど急増するかもしれないが、地質学的な視点から見れば、地球はゆっくりと二酸化炭素を使い果たしている。太陽が――主系列星としてのライフサイクルで――一生を過ごすうちに、どんどん明るさを増していくと、地球のサーモスタットを動かしている風化作用も激しさを増す。シカゴ大学の地球物理学者デヴィッド・アーチャーは、電話ごしに次のように話してくれた。

「大気中の二酸化炭素は、風化と地球からの二酸化炭素放出とによってバランスを保っています。でも、ほかのものをすべて同じままにして、太陽の光だけを明るくすれば、水循環が促進されることになりますね。だから、岩を洗い流す水が増え、そうすると風化して消える岩が増え、炭酸カルシウムのかたちで地球に埋まる炭素も増えます」

地球が年齢を重ねるうちに太陽は明るさを増しており、この背景となる風化速度は少しずつ高まっていて、二酸化炭素はカンブリア紀前の息苦しいほどの多さから、現在の氷河時代の最小値と言えるものまで（ここでも人間による短期間の二酸化炭素放出は、迅速にシステムから取り除かれていくので、無視する）、着実に減ってきているのだ。今日の人間による大量放出から何百万年かが経てば、二酸化炭素は大気から取り出されて海底に石灰岩として埋められ、大気中の二酸化炭素濃度は下がり続ける。やがて、どんどん明るさを増す太陽の下で現在の氷河時代は終わりを告げ、私たちを包んでくれている二酸化炭素の毛布も先細りになる。そうして生まれるのは奇妙な世界だ。気温が高くて二酸化炭素が少ない。その結果、どこを見ても植物は少なくなるし、動物も減ってしまう。どちらも二酸化炭素に頼って生きているからだ。すでに恐竜の時代から二酸化炭素は減少してきているために、この新たな低二酸化炭素の状況に適応できるよう、植物は新しい光合成のやり方を進化させてきた。いわゆるC４植物［訳註：光合成の際に能率の高い反応経路で炭素を固定する植物群］と呼ばれるもので、一部の雑草や低木に見られる。今後数億年のあいだには、気温も湿度も高くて全体に不快な世界をこれらの植物がゆっくりと独占するようになる一方で、二酸化炭素の少ない大気中では光合成を行なえない樹木や森林は消えてゆく。

地球はどんどん低木ばかりで荒涼とした褐色の風景に変わっていき、およそ八億年後には二酸化炭素濃度が一〇ｐｐｍを下回る。ここまで来ると、もう光合成は――したがって植物が生きることも――不可能になるだろう。植物が姿を消せば、食物と酸素の両方で植物に頼って生きる動物の姿も消える。このような不毛の大陸では、川は再び海に向かって一直線に進む広く荒々しい急流となり、遠い昔に陸生植物が出現して川の分岐や蛇行を生み出す前の（また、「グレート・ダイイング」のような苦難のあとの短期間に出現した）姿に戻る。

生命を育む炭素循環が徐々に弱まり、たとえ完全に消滅はしなくても、同時に耐えられないほど高温になる。気温が極地でも四〇℃を超え、ハイパーケーンがほとんど不毛の大陸を襲うようになると、残っている生きものも、何か月も続く北極と南極の容赦なく暑い季節には穴にもぐり、引きこもるしかなくなる（すでに言語を絶する地獄のような風景でずっと前から生命を寄せつけなくなった熱帯地方は、言うまでもない)。これらの極地の動物たちのなかには、熱放散のために、背中にディメトロドンのような大きな帆を進化させたものがいるかもしれない。だが、それまでの最悪の大量絶滅のあととは違って、小休止は存在しない。太陽が明るさを増すにつれて、気温は容赦なく上昇を続ける。植物の姿は消え続け、二酸化炭素と酸素は減り続ける。たんぱく質は分解してミトコンドリアは破壊されるが、それでもまだ風は暑くなり続けるだろう。これが惑星地球の最後の大量絶滅になる。ある日のある時間に、最後の一匹の動物が死ぬ。

複雑な生命体が姿を消したあと、その記憶は長いあいだ荒れ果てた断崖で浸食される化石だけに残されるが、気温が七〇℃を超えるころには単細胞の真核生物も死んでしまう。ポツダム気候影響研究所の地球化学者だった故ジークフリード・フランクは、「未来の生物圏絶滅の原因と時期」というだいたんなタイトルの論文で、このすべてが今からおよそ一三億年後に起きるだろうと推測した。地球上を動物たちが行き交っていた時代から長い時間が過ぎ、真核微生物のめざましい小宇宙も消えてなくなったあと、生命の始まりがまったく同じだったように、さらに数億年にわたって細菌が地球を引き継ぐ。

地球は幸運な星なのか

さて、ニューイングランドに戻ってみることにしよう。もっとも、もうどこにいるかは実際にはどうでもよくなっている。惑星地球のどこを探しても、海岸などないからだ。いくつかの超大陸があらわれては消えたが、プレートの動きを滑らかにする海がなくなって、プレートテクトニクスはゆっくりと停止した。火山のある場所では、地殻を通して災害の前兆を示す洪水玄武岩が湧き出している。一〇〇メートルもの厚さで何千キロメートルも遠くまで続く塩原を見渡す赤い砂丘では、これも真っ赤な太陽が空に大きく広がっているが、金星と同じような状態の大気を通してではぼんやりとしか見えない。外気温は数百℃に達し、あらゆるものの生気を奪う有害なもやによって、生きものであふれる緑に覆われた世界がかつてそこにあったとはとうてい信じられない光景が広がるばかりだ。複雑な生命体の賑やかな行列はとっくの昔に終わり、みごとだった海とジャングルは石化して地中深くに石灰岩や石炭層、化石となって埋まっているが、もうその化石を研究する者は誰もいないだろう。

一六億年後になると、容赦なく敵意をむき出しにする気難しい星と向き合ったこの惑星の状態は、地中深くでさえ生命にとってあまりにも有害で、細菌も絶滅する。この最後の大量絶滅の向こうには永遠がある。ピーター・ウォードとドナルド・ブラウンリーは、地球上の生命の物語に見えるこの詩的な対称性にふれている——多細胞生物、真核生物、原核生物は、はじめて舞台に登場したときの逆の順で、次々に一礼しては舞台を去っていくだろう。

とはいえ、この残酷な予測にもかかわらず、地質学的歴史の今この瞬間にいる私たちは、とてもラッキーなのだ。この惑星の行く手には、まだ何億年もの年月が残っていて、私たちが五大絶滅のすべてを生き抜いてきたという事実——地球が数十億年にわたって生命を途切れさせることなく支えられたという事実——は、ほとんど奇跡的と言ってもよい状況かもしれない。私たちの幸運を無駄遣いすることは、単に文明の失敗というだけでなく、宇宙論的に重要なことかもしれない。

大量絶滅の歴史はこの幸運を際立たせる。私はさまざまなことを調べるうちに、文献で繰り返されているひとつのテーマに強く印象づけられるようになった。たとえば、もしもスノーボールアースがもう少し厳しいものだったら、あるいはペルム紀末の火山活動がもう少し活発なものだったら、K－Tに衝突した小惑星がもう少し大きいものだったら——つまり、これらの事変のすべてがあとわずかだけ激しいものだったら——私たちは今ここで絶滅について論じてはいないだろう。これらの数多くの危機一髪を、私たちはどうやって生き延びることができたのだろうか?

もしかしたら、惑星というものはいつもこうした災難から立ち直れるとは限らず、地球は特別に幸運だったのかもしれない。もしかしたら別の惑星では、その惑星がどうやってこうした大災害をたったひとつでも乗り越えて何十億年も居住可能なままだったのかを尋ねられるような生き残りが、周囲にいないのかもしれない。もしかしたら、私たちが電波望遠鏡の照準を別の星に合わせて宇宙の友人を探しても静寂しか聞こえてこないのは、そのせいかもしれない。もしかしたら、地球には説明のできない、奇跡的でさえある一連の幸運が続いてきたのかもしれない。もしかしたら何よりも奇妙なことは、私たちはただここでこんな質問を発しているのだから、これらの事変を生き抜いてきたという事実かもしれない。オックスフォード大学のアンダース・サンドバーグは、私にこう言った。

「私は、いくつもの惑星が風船みたいにパチン、パチンと破裂する宇宙を想像できるよ。そこではとても高い確率で惑星が破滅している。でも宇宙はとても大きいから、何百万年も何十億年も破裂していないとてもラッキーな惑星も、いくつかはあるだろうね。そういう惑星はまったくユニークで、ひどく変わっているだろう。でも宇宙はとても大きいから、そういう惑星はそこにあり続ける。そしてそういう惑星のいくつかでは観察者が進化して、こう考えるようになるんだ。『ああ、私たちの惑星はもう何十億年もここにある。ここは安全な宇宙だ!』って。でもそれはもちろん、完全なまちがいだよ。彼らは、自分たちの惑星がとてつもなくラッキーだから自分たちが存在しているという事実によって、選ばれただけだからね」

「もしもヘール・ボップ彗星が地球に衝突していたら、この惑星の表面から生命は消えていたでしょう」と、ピーター・ウォードは最近の「ノーチラス」誌で語っている。ヘール・ボップは一九九七年に夜空で明るく輝いて、地球人に楽しい天体ショーを見せてくれた彗星だが、チクシュルーブに衝突した小惑星の四倍の大きさがあったから、軌道がわずかにずれていたなら地球の生きものを全滅させていたかもしれない。「私たちは、ただ稀少な存在というだけでなく、ラッキーなのです」

もしかしたらヘール・ボップのような彗星は、地球のような惑星にひっきりなしに衝突しているのかもしれない。だから、これまでに彗星が地球に衝突しなかった――奇妙なことに一度も衝突しなかった――理由は、実際に衝突されたすべての惑星では、衝突のあとにその惑星で過ごしながら衝突に思いをめぐらす者が誰もいないからだ。これを「観測選択効果」と呼び、実際の場合にあてはめて考えることができる。たとえば、ヘール・ボップ彗星と同じくらいの大きさの岩が近い将来、地球に衝突する確率を予想したいと思ったら、論理的な第一歩は地質記録を調べ、それに匹敵する大きさのクレーターが地球の過去にどれくらいの頻度で生じているかを確認することだろう。だがこれはもちろん絶望的なことがわかる。

近い過去に地球を全滅させるほどのクレーターが生じた惑星には、あとからそれに気づく観測者は残っていないはずだからだ。これらのまだ見たことがない脅威は「人類の影」のなかに存在し、それを検閲できるのは私たちの存在そのものになる。地球を全滅させる小惑星の確実性がとても高く、地球のような惑星に絶えずぶつかっている状況でさえ、その確率を問うためには、飛び交う隕石が必ずそれるという並外れた幸運続きの稀少な惑星で暮らしている観測者になる必要があるのだ。そして広大で無限かもしれないこの宇宙には、そのような惑星はたくさん存在するだろう。だから、わたしたちが将来生き残れるかどうか、地球が将来も居住可能かどうかの予測には、そもそも私たちがここにいて質問を発しているという事実によってバイアスがかかる。おそらく私たちが五大絶滅のすべてを生き延びてきたという事実は、地球の立ち直る力よりも、人間の存在そのもののバイアス、地球の桁外れな幸運のバイアスを、はっきりと物語っているのだろう。

もしかしたら読者がこの文を読み終える前にこうしたほとんど不可能に近い幸運続きが途切れ、人間は遅ればせながら直径一五〇キロメートル以上の小惑星によって露と消えているかもしれない。あるいはもしかしたら近い将来に、ほんとうに世界を終わらせる大陸洪水玄武岩の爆発的噴火が始まるかもしれない。宇宙は、私たちが自分たちの、おそらくきわめて幸運な過去にもとづいてなんとか推測できるよりも、はるかに危険な場所かもしれないことがわかる。

「まさに破滅的な出来事に対する過信は非常に大きくなる」と、サンドバーグと共著者のニック・ボストロム、ミラン・チルコヴィッチが書いているのは、格別に読みやすい「人類の影――観測選択効果と人類滅亡のリスク」というタイトルの論文だ。

結果として、私たちは人類をたしかに滅亡させるであろう出来事の、歴史にもとづいた確率予測を信頼すべきではない。この結論はわかりきったことに思えるかもしれないが、広く理解されていない。……小惑星／彗星の衝突、超巨大火山に関する出来事、超新星／ガンマ線バーストの爆発などの大惨事に関連するリスクは、観測度数にもとづいて判断される。その結果、観測者を破滅させるか、別の点で観測者の存在と両立しない大惨事の頻度は、体系的に過小評価されることになる。

これがほんとうなら――もし地球が、厳しい環境の宇宙にある桁外れに不思議な生命の島だとしたら――私たちはほとんどあり得ないほど寛容な、幸先のよいスタートを与えられていることになる。そして多くを与えられている者には、多くが期待される。この惑星の歴史上で、ことによると目に見える宇宙のなかで、人間ほどこれからの成り行きを決定する重要な役割を負った動物はほかにはいない。

私はカリフォルニア大学サンタクルス校の宇宙学者アンソニー・アギーレとのワクワクするような会話で、人間が担う無限の重要性に関するこうした直観を再確認した。私は、これからの数百兆年という宇宙の未来での生命の理論的な限界を知りたくて、彼に尋ねていた。アギーレの長期的な宇宙論的予測は――物理学によって厳しく制約されるものの――あまりにもスリリングで、それだけで一冊の本が書けそうだ（＊54）。だが彼が私に話してくれたことで最も印象に残ったのは、人間は滅びる運命にある自分たちの惑星とこの片隅の太陽系の遺産だけでなく、長期的には宇宙の雄大な物語にも加わるチャンスをもっているとする、彼の考えだった。

地質学的な時間のものさしによって人間にかかわるものが小さく見えるとするなら、宇宙的な時間のものさしではなおさらだ。地球に住める時間はおよそ八億年しか残されておらず、太陽の寿命はそれからわずか数十億年しかないが、最後の星の光が消えるまでに私たちの銀河系で生命が生きられる時間は一〇〇兆年も残されている。アギーレは、もし人類が太陽系とその迫り来る崩壊を抜け出すことができるなら、銀河系全体に広がってその未知の永劫の年月を生きられると考えている。これはアーサー・C・クラークが、夢のある一連のSF小説の傑作で、人類の、そしてはるか未来の世代の遠大な将来性について書いたとき、その念頭にあったものだ。

　彼らはその前途に、地質学の時代を測る一〇〇万年単位でも、星々がこれまでに過ごした一〇億年単位でもなく、文字通り兆で数える年数があることを知るだろう。……だがそれでも彼らは、私たちが創造の明るい残光を浴びていることをうらやむかもしれない。私たちは宇宙が若かったときを知っていたのだから。

　だが、このだいたんな『スタートレック』好きの未来に加わる機会があるかどうかは、これからわずか数十年間の私たちの行動次第で決まる。アギーレの研究で扱うスケールと時間では、私たちの種が桁外れに取るに足らない存在であることが強調されるばかりだが、彼はこれから何年かのあいだに私たちが地球をどう管理していくかが実存的な重要性をもち、それは宇宙論的な成り行きさえもたらすと考えている。彼は次のように話した。

「私たちは今まさに、基本的に――つまりは今後一〇〇年のあいだに何が起きるかによって――文明、ひいては地球上のすべての生命が、自滅するかしないかの瀬戸際にいると思う。見こみがあるのは、まず近くの惑星にたどり着いて、それからもっと遠くの惑星にたどり着いて、銀河全体に広がっていくようなやり方だと思うよ。だから、可能なふたつの未来をくらべてみると、一方では地球上に興味深い意識をもった存在がゼロで――動物なんかをどう考えるかにもよるのだが――もう一方では興味深い意識をもった経験が飛躍的に増えていく。大した違いだ。もしも私たちが、銀河系全体にいっぱいいる存在のなかのひとつの種にすぎなければ、『まあ、自滅したところで、当然の報いさ。自業自得ってもの

い存在のうちのひとつだとしたら――あるいはほんのわずかしかいないものだとしたら――私たちが消滅すれば、未来に大きな違いが生まれる。そしてそれも、今、私たちがバカなことをするかどうかで決まる」

だ』くらいですむ。でも、私たちが銀河系で唯一の存在だとしたら――あるいはほんのわずかしかいな

私がこの惑星の死すべき運命について書いていたころ、私の最愛の人が世を去った。母親だ。この喪失によって、人類の今後に対する私の見通しはどんどん憂鬱なものに傾いていった。だが母自身は、けっしてこうした憂鬱に陥ることはなかった。母は病が重くなるにつれ、あらゆる種類の文学や芸術を身のまわりに集めていった。ヘンリー五世の聖クリスピンの祭日の演説の心躍る雄弁、マティスの陽気な生命力、ソンドハイムを歌うエレイン・ストリッチの派手な反逆、ヴァン・モリソンの神秘的な現実性――そして私がうらやましく思った信仰の安らぎ。けれどもいよいよ死期が迫ると、英国中世の神秘主義者、ノリッチのジュリアンの一節を、好んで口にした。「すべてうまくいく、すべてうまくいく、すべてのものごとはうまくいく」と、母は言った。

私はそれを受け入れなかった。ニュースの見出しは、毎日のようにそれを信じるのを難しくした。同時に、生きものが住めるとわかっている銀河で唯一の惑星は地質学的な破滅へと疾走し、人々は何世紀にもわたって積み重ねられた信念を反故にし、移民排斥の扇動に迎合し、部族間の報復合戦がニュースを埋めつくしている。人間は種全体として、これからやってくるものに対してまったくの準備不足のように思える。もしかしたら、今後数世紀の耐えがたいほどの変化が、人間の未熟な愚かさと妄信を取り除いていき、私たちはこれからやってくる数百万年のあいだ世界を導くのにふさわしい、有能な管理人

になるのかもしれない。もしかしたら、私たちは知生代（＊55）の幕開けを迎えているのかもしれない――知性と創造性がだいたんに花開き、動物の時代がその前の細菌の時代と大きく異なっていたように、動物の時代とは異なるすばらしい時代がやってくるのかもしれない。あるいはもしかしたら、人類の熱にうかされた突拍子もない夢は、層位学の風変わりな破片にすぎず、締めくくりの大量絶滅の残骸とともに遠い未来の谷底に埋もれていくのかもしれない。

私はサンタクルスにあるアギーレの研究室を出ると、海辺まで車を走らせ、鮮新世の海底で生まれて今では海から姿をあらわした岩層の上に立った。足下の岩には、何百万年も前の二枚貝の貝殻がちりばめられている。空からは午後の淡い色合いがすでに失われ、輝くピンクの光は折しも水平線を焦がして、明るさを少しずつ減じながら頭上の暗い宇宙空間へとつながっていた。歩道の街路灯が波止場の向こうの白亜紀から派手なオレンジ色の光を放ち、似たような光の点が海岸線に沿ってずっと遠くまで続いていた。波間に突き出た古い砂岩の塊の島では、血気にはやるウとペリカン――いずれも恐竜――が一緒になって群れている。そのまわりではアシカの騒々しい鳴き声が、夕方の集会の始まりを告げている。私たちの近い親戚にあたるアシカは、怪物たちが姿を消したあと、海から離れなかった魚を追うために海に戻って行った。私は長いこと、世界の果てにじっとすわり続けた。ピンクの空はすっかり消えて、永劫の昔から無の空間にちりばめられている星が輝きを見せはじめていた。赤みを帯びた星々は、天空がどんどん遠くに飛び去り、いつかは永劫の暗黒が訪れることを告げる。

月明かりの下、銀色の身をひるがえして泳ぐアシカに混じって、サーフボードに乗ったサーファーの姿が見えた。せわしなく上下する波間を漂いながら、水平線をじっと見て大波を待つ。大波はいつも通りに寄せては消えていった。なぜだかはわからないが、私は母親を信じることができた——きっと、すべてうまくいく。

【註】

*1――カーネギー研究所のロバート・ヘイゼンの許可を得て引用している。

*2――ビッグバンにたどり着くには、同じペースでさらに一〇年間ほど歩き続ける必要がある。

*3――幸い、今では台所のスポンジの大半が化学合成品だから、祖先に対して失礼になるようなことはほとんどない。

*4――この惑星をスノーボールアースから救い出したのは、おそらく火山の噴火で排出された二酸化炭素による気温の上昇だ。

*5――シンシナチアン期は、北アメリカのオルドビス系（オルドビス紀に形成された地層）のうちの最新の地層にあたる。

*6――インターネットで検索してみると、ひどくがっかりするにちがいない。

*7――動物の時代は、古生代、中生代、新生代の三つの時代に分けられている。中生代は概して――時代遅れの考え方ではあるが――爬虫類の時代、新生代は哺乳類の時代と言われる。古生代は中生代より前にいた動物たちの時代で、カンブリア紀、オルドビス紀、シルル紀、デボン紀、石炭紀、ペルム紀がある。

*8――命名者の趣味がもっとはっきりわかる三葉虫もいる。ロンドン自然史博物館のグレゴリー・エッジコムは、Articalymene属の五つの種をセックス・ピストルズのメンバーの名前にちなんで命名しており、*A. rotteni*や*A. viciousi*などがある。またMackenziurus属には、ラモーンズの四人のメンバーにちなんだ*M. joeyi*、*M. johnnyi*、*M. deedeei*、*M. ceejayi*という種があって、これもエッジコムの命名による。

*9――二〇〇三年に、カナダの「巨大な」ハドソン湾の岩礁海岸でその化石が発見された。皮肉なことに、そこは現在の大陸地殻の上にあってオルドビス紀の海の状況をそのまま残している場所のひとつだ。

*10――ダラム大学の古生物学者デヴィッド・ハーパーは私に、絶滅について書いた論文からガンマ線バースト仮説を否定した段落を削除するよう査読者から求められたことがあると話し、学術論文でこの仮説をとくに重視しなくても言及するだけで行きすぎた注目をあびてしまうと不満を述べた。

*11――太陽系のはるか外縁を孤独に公転している小惑星セドナから見ると、この最終氷期は一年あまり前の出来事にす

ぎない。

＊12――はるか沖合の深海底で形成された岩石はこの危機に関してもっと多くの洞察をもたらしてくれるかもしれないが、とっくの昔に破壊されてしまった。大陸地殻（シンシナティの地下にあるようなもの）と、海底にあるもっと密度の高い海洋地殻との根本的な違いのせいだ。大陸地殻は密度が低く、沸騰した湯の表面を漂う泡のように地球のマントルの上に浮いたまま、実質的には永久に持ちこたえているのに対し、もっと密度の高い海洋地殻は広がり続ける大洋中央海嶺に沿って絶えず生まれるとともに、ほとんどが貪欲な沈み込み帯で破壊され、再び地球の内部へと押し戻されている。その結果、現在の海底で二億年以上前にできたものはない。最も古い部分でも、ジュラ紀に恐竜たちがドシドシと歩きまわっていた時期に生まれたことになる。つまり現代の海底の岩石は、オルドビス紀について私たちに何かを伝えてくれるには、数億年も若すぎるわけだ。

＊13――別名「光合成のありがたくない産物」。

＊14――具体的には、「炭酸凝集同位体古温度測定学」を利用した。

＊15――事実、サハラ砂漠の氷河作用はケベック州で集めたフィネガンのデータでもあきらかなものだ。アンティコスティ島の古いサンゴ礁にある酸素同位体は、オルドビス紀末に突然、異常なほど重くなっている。つまり、少なくとも熱帯の海では、より軽い酸素同位体が大量に姿を消していた。軽い同位体は実際に重い同位体より軽いので海洋から蒸発しやすく、この軽い同位体を含んだ水がアフリカ上空に流れて雪として降下し、広大な氷床を形成してゴンドワナ大陸全体に広がっていったのだろう。その結果、海洋に残された海水には重い同位体が含まれ、そこで育ったサンゴや貝殻に含まれる同位体も重いものになった。フィネガンは、オルドビス紀末のこれらの熱帯のサンゴ礁で見つかった極端に重い酸素同位体から、世界の反対側で突如として形成された氷床が桁外れに巨大なものだった――それより後に起きた最も過酷な氷河時代に見られたものより、かなり大きかった――とみなしている。

＊16――トラバーチン［訳註：温泉、鉱泉、または地下水から生まれた石灰質化学沈殿岩］でなければ。

＊17――もう一度、これは少なくともアメリカ南北戦争以降の地球科学で議論が起きていない考え方であることを強調しておかなければならない。

＊18――人間にとっては残念なことに、このような風化作用が人間によって注ぎこまれた二酸化炭素を大気中から取り除

くには、およそ一〇万年という年月がかかる。

＊19――アパラチア山脈の一部には、一〇億年以上前に大昔の超大陸を作り上げた大陸衝突によってできた、さらに古い祖先の山脈まで存在する。

＊20――グレイロック山では、現在の氷河時代に刻まれた氷河の削痕も見られる。

＊21――おもしろいことに、この順序も変わることがある。

＊22――オルドビス紀の絶滅で深海生物が死んだことは、ガンマ線バースト仮説の反証にもなっている。

＊23――オルドビス紀の海の極端な低酸素状態をこうして熱力学で説明する方法は、全面的な同意を得られているわけでない。そのほかに数多くの理由が提案されているが、なかでも最も奇妙なものは、魚が比較的少なかったからという説明だろう。魚は骨格中にリンを取りこみ、死ぬとそれを深海に送り届ける。魚がいなければ、山の風化によって海に届くこの強力な栄養塩を海面近くで利用しやすくなり、酸素を独り占めするプランクトンの大発生が盛んになる。

＊24――バーグストロームは、「アモルフォグナトゥス・コノドント」を型どった（と私に教えてくれた人がいる）砂糖衣で飾られたカップケーキで栄誉を称えられ、このレジェンドと一緒に写真を撮ってもらおうと、学生も同僚も入り混じって長い列を作った。

＊25――たった二〇〇〇万年しか続かなかった。

＊26――それぞれ、フラスニアン・ファメニアン境界およびデボン紀・石炭紀境界としても知られている。

＊27――意外にも、チェサピーク湾は三五〇〇万年前に巨大な小惑星の衝突によってできたものだ。

＊28――酸素を使いつくすだけでなく、有毒藻類ブルームはその名の通りの生き方をしている。モントレー湾で藻類の神経毒を吸いこんだ異常な海鳥のエピソード〔訳註：一九六一年八月、モントレー湾で数千羽のハイイロミズナギドリがイワシを吐き、物にぶつかり、路上で死んだという〕は、アルフレッド・ヒッチコックに映画「鳥」のインスピレーションを与えた。また、ニューイングランドの池の周辺住民を対象とした最近の調査は、有毒藻類ブルームをＡＬＳ（筋萎縮性側索硬化症）のホットスポットと関連づけた。

＊29――そして地球温暖化によって悪化した。

＊30――アーケオプテリクスと混同しないように。アーケオプテリクスのほうは、羽をもつ過渡期の鳥のような恐竜。古

生物学者は、気軽に興味をもつような人々のためにわかりやすくするような配慮はしない。

＊31――この木はまだとても奇妙なもので、種子ではなく胞子によって繁殖した。

＊32――どのようにしてわかったのか不思議に思う読者のためにつけ加えておくと、動物は海水温の変化に応じて異なる割合の酸素同位体を骨格に取りこむ。

＊33――メリーランド沖にあるボルティモア海底谷のような同様の過去の河川峡谷は、最後に起きた氷河時代の名残で、そのころ海水面は一二〇メートルも低下して、干上がった大陸棚を削って川が流れた。

＊34――ローレン・サランはこの主張に、次のように意義を唱えている。「板皮類には、ほかの有顎脊椎動物と無関係な共通の祖先なんかいないわ。板皮類の一つのグループが現代の有顎脊椎動物になったのだから、それは恐竜と鳥との関係と同じものよ」

＊35――ペルム紀－三畳紀の大絶滅とも呼ばれる。

＊36――両生類は完全に陸に上がらなかった――現在でもまだ、産卵するために水中に戻らなければならない。

＊37――アンモナイトの名の由来はギリシャ・ローマ神話の神アモン（エジプトの神アメンのギリシャ・ローマ名）で、この神はアンモナイトの殻に似たグルリと巻いた牡羊のような角をもっている。

＊38――そしておそらく、皆さんが今読んでいる本書が生まれた原因にもなっている。

＊39――減圧症とも呼ばれる。

＊40――ディメトロドンはディズニー映画「ファンタジア」でステゴサウルスと同じ場面に登場しているが、これら二つが生きた時期は一億年以上離れている。

＊41――オレゴン大学の古生物学者グレゴリー・リタラックは、この絶滅の原因を二酸化炭素濃度の上昇による温室効果とみなした。ほかの科学者たちは、オルソンの絶滅が実際の絶滅事変だったのか、あるいは不完全な化石記録から生じた不自然な結果なのかをめぐって、議論している。

＊42――地質学者たちは、それがどんな種類の石か知らない。

＊43――サンミゲリアだが、これが最初に花を咲かせた植物かどうかについては議論の的になっている。花を咲かせる植物が実際に繁栄したのは、それから一億年以上あとだ。

＊44――東南アジアに生息する現代の「トビトカゲ」に似ている。

＊45——三畳紀のサンゴ礁は現在よりはるかに大気中の二酸化炭素濃度が高い環境で栄えたが、ホーグ＝グルトベルクとその仲間たちは懐疑論者による議論のたたき台として利用されそうな要因を、すばやく取り除いている。「『現代の』サンゴ礁は三畳紀に生まれ、大気中の二酸化炭素濃度がはるかに高い環境で生きていたが、当時の海水の炭酸塩鉱物の飽和度が低かったという証拠はない。海水の炭酸イオン、pH値、炭酸塩鉱物の飽和度が減少するなどの重大な変化を引き起こすのは、大気中の二酸化炭素濃度の絶対値ではなく、その急速で劇的な増加だ」

＊46——サイエンスフェアのジオラマでは、これらの恐竜が戦う姿が描かれているが。

＊47——これまでにわかっている恐竜の質量推定では、最小のものと最大のものの差は六桁を超えている。

＊48——二〇一四年、NASAはこのあたりにメタンの雲が漂っていることを発見した。それは、植物食だったブロントサウルスからではなく、年間六〇万トンの産出規模をもつこの地域の炭層メタン産業から、絶え間なく漏れ出しているメタンガスだ。

＊49——風刺報道機関「ジ・オニオン」は最近この楽しみに参加して、「古生物学者は自分たちが信頼していた誰かによって恐竜が殺されたと断定」と、うやうやしく報じている。

＊50——アルバレス親子の論文も、当時の奇妙な説の急増を指摘しており、「北極圏にある仮想の湖の真水が海水面に氾濫した」ことを原因とする説を取り上げている。

＊51——K－TおよびK－PgのKは、ドイツ語で「白亜」を意味するKreideの頭文字をとっている。白亜紀(Cretaceous)の省略形としてCの文字を使えなかったのは、カンブリア紀(Cambrian)ですでに使われているからだ。

＊52——アルバレス親子は寛大に、シュミットをイリジウム層の「共同発見者」と呼んでいる。

＊53——人間が原因の温暖化によって海水面が最終的に数メートル上昇することを疑う者はいない。唯一わからないのは、IPCCが任意に決めた二一〇〇年という期限までに、どれだけ上昇するのかという点だ。

＊54——たとえば、次の大量絶滅は物理の法則が自然発生的に荒れ狂うときに、起きるかもしれない。

＊55——名づけたのは宇宙生物学者のデヴィッド・グリンスプーンだ。

謝辞

「ひとりで過ごすことを楽しめないなら、本を書くことを楽しめないだろう」と、トマス・リックスは書いている。私は身をもってこのことを学んだ。だが、どれほど孤独な経験であろうと、（謝辞の決まり文句ではあるが）ひとりで本を書くことはできない。以下は、この本を生み出すにあたって私を——物質的に、精神的に、そのほかさまざまに——支えてくれた人々の、ほんの一部にすぎない。

ヒラリー・レドモンには、このプロジェクトに大きな意気ごみを示してくれたことに感謝している。デニス・オズワルドには原稿を適切な長さに削る方法を教えてもらい、その見識のおかげで完成した本書がとても読みやすいものになった。ほんとうにありがとう。ローリー・アブカマイアーには最初から助けられた。この物語と、それを物語る私の力を信じてくれたこと、そして本の出版という見知らぬ世界を案内してくれたことに、心から感謝している。私の家族、なかでも姉には、下書きの早い段階で原稿に目を通してくれたことに、友人たちにはさまざまな支援に、とくにシーン・マルデリグをはじめとした何人かには有料の科学誌を読めるようにしてくれたことに、心からお礼を言いたい。全国を飛びまわる私をカウチや空き部屋に泊めてくれた友人たちにも感謝している。ダッチ・レオナルドとジュリー・ウェルズは、書くという経験のまだ浅い私でも考えをまとめて発表できると励ましてくれた。マサチューセッツ州ケンブリッジのエリアフォーとサマービルのディーゼルカフェのスタッフは、長居する私に快くコーヒーを飲ませてくれた。どちらにもここでお礼を言いたいと思う。

多くの地質学者と古生物学者のみなさんには、直接会って、電子メールで、電話で、そして化石探しの旅で、とても長い時間を割いてくださったことに、特別に深い感謝の意を表したい。たくさんの方々を忘れてしまっているかもしれないが、お世話になった科学者、インタビューに応じてくれた方々のお名前を一部（アルファベット順に）あげさせていただく――アンソニー・アギーレ、トマス・アルジオ、デヴィッド・アーチャー、リチャード・ベイリー、ニーナ・ベドナーシェク、デヴィッド・ボンド、ダグ・ブレジンスキー、スティーヴン・ブラサット、サイモン・ダロック、コール・エドワーズ、ダグラス・アーウィン、リチャード・フィーリー、セス・フィネガン、ジェナー、デヴィッド・ハーパー、ジョネナ・ハースト、ビル・ハイムブロックとドライ・ドレッジャーズ会員のみなさん、マシュー・フーバー、デヴィッド・ジャブロンスキー、ジョー・ケイパーとバージニア自然史博物館、ゲルタ・ケラー、リー・カンプ、ゲイリー・ラッシュ、スティーヴン・レスリー、シンシア・ローイ、フランシス・マクドナルド、ローワン・マーティンデイル、ジェイ・メロシュ、チャールズ・ミッチェル、ポール・オルセン、ジョナサン・ペイン、マリオ・レボレド、マーク・リチャーズ、アンディ・リッジウェル、ダグ・ロー、マイケル・ライアン、ローレン・サラン、マシュー・サルツマン、アンダース・サンドバーグ、モーガン・シャラー、ウィリアム・スタイン、アリシア・スティーガル、ヘンリク・スヴェンセン、ピーター・ウォード、トマス・ウィリアムソン、クリスティン・ワイコフ、ジェームズ・ザコス、ヤン・ザラシーヴィッチ。なかでもジョナサン・ナップには、惜しみない時間とエネルギーを注いでくれたこと、そして私がペルム紀の奇妙な世界を理解できるよう後押ししてくれた心意気に、心から感謝している。

そして、スペイン継承戦争を終結させるために尽力したユトレヒト条約の調印者に特別な感謝を、数えきれないほどクラッシュしてくれたマイクロソフトのワードには特別な「反」感謝を、表明しておきたい。執筆支援ソフト「スクリブナー」の開発者には、すぐれた製品を生み出してくれたことにお礼を言いたい。

最後に、この地球という惑星がなければ、何も始まることはなかった――これからの六億年が、これまでの六億年と同じように生き生きとしたものでありますように。乾杯！

訳者あとがき

本書は、科学ジャーナリストであるピーター・ブラネンの著書『*The Ends of the World*』を邦訳したものだ。地球上では過去五億年のあいだに、はっきりわかっているだけでも五回の大量絶滅が起き、世界はそのたびに終わりを迎えた。けれどもかろうじてその終わりを切り抜けた生きものが次の世界を作り上げてきたから、今の世界がある。そんな思いをこめたタイトルだろう。

これら五回の地球全域にわたる動物の大量死は広く「五大絶滅」と呼ばれており、大量絶滅とは「一般的な定義によれば、地球上の半数を超える種が、およそ一〇〇万年のあいだに絶滅した出来事」のことだ。第2章から第6章までこれらの五大絶滅をひとつずつ取り上げているから、まるで生きものが地球からいなくなることばかりに光を当てているようにも思えるが、「大量絶滅が起きるためには、まず殺される生きものが必要であり、世界が再び破壊されるためには、史上最悪の事態から立ち直っている必要があった」。だから絶滅に光を当てることで、それまでの世界を作り上げていた生きものたちが鮮明に浮かび上がってくる。カンブリア爆発によって登場した奇妙な姿のハルキゲニアやオパビニア、オルドビス紀に勢力を誇った史上最大の三葉虫であるイソテルス・レックス、デボン紀後期の海に君臨した絶対王者のダンクルオステウス、そしてジュラ紀と白亜紀に繁栄したおなじみの恐竜など、現代の生きものとは似ても似つかない動物たちに彩られた世界が、かつてこの地球上にあったことを思い知らされるのだ。

では、それぞれの世界で成功していた多彩な動物たちは、なぜ、どのようにして絶滅してしまったのだろうか。地質学者、古生物学者、古植物学者、地球科学者らは世界中を駆けめぐって地層や化石を見つけ出す一方、正確な放射性炭素年代測定法やコンピュータープログラム、さらに想像力を駆使しながら、その原因を探ってきた。科学技術の発達もあって当時の大気中の二酸化炭素濃度などが詳しく解明され、次々と新しいことがわかってきている。著者は学会や化石愛好家の集まりに出席し、現地調査に加わって地層を確認し、化石を掘り起こし、多くの研究者たちに直接会って話を聞いてきた。著者が出会った研究者たちの生の声、人柄がわかるような会話が、本書の大きな魅力になっている。

読者はさまざまな分野の研究者が語る言葉に耳を傾け、著者が訪れた米国各地の断層や、どこまでも続く荒涼とした風景を想像しながら、何億年という、ふだんは考えることもない時間をさかのぼっていく。それぞれの大量絶滅が引き起こされた状況を解き明かす説明は明快で、たとえば大昔の大陸の広大な浅瀬で生きていた動物の運命や、一億年以上ものあいだ地球を支配していた恐竜が巨大隕石に見舞われたときの情景を、ありありと思い浮かべることができるだろう。ただし著者が繰り返し述べているように、有名な恐竜の絶滅は今から六六〇〇万年前という「最近の」出来事であり、本書に登場する生きものたちは約五億年前からこの地球上に生き生きした世界を作り出し、絶滅してきたことを忘れてはいけない。

絶滅の原因は、もちろん巨大隕石のように空から降ってきたものもあったが、大半は地球そのものの活動だった。巨大火山の噴火によって大気中の二酸化炭素が急増すると、それにともなって一気に温暖化が進むだけでなく、酸性雨、岩石の風化速度の増加、寒冷化、そして氷河時代と、想像を絶する一連の気候変動が引き起こされる。そのほかにも、プレート移動による大陸の形状の変化、海水の酸性化や酸素欠乏、巨大植物の繁殖や生物多様性の喪失と、数多くの要因があげられている。これら五回の絶滅では、私たちが暮らすこの地球は生きていること、そして地球はじつに見事に完成されたシステムとしてダイナミックな活動を続けていることを実感させられるばかりだ。ただわずかに、デボン紀の絶滅の原因はそのころ出現した巨大な樹木ではないかという説を通して、生きものが地球システムに与える影響が記憶に残る。

だが現生人類が登場した更新世になると、様相は一変する。この時代には「過酷な気候変動が繰り返されたにもかかわらず比較的安定した数百万年が過ぎたあと、奇妙な絶滅の波が、突如として地球全体を駆けめぐった。その波は不気味にも、少し前にアフリカで進化したばかりの霊長類ホモ・サピエンスが大規模に移動したあとを、影のように追っていた」。こうして人間による地球の支配が始まった。さらに時代は進んで産業革命以降、私たちはそれまで手つかずだった石炭に火をつけ、石油にも、さらにシェールガス、メタンハイドレートにも手を伸ばして燃やし続けている。「私たちはデボン紀の樹木だ」という地質学者の言葉がこだまする。

過去の大量絶滅の発端は、大半が大気中の二酸化炭素濃度の増加であり、その結果として前述のような気候変動と地球システムの狂いが生じることは明らかだ。昨今の猛暑で誰もが実感していることだろう。それでもまだ私たちは化石燃料を燃やし続けている。本書ではそうした地球のこれからと人類の遠い未来にも思いをはせ、私たちはどんなふうに生き延びられるのか、あるいは死に絶えるのかと、さまざまに考察を加える。大気とは関係のない人工知能の暴走の可能性も、現代の状況では最大の関心事かもしれない。第六の大絶滅は起きてしまうのだろうか。もし起きるなら、何が原因になるのだろうか。

今後何億年も先までは手も足も出ないが、せめて今の子どもたちが実際に目にする可能性の高い二二世紀には、住みやすい穏やかな地球であってほしいと願わずにはいられない。

冷たい宇宙に浮かびながら桁外れの幸運に恵まれた星、地球で、カンブリア爆発から五億年におよぶ複雑な生命体の過酷な歴史を経て私たちの今がある。秋晴れの青空に浮かぶ白い雲も、美しい紅葉に彩られた景色も、それを目にしている私たち人間も、ただ永遠に続くと思っていてはいけないのだろう。本書が何かを考え、何かを始めるきっかけになれば、幸いに思う。

なお、生物名で和名のあるものは和名を、わからなかったものは学名をカタカナ表記した。索引に採用した生物名で、原著に学名表記のあるものは、索引に並記してある。

最後になったが、本書を翻訳する機会を与えてくださった築地書館社長の土井二郎さん、細かい編集作業を経て適切なアドバイスをくださった築地書館編集・制作部の橋本ひとみさんに、この場をお借りして心からお礼を申し上げたい。

西田　美緒子

二〇一八年一一月

索引

【A～Z】

【ア行】

【カ行】

【サ行】

【タ行】

【ナ行】

【ハ行】

【マ行】

【ヤ行】

【ラ行】

【ワ行】

参考文献

◉序章

Bond, David P. G., and Paul B. Wignall. "Large igneous provinces and mass extinctions: An update." *Geological Society of America: Special Papers* 505 (2014).

Dodd, Sarah C., Conall Mac Niocaill, and Adrian R. Muxworthy. "Long duration (> 4 Ma) and steady-state volcanic activity in the early Cretaceous Paraná–Etendeka Large Igneous Province: New palaeomagnetic data from Namibia." *Earth and Planetary Science Letters* 414 (2015): 16–29.

Hazen, Robert M. *The Story of Earth: The First 4.5 Billion Years, from Stardust to Living Planet.* New York: Viking, 2012.

Hönisch, Bärbel, et al. "The geological record of ocean acidification." *Science* 335.6072 (2012): 1058–1063.

Raup, David M. "Biogeographic extinction: A feasibility test." *Geological Society of America: Special Papers* 190 (1982): 277–282.

Taylor, Paul D. *Extinctions in the History of Life.* Cambridge: Cambridge University Press, 2004.

Ward, Peter D. *Under a Green Sky: Global Warming, the Mass Extinctions of the Past, and What They Can Tell Us About Our Future.* New York: Smithsonian/HarperCollins, 2007.

Worm, Boris, et al. "Global patterns of predator diversity in the open oceans." *Science* 309.5739 (2005): 1365–1369.

◉第 1 章

Bailey, R. H., and B. H. Bland. "Ediacaran fossils from the Neoproterozoic Boston Bay Group, Boston area, Massachusetts." *Geological Society of America: Abstracts with Programs* 32 (2000).

Erwin, Douglas H., and Sarah Tweedt. "Ecological drivers of the Ediacaran-Cambrian diversification of Metazoa." *Evolutionary Ecology* 26.2 (2012): 417–433.

Erwin, Douglas H., and James W. Valentine. *The Cambrian Explosion: The Construction of Animal Biodiversity.* New York: W. H. Freeman, 2013.

Laflamme, Marc, et al. "The end of the Ediacara biota: Extinction, biotic replacement, or Cheshire Cat?" *Gondwana Research* 23.2 (2013): 558–573.

Lenton, Timothy M., Richard A. Boyle, Simon W. Poulton, Graham A. Shields-Zhou, and Nicholas J. Butterfield. "Co-evolution of eukaryotes and ocean oxygenation in the Neoproterozoic era." *Nature Geoscience* 7.4 (2014): 257–265. doi:10.1038/ngeo2108.

Williams, Mark, et al. "Is the fossil record of complex animal behaviour a stratigraphical analogue for the Anthropocene?" *Geological Society, London: Special Publications* 395.1 (2014): 143–148.

Zalasiewicz, Jan, et al. "The technofossil record of humans." *Anthropocene Review* 1.1 (2014): 34–43. doi:10.1177/2053019613514953.

◉第 2 章

Armstrong, Howard A., and David A. T. Harper. "An earth system approach to understanding the end-Ordovician (Hirnantian) mass extinction." *Geological Society of America: Special Papers* 505 (2014): 287–300.

Eiler, John M. "Paleoclimate reconstruction using carbonate clumped isotope thermometry." *Quaternary Science Reviews* 30.25 (2011): 3575–3588.

Fortey, Richard. "Olenid trilobites: The oldest known chemoautotrophic symbionts?" *Proceedings of the National Academy of Sciences* 97.12 (2000): 6574–6578.

——. "The lifestyles of the trilobites." *American Scientist* 92 (June 2000): 446–453.

Graham, Alan. *A Natural History of the New World: The Ecology and Evolution of Plants in the Americas.* Chicago: University of Chicago Press, 2011.

Grahn, Yngve, and Stig M. Bergstrom. "Chitinozoans from the Ordovician-Silurian boundary beds in the eastern Cincinnati region in Ohio and Kentucky." *Ohio Journal of Science* 85.4 (September 1985): 175–183.

Harper, David A. T., Emma U. Hammarlund, and Christian M. Ø. Rasmussen. "End Ordovician extinctions: A coincidence of causes." *Gondwana Research* 25.4 (2014): 1294–1307.

Karabinos, Paul, Heather M. Stoll, and J. Christopher Hepburn. "The Shelburne Falls arc: Lost arc of the Taconic orogeny." In *Guidebook for Field Trips in the Five College Region: 95th Annual Meeting of the New England Intercollegiate Geological Conference, October 10–12, 2003,* edited by John B. Brady and John Thomas Cheney (Northampton, MA: Smith College, Department of Geology, 2003), B3-3–B3-17.

Kröger, Björn. "Cambrian-Ordovician cephalopod palaeogeography and diversity." *Geological Society, London: Memoirs* 38.1 (2013): 429–448.

Kumpulainen, R. A. "The Ordovician glaciation in Eritrea and Ethiopia, NE Africa." *Glacial Sedimentary Processes and Products: International Association of Sedimentologists Special Publication* 39 (2009): 321–342.

Lamsdell, James C., et al. "The oldest described eurypterid: A giant Middle Ordovician (Darriwilian) megalograptid from the Winneshiek Lagerstätte of Iowa." *BMC Evolutionary Biology* 15.1 (2015): 1.

LeHeron, D. P. "The Hirnantian glacial landsystem of the Sahara: A meltwater-dominated system." In *Atlas of Submarine Glacial Landforms: Modern, Quaternary, and Ancient,* edited by J. A. Dowdeswell, M. Canals, M. Jakobsson, B. J. Todd, E. K. Dowdeswell, and K. Hogan, *Geological Society, London: Memoirs* (2016).

Le Heron, Daniel Paul, and James Howard. "Evidence for Late Ordovician glaciation of Al Kufrah Basin, Libya." *Journal of African Earth Sciences* 58.2 (2010): 354–364.

Melchin, Michael J., et al. "Environmental changes in the Late Ordovician–early Silurian: Review and new insights from black shales and nitrogen isotopes." *Geological Society of America Bulletin* 125.11–12 (2013): 1635–1670.

Meyer, David L., and R. A. Davis. *A Sea Without Fish: Life in the Ordovician Sea of the Cincinnati Region.* Bloomington: Indiana University Press, 2009.

Munnecke, Axel, Mikael Calner, David A. T. Harper, and Thomas Servais. "Ordovician and Silurian sea-water chemistry, sea level, and climate: A synopsis." *Palaeogeography, Palaeoclimatology, Palaeoecology* 296.3–4 (2010): 389–413.

Nesvorný, David, et al. "Asteroidal source of L chondrite meteorites." *Icarus* 200.2 (2009): 698–701.

O'Donoghue, James. "The Second Coming." *New Scientist* 198.2660 (2008): 34–37.

Rudkin, David M., et al. "The world's biggest trilobite—Isotelus rex new species from the Upper Ordovician of northern Manitoba, Canada." *Journal of Paleontology* 77.1 (2003): 99–112.

Skehan, James William. *Roadside Geology of Massachusetts.* Missoula, MT: Mountain Press Publishing, 2001.

Upton, John. "Atlantic circulation weakens compared with last thousand years." *Scientific American,* Climate Central, March 24, 2015.

Webby, B. D. *The Great Ordovician Biodiversification Event.* New York: Columbia University Press, 2004.

Young, Seth A., et al. "A major drop in seawater 87Sr/86Sr during the Middle Ordovician (Darriwilian): Links to volcanism and climate?" *Geology* 37.10 (2009): 951–954.

Zalasiewicz, Jan, and Mark Williams. "The Anthropocene: A comparison with the Ordovician-Silurian boundary." *Rendiconti Lincei* 25.1 (2014): 5–12.

●第 3 章

Algeo, Thomas J., et al. "Hydrographic conditions of the Devono-Carboniferous North American Seaway inferred from sedimentary Mo-TOC relationships." *Palaeogeography, Palaeoclimatology, Palaeoecology* 256.3 (2007): 204–230.

Algeo, Thomas J., et al. "Late Devonian oceanic anoxic events and biotic crises: 'Rooted' in the evolution of vascular land plants." *GSA Today* 5.3 (1995): 45.

Alshahrani, Saeed, and James E. Evans. "Shallow-Water Origin of a Devonian Black Shale, Cleveland Shale Member (Ohio Shale), Northeastern Ohio, USA." *Open Journal of Geology* 4.12 (2014): 636.

Botkin-Kowacki, Eva. "Lungs found in mysterious deep-sea fish." *Christian Science Monitor,* September 16, 2015.

Carmichael, Sarah K., et al. "A new model for the Kellwasser Anoxia Events (Late Devonian): Shallow water anoxia in an open oceanic setting in the Central Asian Orogenic Belt." *Palaeogeography, Palaeoclimatology, Palaeoecology* 399 (2014): 394–403.

Clack, Jennifer A. *Gaining Ground: The Origin and Evolution of Tetrapods.* Bloomington: Indiana University Press, 2002.

Dalton, Rex. "The fish that crawled out of the water." *Nature* (April 5, 2006): doi:10.1038/news060403-7.

Friedman, Matt, and Lauren Cole Sallan. "Five hundred million years of

extinction and recovery: A Phanerozoic survey of large-scale diversity patterns in fishes." *Palaeontology* 55.4 (2012): 707–742. doi:10.1111/j.1475-4983.2012.01165.x.

Gibling, Martin R., and Neil S. Davies. "Palaeozoic landscapes shaped by plant evolution." *Nature Geoscience* 5.2 (2012): 99–105. doi:10.1038/ngeo1376.

Haddad, Emily Elizabeth. "Paleoecology and geochemistry of the Upper Kellwasser Black Shale and Extinction Event." PhD diss., University of California, Riverside (2015).

McGhee, George R., Jr. *The Late Devonian Mass Extinction: The Frasnian/Famennian Crisis.* New York: Columbia University Press, 1996.

——. *When the Invasion of Land Failed: The Legacy of the Devonian Extinctions.* New York: Columbia University Press, 2013.

——. "The search for sedimentary evidence of glaciation during the Frasnian/Famennian (Late Devonian) biodiversity crisis." *The Sedimentary Record* 12.2 (June 2014): 4–8. http://www.sepm.org/CM_Files/SedimentaryRecord/SedRecord12-2-5.pdf.

Morris, Jennifer L., et al. "Investigating Devonian trees as geo-engineers of past climates: Linking palaeosols to palaeobotany and experimental geobiology." *Palaeontology* 58.5 (2015): 787–801.

Mottequin, Bernard, et al. "Climate change and biodiversity patterns in the Mid-Palaeozoic (Early Devonian to Late Carboniferous)—IGCP 596 (2011–2015)." *Palaeobiodiversity and Palaeoenvironments* 91.2 (2011): 161–162. doi:10.1007/s12549-011-0053-5.

National Science Foundation. "Too much of a good thing: Human activities overload ecosystems with nitrogen." Press release 10-183, October 7, 2010. https://www.nsf.gov/news/news_summ.jsp?cntn_id=117744.

Over, D. Jeffrey. "The Frasnian/Famennian boundary in central and eastern United States." *Palaeogeography, Palaeoclimatology, Palaeoecology* 181.1 (2002): 153–169.

Over, D. J., J. R. Morrow, and P. B. Wignall. *Understanding Late Devonian and Permian-Triassic Biotic and Climatic Events: Towards an Integrated Approach.* Amsterdam: Elsevier, 2005.

Ruddiman, William F., and Ann G. Carmichael. "Pre-industrial depopulation, atmospheric carbon dioxide, and global climate." *Interactions Between Global Change and Human Health (Scripta Varia)* 106 (2006): 158–194.

Scott, Evan E., Matthew E. Clemens, Michael J. Ryan, Gary Jackson, and James T. Boyle. "A Dunkleosteus suborbital from the Cleveland Shale, northeastern Ohio, showing possible Arthrodire-inflicted bite marks: Evidence for agonistic behavior, or postmortem scavenging?" *Geological Society of America: Abstracts with Programs* 44.5 (2012): 61.

Shubin, Neil. *Your Inner Fish: A Journey into the 3.5-Billion-Year History of the Human Body.* New York: Pantheon, 2008.

Stein, William E., Christopher M. Berry, Linda Vanaller Hernick, and Frank Mannolini. "Surprisingly complex community discovered in the Mid-Devonian fossil forest at Gilboa." *Nature* 483.7387 (2012): 78–81. doi:10.1038/nature10819.

Stigall, Alycia L. "Speciation collapse and invasive species dynamics during the Late Devonian 'Mass Extinction.'" *GSA Today* 22.1 (2012): 4–9.

◉第 4 章

Aarnes, Ingrid. "Sill emplacement and contact metamorphism in sedimentary basins." PhD diss., Faculty of Mathematics and Natural Sciences, University of Oslo, 2010.

Algeo, Thomas J., Zhong-Qiang Chen, and David J. Bottjer. "Global review of the Permian-Triassic mass extinction and subsequent recovery: Part II." *Earth-Science Reviews* 149 (2015): 1–4.

Boyer, Diana L., David J. Bottjer, and Mary L. Droser. "Ecological signature of Lower Triassic shell beds of the western United States." *Palaios* 19.4 (2004): 372–380.

Chen, Zhong-Qiang, Thomas J. Algeo, and David J. Bottjer. "Global review of the Permian-Triassic mass extinction and subsequent recovery: Part I." *Earth-Science Reviews* 137 (2014): 1–5.

Clapham, Matthew E. "Extinction: End-Permian Mass Extinction." *eLS* (2013). doi:10.1002/9780470015902.a0001654.pub3.

Cui, Ying, and Lee R. Kump. "Global warming and the end-Permian extinction event: Proxy and modeling perspectives." *Earth-Science Reviews* 149 (2015): 5–22.

Day, Michael O., et al. "When and how did the terrestrial mid-Permian mass extinction occur? Evidence from the tetrapod record of the Karoo Basin, South Africa." *Proceedings of the Royal Society B* 282.1811 (July 8, 2015): doi:10.1098/rspb.2015.0834.

Dutton, A., et al. "Sea-level rise due to polar ice-sheet mass loss during past warm periods." *Science* 349.6244 (2015): aaa4019.

Emanuel, Kerry A., et al. "Hypercanes: A possible link in global extinction scenarios." *Journal of Geophysical Research: Atmospheres* 100.D7 (1995): 13755–13765.

Erwin, Douglas H. *Extinction: How Life on Earth Nearly Ended 250 Million Years Ago.* Princeton, NJ: Princeton University Press, 2006.

Grasby, Stephen E., et al. "Mercury anomalies associated with three extinction events (Capitanian crisis, latest Permian extinction and the Smithian/Spathian extinction) in NW Pangea." *Geological Magazine* 153.2 (2016): 285–297.

Knoll, Andrew H., et al. "Paleophysiology and end-Permian mass extinction." *Earth and Planetary Science Letters* 256.3 (2007): 295–313.

Payne, Jonathan L. "The End-Permian mass extinction and its aftermath: Insights from non-traditional isotope system." Geological Society of America annual meeting, Vancouver, British Columbia (2014).

Payne, Jonathan L., and Matthew E. Clapham. "End-Permian mass extinction in the oceans: An ancient analog for the twenty-first century?" *Annual Review of Earth and Planetary Sciences* 40 (2012): 89–111.

Peltzer, Edward T., and Peter G. Brewer. "Beyond pH and temperature: Thermodynamic constraints imposed by global warming and ocean acidification on mid-water respiration by marine animals." Theme Session Question 6. International Council for the Exploration of the Sea (ICES) Annual Science Conference, September 22–26, 2008, Halifax, Nova Scotia.

Retallack, Gregory J. "Permian and Triassic greenhouse crises." *Gondwana Research* 24.1 (2013): 90–103.

Retallack, Gregory J., Roger M. H. Smith, and Peter D. Ward. "Vertebrate extinction across Permian-Triassic boundary in Karoo Basin, South Africa." *Geological Society of America Bulletin* 115.9 (2003): 1133–1152.
Rey, Kévin, et al. "Global climate perturbations during the Permo-Triassic mass extinctions recorded by continental tetrapods from South Africa." *Gondwana Research* 37 (September 2015): 384–396.
Schneebeli-Hermann, Elke, et al. "Evidence for atmospheric carbon injection during the end-Permian extinction." *Geology* 41.5 (2013): 579–582.
Schubert, Jennifer K., and David J. Bottjer. "Aftermath of the Permian-Triassic mass extinction event: Paleoecology of Lower Triassic carbonates in the western USA." *Palaeogeography, Palaeoclimatology, Palaeoecology* 116.1 (1995): 1–39.
Sephton, M. A., H. Visscher, C. V. Looy, A. B. Verchovsky, and J. S. Watson. "Chemical constitution of a Permian-Triassic disaster species." *Geology* 37.10 (2009): 875–878. doi:10.1130/G30096A.1.
Smith, Roger M. H., and Peter D. Ward. "Pattern of vertebrate extinctions across an event bed at the Permian-Triassic boundary in the Karoo Basin of South Africa." *Geology* 29.12 (2001): 1147–1150.
Svensen, Henrik, Alexander G. Polozov, and Sverre Planke. "Sill-induced evaporite- and coal-metamorphism in the Tunguska Basin, Siberia, and the implications for end-Permian environmental crisis." *European Geosciences Union General Assembly Conference Abstracts* 16 (2014).
Svensen, Henrik, et al. "Siberian gas venting and the end-Permian environmental crisis." *Earth and Planetary Science Letters* 277.3 (2009): 490–500.
Tabor, Neil J. "Wastelands of tropical Pangea: High heat in the Permian." *Geology* 41.5 (2013): 623–624.
Ward, Peter D., David R. Montgomery, and Roger Smith. "Altered river morphology in South Africa related to the Permian-Triassic extinction." *Science* 289.5485 (2000): 1740–1743.
Ward, Peter D., et al. "Abrupt and gradual extinction among Late Permian land vertebrates in the Karoo Basin, South Africa." *Science* 307.5710 (2005): 709–714.
Wignall, Paul B. "Volcanism and mass extinctions." *Volcanoes and the Environment* (2005): 207–226.

●第 5 章

Blackburn, Terrence J., et al. "Zircon U-Pb geochronology links the end-Triassic extinction with the Central Atlantic Magmatic Province." *Science* 340.6135 (2013): 941–945.
Cuffey, Roger J., et al. "Geology of the Gettysburg battlefield: How Mesozoic events and processes impacted American history." *Field Guides* 8 (2006): 1–16.
Fernand, Liam, and Peter Brewer, eds. "Report of the workshop on the significance of changes in surface CO_2 and ocean pH in ICES shelf sea ecosystems." International Council for the Exploration of the Sea, London, May 2–4, 2007.
Fraser, Nicholas C. *Dawn of the Dinosaurs: Life in the Triassic.* Bloom-

ington: Indiana University Press, 2006.

Knell, Simon J. *The Great Fossil Enigma: The Search for the Conodont Animal.* Bloomington: Indiana University Press, 2012.

Lau, Kimberly V., et al. "Marine anoxia and delayed Earth system recovery after the end-Permian extinction." *Proceedings of the National Academy of Sciences* 113.9 (2016): 2360–2365.

McElwain, J. C. "Fossil plants and global warming at the Triassic-Jurassic boundary." *Science* 285.5432 (1999): 1386–1390. doi:10.1126/science.285.5432.1386.

Mussard, Mickaël, et al. "Modeling the carbon-sulfate interplays in climate changes related to the emplacement of continental flood basalts." *Geological Society of America: Special Papers* 505 (2014): 339–352.

Olsen, Paul E. "Paleontology and paleoecology of the Newark Supergroup (early Mesozoic, eastern North America)." In *Triassic-Jurassic Rifting: Continental Breakup and the Origins of the Atlantic Ocean and Passive Margins,* edited by W. Manspeizer (Amsterdam: Elsevier, 1988), 185–230.

Olsen, Paul E., and Emma C. Rainforth. "'The Age of Dinosaurs' in the Newark Basin, with special reference to the Lower Hudson Valley." In *New York State Geological Association Guidebook* (New York State Geological Association, 2001), 59–176.

Olsen, Paul E., Jessica H. Whiteside, and Philip Huber. "Causes and consequences of the Triassic–Jurassic mass extinction as seen from the Hartford basin." In *Guidebook for Field Trips in the Five College Region: 95th Annual Meeting of the New England Intercollegiate Geological Conference, October 10–12, 2003,* edited by John B. Brady and John Thomas Cheney (Northampton, MA: Smith College, Department of Geology, 2003), B5-1–B5-41.

Pálfy, József, and Ádám T. Kocsis. "Volcanism of the Central Atlantic magmatic province as the trigger of environmental and biotic changes around the Triassic-Jurassic boundary." *Geological Society of America: Special Papers* 505 (2014): 245–261.

Pieńkowski, Grzegorz, Grzegorz Niedźwiedzki, and Paweł Brański. "Climatic reversals related to the Central Atlantic magmatic province caused the end-Triassic biotic crisis: Evidence from continental strata in Poland." *Geological Society of America: Special Papers* 505 (2014): 263–286.

Schaller, Morgan F., James D. Wright, and Dennis V. Kent. "Atmospheric pCO_2 perturbations associated with the Central Atlantic magmatic province." *Science* 331.6023 (2011): 1404–1409.

Steinthorsdottir, Margret, Andrew J. Jeram, and Jennifer C. McElwain. "Extremely elevated CO_2 concentrations at the Triassic/Jurassic boundary." *Palaeogeography, Palaeoclimatology, Palaeoecology* 308.3–4 (2011): 418–432.

Sun, Yadong, Paul B. Wignall, Michael M. Joachimski, David P. G. Bond, Stephen E. Grasby, Xulong Lina Lai, L. N. Wang, Zetian T. Zhang, and Si Sun. "Climate warming, euxinia, and carbon isotope perturbations during the Carnian (Triassic) Crisis in South China." *Earth and Planetary Science Letters* 444 (June 15, 2016): 88–100.

Sun, Yadong, et al. "Lethally hot temperatures during the Early Triassic

greenhouse." *Science* 338.6105 (2012): 366–370.

Veron, J. E. N. *A Reef in Time: The Great Barrier Reef from Beginning to End.* Cambridge, MA: Belknap Press of Harvard University Press, 2008.

Whiteside, Jessica H., et al. "Insights into the mechanisms of end-Triassic mass extinction and environmental change: An integrated paleontologic, biomarker, and isotopic approach." Geological Society of America annual meeting, Vancouver, British Columbia (2014).

Wignall, P. B. *The Worst of Times: How Life on Earth Survived Eighty Million Years of Extinctions.* Princeton, NJ: Princeton University Press, 2016.

Zanno, Lindsay E., Susan Drymala, Sterling J. Nesbitt, and Vincent P. Schneider. "Early crocodylomorph increases top tier predator diversity during rise of dinosaurs." *Scientific Reports* 5 (2015): 9276. doi:10.1038/srep09276.

◉第 6 章

Alvarez, Luis, Walter Alvarez, Frank Asaro, and Helen V. Michel. "Extraterrestrial cause for the Cretaceous-Tertiary extinction." *Science* 208.4448 (1980): 1095–1108.

Alvarez, Walter. *T. Rex and the Crater of Doom.* Princeton, NJ: Princeton University Press, 2013.

Archibald, J. David. "What the dinosaur record says about extinction scenarios." *Geological Society of America: Special Papers* 505 (2014): 213–224.

Belcher, Claire M., et al. "An experimental assessment of the ignition of forest fuels by the thermal pulse generated by the Cretaceous-Palaeogene impact at Chicxulub." *Journal of the Geological Society* 172.2 (2015): 175–185.

Belcher, Claire M., et al. "Geochemical evidence for combustion of hydrocarbons during the KT impact event." *Proceedings of the National Academy of Sciences* 106.11 (2009): 4112–4117.

Bhatia, Aatish. "The Sound So Loud That It Circled the Earth Four Times." Nautilus, September 29, 2014. http://nautil.us/blog/the-sound-so-loud-that-it-circled-the-earth-four-times.

Blonder, Benjamin, et al. "Plant ecological strategies shift across the Cretaceous-Paleogene boundary." *PLoS Biology* 12.9 (2014): e1001949.

Browne, Malcolm W. "The debate over dinosaur extinctions takes an unusually rancorous turn." *New York Times,* January 18, 1988.

Brusatte, Stephen L., Richard J. Butler, Paul M. Barrett, Matthew T. Carrano, David C. Evans, Graeme T. Lloyd, Philip D. Mannion, Mark A. Norell, Daniel J. Peppe, Paul Upchurch, and Thomas E. Williamson. "The extinction of the dinosaurs." *Biological Reviews* 90.2 (2014): 628–642.

Bryant, Edward. *Tsunami: The Underrated Hazard.* New York: Cambridge University Press, 2001.

Chenet, Anne-Lise, et al. "Determination of rapid Deccan eruptions across the Cretaceous-Tertiary boundary using paleomagnetic secular variation: Results from a 1,200-m-thick section in the Mahabaleshwar es-

carpment." *Journal of Geophysical Research: Solid Earth* 113.B4 (2008).

Coccioni, Rodolfo, Simonetta Monechi, and Michael R. Rampino. "Cretaceous-Paleogene boundary events." *Palaeogeography, Palaeoclimatology, Palaeoecology* 255.1 (2007): 1–3.

Courtillot, Vincent, and Frédéric Fluteau. "A review of the embedded time scales of flood basalt volcanism with special emphasis on dramatically short magmatic pulses." *Geological Society of America: Special Papers* 505 (2014): SPE505–SPE515.

Darwin, Charles. *Works of Charles Darwin: Journal of Researches into the Natural History and Geology of the Countries Visited During the Voyage of HMS* Beagle *Round the World.* Vol. 1. London: John Murray, 1860.

Elbra, T. "The Chicxulub impact structure: What does the Yaxcopoil-1 drill core reveal?" American Geophysical Union Meeting of Americas, Cancún, Mexico, May 2013.

Glen, William. *The Mass-Extinction Debates: How Science Works in a Crisis.* Stanford, CA: Stanford University Press, 1994.

Gulick, Sean. "The 65.5 million year old Chicxulub impact crater: Insights into planetary processes, extinction, and evolution" (lecture). The Austin Forum, Austin, TX, 2013.

Jagoutz, Oliver, et al. "Anomalously fast convergence of India and Eurasia caused by double subduction." *Nature Geoscience* 8.6 (2015): 475–478.

Keller, Gerta. "The Cretaceous-Tertiary mass extinction: Theories and controversies." *Society for Sedimentary Geology (SEPM): Special Publications* 100 (2011): 7–22.

——. "Deccan volcanism, the Chicxulub impact, and the End-Cretaceous mass extinction: Coincidence? Cause and effect?" *Geological Society of America: Special Papers* (2014): 57–89.

Kennett, Douglas J., et al. "Development and disintegration of Maya political systems in response to climate change." *Science* 338.6108 (2012): 788–791.

Kort, Eric A., et al. "Four Corners: The largest US methane anomaly viewed from space." *Geophysical Research Letters* 41.19 (2014): 6898–6903.

Lüders, Volker, and Karen Rickers. "Fluid inclusion evidence for impact-related hydrothermal fluid and hydrocarbon migration in Cretaceous sediments of the ICDP-Chicxulub drill core Yax-1." *Meteoritics and Planetary Science* 39.7 (2004): 1187–1197.

Manga, Michael, and Emily Brodsky. "Seismic triggering of eruptions in the far field: Volcanoes and geysers." *Annual Review of Earth and Planetary Sciences* 34 (2006): 263–291.

Masson, Marilyn A. "Maya collapse cycles." *Proceedings of the National Academy of Sciences* 109.45 (2012): 18237–18238.

——. *Kukulcan's Realm: Urban Life at Ancient Mayapán.* Boulder: University of Colorado Press, 2014.

Napier, W. M. "The role of giant comets in mass extinctions." *Geological Society of America: Special Papers* 505 (2014): 383–395.

Norris, R. D., A. Klaus, and D. Kroon. "Mid-Eocene deep water, the Late Palaeocene thermal maximum, and continental slope mass wast-

ing during the Cretaceous-Palaeogene impact." *Geological Society, London: Special Publications* 183.1 (2001): 23–48.
Oldroyd, D. R. *The Earth Inside and Out: Some Major Contributions to Geology in the Twentieth Century.* London: Geological Society, 2002.
Prasad, Guntupalli V. R., and Ashok Sahni. "Vertebrate fauna from the Deccan volcanic province: Response to volcanic activity." *Geological Society of America: Special Papers* 505 (2014): SPE505–SPE509.
Punekar, Jahnavi, Paula Mateo, and Gerta Keller. "Effects of Deccan volcanism on paleoenvironment and planktic foraminifera: A global survey." *Geological Society of America: Special Papers* 505 (2014): 91–116.
Renne, Paul R., et al. "Time scales of critical events around the Cretaceous-Paleogene boundary." *Science* 339.6120 (2013): 684–687.
Richards, Mark A., et al. "Triggering of the largest Deccan eruptions by the Chicxulub impact." *Geological Society of America Bulletin* 127.11–12 (2015): 1507–1520.
Robinson, Nicole, et al. "A high-resolution marine 187 Os/188 Os record for the late Maastrichtian: Distinguishing the chemical fingerprints of Deccan volcanism and the KP impact event." *Earth and Planetary Science Letters* 281.3 (2009): 159–168.
Samant, Bandana, and Dhananjay M. Mohabey. "Deccan volcanic eruptions and their impact on flora: Palynological evidence." *Geological Society of America: Special Papers* 505 (2014): SPE505–SPE508.
Schoene, Blair, et al. "U-Pb geochronology of the Deccan Traps and relation to the end-Cretaceous mass extinction." *Science* 347.6218 (2015): 182–184.
Smit, J., et al. "Stratigraphy and sedimentology of KT clastic beds in the Moscow Landing (Alabama) outcrop: Evidence for impact related earthquakes and tsunamis." In *New Developments Regarding the KT Event and Other Catastrophes in Earth History.* LPI Contribution 825. Houston: Lunar and Planetary Institute, 1994.
Spicer, Robert A., and Margaret E. Collinson. "Plants and floral change at the Cretaceous-Paleogene boundary: Three decades on." *Geological Society of America: Special Papers* 505 (2014): SPE505.
Swisher, Kevin. "Cretaceous crash." *Texas Monthly* (September 1992): 96–100.
Turner, Billie L., and Jeremy A. Sabloff. "Classic Period collapse of the Central Maya Lowlands: Insights about human-environment relationships for sustainability." *Proceedings of the National Academy of Sciences* 109.35 (2012): 13908–13914.
Wilkinson, David M., Euan G. Nisbet, and Graeme D. Ruxton. "Could methane produced by sauropod dinosaurs have helped drive Mesozoic climate warmth?" *Current Biology* 22.9 (2012): R292–R293.
Wilson, Gregory P. "Mammalian faunal dynamics during the last 1.8 million years of the Cretaceous in Garfield County, Montana." *Journal of Mammalian Evolution* 12.1–2 (2005): 53–76.
———. "Mammals across the K/Pg boundary in northeastern Montana, USA: Dental morphology and body-size patterns reveal extinction selectivity and immigrant-fueled ecospace filling." *Paleobiology* 39.03 (2013): 429–469.
———. "Mammalian extinction, survival, and recovery dynamics across the Cretaceous-Paleogene boundary in northeastern Montana, USA."

Geological Society of America: Special Papers 503 (2014): 365–392.
Wilson, Gregory P., David G. DeMar, and Grace Carter. "Extinction and survival of salamander and salamander-like amphibians across the Cretaceous-Paleogene boundary in northeastern Montana, USA." *Geological Society of America: Special Papers* 503 (2014): 271–297.
Zongker, Doug. "Chicken Chicken Chicken: Chicken Chicken." *Annals of Improbable Research* (2006). https://isotropic.org/papers/chicken.pdf.
Zürcher, Lukas, and David A. Kring. "Hydrothermal alteration in the core of the Yaxcopoil-1 borehole, Chicxulub impact structure, Mexico." *Meteoritics and Planetary Science Archives* 39.7 (2004): 1199–1221.

◉第 7 章

Brahic, Catherine. "Travel back in time to an Arctic heatwave." *New Scientist,* July 15, 2015.
Hallam, A. *Catastrophes and Lesser Calamities: The Causes of Mass Extinctions.* Oxford: Oxford University Press, 2004.
Harrabin, Roger. "World wildlife populations halved in 40 years." *BBC News,* September 30, 2014.
Hönisch, Bärbel, et al. "Atmospheric carbon dioxide concentration across the mid-Pleistocene transition." *Science* 324.5934 (2009): 1551–1554.
Kent, Dennis V., and Giovanni Muttoni. "Equatorial convergence of India and early Cenozoic climate trends." *Proceedings of the National Academy of Sciences* 105.42 (2008): 16065–16070.
Koch, Paul L. "Land of the lost." *Science* 311.5763 (2006): 957.
Koch, Paul L., and Anthony D. Barnosky. "Late Quaternary extinctions: State of the debate." *Annual Review of Ecology, Evolution, and Systematics* (2006): 215–250.
Lenton, Tim, and A. J. Watson. *Revolutions That Made the Earth.* Oxford: Oxford University Press, 2011.
Martin, Paul S. *Twilight of the Mammoths: Ice Age Extinctions and the Rewilding of America.* Berkeley: University of California Press, 2005.
Owen, James. "Farming claims almost half earth's land, new maps show." *National Geographic,* December 9, 2005.
Pearce, Fred. "Global extinction rates: Why do estimates vary so wildly?" *Yale Environment 360* (Yale School of Forestry and Environmental Studies), August 17, 2015. http://e360.yale.edu/feature/global_extinction_rates_why_do_estimates_vary_so_wildly/2904/.
Prothero, Donald R. *Greenhouse of the Dinosaurs: Evolution, Extinction, and the Future of Our Planet.* New York: Columbia University Press, 2009.
Schlosser, C. Adam, Kenneth Strzepek, Xiang Gao, Charles Fant, Élodie Blanc, Sergey Paltsev, Henry Jacoby, John Reilly, and Arthur Gueneau. "The future of global water stress: An integrated assessment." *Earth's Future* 2.8 (2014): 341–61.
Secord, Ross, et al. "Evolution of the earliest horses driven by climate change in the Paleocene-Eocene thermal maximum." *Science* 335.6071 (2012): 959–962.
Stone, Richard. *Mammoth: The Resurrection of an Ice Age Giant.* Cam-

bridge, MA: Perseus Publishing, 2001.

◉第 8 章

Archer, David. *The Long Thaw: How Humans Are Changing the Next 100,000 Years of Earth's Climate.* Princeton, NJ: Princeton University Press, 2009.

Barnosky, Anthony D., et al. "Has the Earth's sixth mass extinction already arrived?" *Nature* 471.7336 (2011): 51–57.

Bostrom, Nick. "Existential risks." *Journal of Evolution and Technology* 9.1 (2002): 1–31.

Brook, Barry W., Navjot S. Sodhi, and Corey J. A. Bradshaw. "Synergies among extinction drivers under global change." *Trends in Ecology and Evolution* 23.8 (2008): 453–460.

Ćirković, Milan M., Anders Sandberg, and Nick Bostrom. "Anthropic shadow: Observation selection effects and human extinction risks." *Risk Analysis* 30.10 (2010): 1495–1506.

Davis, Steven J., et al. "Rethinking wedges." *Environmental Research Letters* 8.1 (2013): 011001.

DeConto, Robert M., and David Pollard. "Contribution of Antarctica to past and future sea-level rise." *Nature* 531.7596 (2016): 591–597.

Dirzo, Rodolfo, et al. "Defaunation in the Anthropocene." *Science* 345.6195 (2014): 401–406.

Hansen, James, et al. "Ice melt, sea level rise, and superstorms: Evidence from paleoclimate data, climate modeling, and modern observations that 2 C global warming is highly dangerous." *Atmospheric Chemistry and Physics: Discussion Papers* 15 (2015): 20059–20179.

Hoffert, Martin I. "Farewell to fossil fuels?" *Science* 329.5997 (2010): 1292–1294.

Jagniecki, Elliot A., et al. "Eocene atmospheric CO_2 from the nahcolite proxy." *Geology* 43.12 (2015): 1075–1078.

Lewis, Nathan S. "Powering the planet." *MRS Bulletin* 32.10 (2007): 808–820.

Mann, Michael E., and Lee R. Kump. *Dire Predictions: Understanding Climate Change.* 2nd ed. London: DK, 2015.

Matthews, H. Damon, and Ken Caldeira. "Stabilizing climate requires near-zero emissions." *Geophysical Research Letters* 35.4 (2008).

McInerney, Francesca A., and Scott L. Wing. "The Paleocene-Eocene thermal maximum: A perturbation of carbon cycle, climate, and biosphere with implications for the future." *Annual Review of Earth and Planetary Sciences* 39 (2011): 489–516.

Muhs, Daniel R., et al. "Quaternary sea-level history of the United States." *Developments in Quaternary Sciences* 1 (2003): 147–183.

Muhs, Daniel R., et al. "Sea-level history of the past two interglacial periods: New evidence from U-series dating of reef corals from south Florida." *Quaternary Science Reviews* 30.5 (2011): 570–590.

Pamlin, Dennis, and Stuart Armstrong. "Global challenges: 12 risks that threaten human civilisation—The case for a new category of risks." *Global Challenges Foundation* (February 2015). http://globalchallenges.org/wp-content/uploads/12-Risks-with-infinite-impact-full-

report-1.pdf.
Sherwood, Steven C., and Matthew Huber. "An adaptability limit to climate change due to heat stress." *Proceedings of the National Academy of Sciences* 107.21 (2010): 9552–9555.
Sonna, Larry A. "Practical medical aspects of military operations in the heat." *Medical Aspects of Harsh Environments* 1 (2001).
Tollefson, Jeff. "The 8,000-year-old climate puzzle." *Nature* (March 25, 2011): doi:10.1038/news.2011.184.
Zeebe, Richard E., and James C. Zachos. "Long-term legacy of massive carbon input to the Earth system: Anthropocene versus Eocene." *Philosophical Transactions of the Royal Society of London A: Mathematical, Physical, and Engineering Sciences* 371.2001 (2013): 20120006.
Zeliadt, Nicholette. "Profile of David Jablonski." *Proceedings of the National Academy of Sciences* 110.26 (2013): 10467–10469.

◉第 9 章

Bennett, S. Christopher. "Aerodynamics and thermoregulatory function of the dorsal sail of Edaphosaurus." *Paleobiology* 22.04 (1996): 496–506.
Berner, Robert A., and Zavareth Kothavala. "GEOCARB III: A revised model of atmospheric CO_2 over Phanerozoic time." *American Journal of Science* 301.2 (2001): 182–204.
Evans, D. A. D. "Reconstructing pre-Pangean supercontinents." *Geological Society of America Bulletin* 125.11–12 (2013): 1735–1751.
Franck, S., C. Bounama, and W. Von Bloh. "Causes and timing of future biosphere extinctions." *Biogeosciences* 3.1 (2006): 85–92.
Royer, Dana L., et al. "CO_2 as a primary driver of Phanerozoic climate." *GSA Today* 14.3 (2004): 4–10.
Smith, Kerri. "Supercontinent Amasia to take North Pole position." *Nature* (February 8, 2012). http://www.nature.com/news/supercontinent-amasia-to-take-north-pole-position-1.9996.
Ward, Peter D., and Donald Brownlee. *The Life and Death of Planet Earth: How the New Science of Astrobiology Charts the Ultimate Fate of Our World.* New York: Henry Holt & Co./Times Books, 2003.
Zalasiewicz, J. A., and Kim Freedman. *The Earth After Us: What Legacy Will Humans Leave in the Rocks?* Oxford: Oxford University Press, 2008.

著者紹介

ピーター・ブラネン（Peter Brannen）

惑星科学を専門とする科学ジャーナリスト。

ボストン大学を卒業し、2011年にウッズホール海洋研究所で海洋科学ジャーナリズム・フェローとして、2015年にデューク大学の国立進化統合センターでジャーナリスト・イン・レジデンスとして活躍。

執筆する記事は宇宙生物学、古生物学、地学、地球化学、海洋生物学、科学哲学、進化生物学などを題材とし、これまでニューヨークタイムズ紙、アトランティック誌、ワイアード誌、ワシントンポスト紙、ボストングローブ紙、オンラインマガジンの「スレート」および「イーオン」などに掲載されてきた。

本書がはじめての著書となる。

訳者紹介

西田美緒子（にしだ・みおこ）

翻訳家。

津田塾大学英文学科卒業。

訳書に、『FBI捜査官が教える「しぐさ」の心理学』『世界一素朴な質問、宇宙一美しい答え』『動物になって生きてみた』（以上、河出書房新社）、『音楽好きな脳』『細菌が世界を支配する』『サイボーグ化する動物たち』（以上、白揚社）、『心を操る寄生生物』『猫はこうして地球を征服した』（以上、インターシフト）ほか多数。

第6の大絶滅は起こるのか
生物大絶滅の科学と人類の未来

2019年2月28日　初版発行

著者　ピーター・ブラネン
訳者　西田美緒子
発行者　土井二郎
発行所　築地書館株式会社
〒104-0045 東京都中央区築地 7-4-4-201
TEL.03-3542-3731　FAX.03-3541-5799
http://www.tsukiji-shokan.co.jp/
振替 00110-5-19057
印刷・製本　中央精版印刷株式会社
装丁　秋山香代子

　ISBN978-4-8067-1577-1

化石が語る生命の歴史

11の化石・生命誕生を語る［古生代］

ドナルド・R・プロセロ［著］ 江口あとか［訳］
2200円+税

この化石の発見で、生命の発生がわかった——

三葉虫、バージェス動物群、初の陸上植物クックソニア、軟体動物から脊椎動物へ、水生から陸生動物へ……。歴史に翻弄される古生物学者たちの苦悩と悦びにみちた研究史とともに生命の歴史を語る。

8つの化石・進化の謎を解く［中生代］

ドナルド・R・プロセロ［著］ 江口あとか［訳］
2000円+税

この化石の発見が、環境への適応を明かす——

第二次世界大戦の空爆で失われてしまった貴重な化石コレクション、民間人の化石採集、さまざまな発掘・研究秘話とともに、生物の陸上進出から哺乳類の登場までを、進化を語る化石で解説する。

6つの化石・人類への道［新生代］

ドナルド・R・プロセロ［著］ 江口あとか［訳］
1800円+税

この化石の発見が、世界を変えた——

いよいよ人類が登場する。人類発祥の地はユーラシアかブリテンかアフリカか。無視されたアフリカでの大発見。消えた北京原人。次々と発見される化石から浮かび上がる人類進化の道。